EMOTIONAL INTELLIGENCE
Why It Can Matter More Than IQ

情商

为什么情商比智商更重要

[美]丹尼尔·戈尔曼 / 著

杨春晓 / 译

中信出版集团 | 北京

图书在版编目（CIP）数据

情商：为什么情商比智商更重要 /（美）丹尼尔·戈尔曼著；杨春晓译. -- 2版. -- 北京：中信出版社，2018.1（2025.3重印）

书名原文：Emotional Intelligence: Why It Can Matter More Than IQ

ISBN 978-7-5086-8376-8

Ⅰ. ①情… Ⅱ. ①丹… ②杨… Ⅲ. ①情商—通俗读物 Ⅳ. ① B842.6-49

中国版本图书馆 CIP 数据核字（2017）第 285325 号

Emotional Intelligence: 10th Anniversary Edition; Why It Can Matter More Than IQ by Daniel Goleman
Copyright © 1995 by Daniel Goleman
Simplified Chinese translation copyright © 2018 by CITIC Press Corporation
All rights reserved
本书仅限于中国大陆地区发行销售

情商——为什么情商比智商更重要

著　者：[美]丹尼尔·戈尔曼
译　者：杨春晓
出版发行：中信出版集团股份有限公司
　　　　　（北京市朝阳区东三环北路27号嘉铭中心　邮编 100020）
承　印　者：北京通州皇家印刷厂

开　本：880mm×1230mm　1/32　印　张：16　字　数：315千字
版　次：2018年1月第2版　　印　次：2025年3月第48次印刷
京权图字：01-2009-3371
书　号：ISBN 978-7-5086-8376-8
定　价：69.00元

版权所有·侵权必究
如有印刷、装订问题，本公司负责调换。
服务热线：400-600-8099
投稿邮箱：author@citicpub.com

一个人的成功：
1%的智商+99%的情商

献给塔拉——情绪智慧的源泉

> **全球畅销书《情商：为什么情商比智商更重要》**
> (*Emotional Intelligence*：*Why It Can Matter More Than IQ*)

● 1990年，美国耶鲁大学的萨洛维和新罕布什尔大学的梅耶提出了"情商"的概念。

● 美国哈佛大学心理学教授丹尼尔·戈尔曼在系统研究情商的基础上写出了惊世巨作《情商：为什么情商比智商更重要》。这本书出版后即在美国企业界与教育界掀起一阵情商旋风。

● 接下来数年时间里，"情商"概念横扫全球，《情商》一书也被翻译成数十种文字，影响了数代人！该书成为20世纪最具影响力的话题书籍之一，也被公认为帮助我们认识自我潜能、获得成功的重量级好书！

● 《情商》一书雄踞美国《纽约时报》畅销书排行榜前10名达半年之久，连续畅销10年，全球销售超过上千万册！

● 丹尼尔·戈尔曼经过10年的思考与实践，在第1版的基础上再度推出了《情商》(10周年纪念版)，和前一版本相比，10周年纪念版内容更为全面，针对性及震撼力更强。

● 著名实业家李嘉诚提出了"用智商解决问题，用情商面对问题"的商界新理念。越来越多的企业界人士意识到，培养员工的情商和赚钱同样重要。

● 在中国，"情商"概念一直长盛不衰。在学校教育中，越来越多的老师和家长发现培养孩子的情商与培养孩子的智商一样重要。同样，在职场中，越来越多的白领阶层发现"情商"是调节心理脆弱、抑郁、压力过大等状态的最佳方式。

● "中信版《情商》"是中国大陆发行的唯一以"情商"命名的中文简体版，畅销上百万册，开启了全民"悦读"情商的盛宴。

一定要阅读《情商》的十大理由

● 不懂情商的人,其身心是不健全的。
●《情商》是帮助你认识自我潜能、获得成功的重量级好书!
●《情商》是改变你我以及后代未来的人生必修课。
● 情商是一种基本生存能力,它决定你其他心智能力的表现。
● 在事业取得成功的过程中,20%靠的是智商,而80%要靠其他因素,其中最重要的是情商,良好的情商是你获得职场成功的基本素质。
● 情商就是管理情绪的能力,人的情绪失控会导致诸多麻烦,你迫切需要提升自己的情商水平。
● 我们每天都在与人交流,处理各种人际关系问题,而拥有良好的情商是改善一个人人际关系的重要条件。
● 当一个人面临工作压力、家庭变故、突发事件时,良好的情商是妥善处理这一切的必备素质。
● 当你面对悲伤、失恋、离婚等诸多生活中的不如意时,你更需要情商来调适自己的身心健康。
● 提升情商,使我们能够用有限的知识去运作无限的世界,更适合当前压力过大的生存环境。

目录

推荐序 1 / XI
推荐序 2 / XVII
推荐序 3 / XIX

《情商》(10周年纪念版)序 / 001
初版序　亚里士多德的挑战 / 013

第一部分　情绪大脑

第一章　情绪的功能 / 022

> 我们根据经验知道,在进行决策和行动时,感觉的作用等于甚至常常超过思维的作用。我们过于强调以智商为衡量标准的纯粹理性在人类生活中的价值和意义。不管怎样,当情绪占据支配地位时,智力可能毫无意义。

当激情压倒理智时 / 024
人的两种心理 / 029
大脑的发育 / 031

第二章　情绪失控 / 035

　　普通人情绪失控其实经常发生，虽然形式一般不会如此可怕，但强度也许毫不逊色。回想你上一次"失控"时的情形，比如对家人或者陌生的出租车司机大发脾气，而在发作完之后，你经过思考和反省，发现似乎没有生气的道理。这种情况多半就是情绪失控，这种"神经接管"的现象发生在边缘脑的神经中枢杏仁核。

激情中枢 / 037

神经警报 / 038

情绪哨兵 / 040

情绪记忆的专家 / 043

过时的神经警报 / 045

迅猛而草率的情绪 / 047

情绪管理员 / 049

情绪和思维的协调 / 052

第二部分　情商的本质

第三章　愚蠢的聪明人 / 058

　　智商研究经历了近百年的历史，研究者人数众多，情绪智力却不一样，这是一个全新的概念。目前为止，没有人能准确地说明情绪智力对个体之间的差异会产生多大的影响。不过有研究数据表明，情绪智力的影响很大，有时甚至大于智商的影响。

情绪智力与命运 / 060
不一样的智力 / 063
斯波克与"Data"：光有认知还不够 / 067
聪明的情绪？ / 070
智商与情商的纯粹类型 / 073

第四章　认识自己 / 076

> 不管是积极情绪还是消极情绪，女性的情绪体验一般要比男性强烈得多。除去性别差异，情绪关注度越高的人，其情绪生活会越丰富。一方面，情绪敏感性较高的人，即使是很小的事情也会引发情感风暴，当然结果有好有坏；另一方面，那些处于另一个极端的人，即使在最直接的环境下也很难体会到任何感觉。

热情和冷漠 / 079
没有感觉的人 / 081
赞美直觉 / 084
了解无意识 / 087

第五章　激情的奴隶 / 089

> 普通的悲伤、焦急或愤怒不是问题，假以时间和耐心，这些情绪通常都会慢慢过去。假如情绪极度强烈，挥之不去，超出了正常范围，它们就会滑向可怕的极端——慢性焦虑、失控的暴怒、抑郁等。如果发展到最严重的程度，则需要通过药物或心理疗法加以控制，甚至双管齐下。

解析愤怒 / 092
舒缓焦虑：我在担忧什么？ / 101

管理忧郁 / 107
压抑者：积极的否定 / 115

第六章　主导性向 / 119

> 我们对所从事的工作充满热情和快乐，甚至感到适当的压力并从中受到激励，这些积极的情绪促使我们获得成功。从这个意义上说，情绪智力是一种处于主导地位的性向或潜能，它从正面或者反面深刻地影响了其他所有能力。

冲动控制：软糖实验 / 122
负面情绪，负面思维 / 125
潘多拉的盒子和盲目乐观的人：积极思考的力量 / 129
乐观主义：伟大的驱动器 / 131
涌流：卓越的神经生物学 / 135
学习与涌流：一个教育的新模式 / 139

第七章　同理心的根源 / 142

> 同理心，即了解他人感受的能力，在人生的很多竞技场上发挥着重要的作用，从销售和管理到谈情说爱和养儿育女，再到同情关爱和政治行动。

同理心的发展 / 144
善于协调的孩子 / 146
不协调的代价 / 148
同理心的神经病学 / 150
同理心和道德：利他主义的根源 / 153
没有同理心的生活：耍童者的心理，反社会分子的道德观 / 155

第八章　社交艺术 / 161

> 有些人特别容易受到情绪的感染，他们内心非常敏感，体内的自主神经系统（情绪活跃度的标记）更易受到激发。这种生理倾向使他们的情绪容易受到影响，他们会为煽情的电视广告落泪，而和一个心情很好的人随便聊几句，又会很快高兴起来（由于他们较易被他人的感受打动，他们会更有同理心）。

展示情绪 / 164
表现力与情绪感染 / 165
社会智力的基本原理 / 170
缺乏社交竞争力的表现 / 173
"我们讨厌你"：团体边缘人 / 177
情绪感染：案例研究 / 179

第三部分　情商的运用

第九章　亲密敌人 / 184

> 婚姻出现危机的一个初期预警信号是尖锐的批评。在健康的婚姻关系中，丈夫和妻子可以自由地表达抱怨。不过在怒气冲冲的时候，抱怨经常会以破坏性的方式表达出来，比如攻击配偶的人格。

他与她的婚姻：童年根源 / 185
婚姻断裂层 / 190
有害的想法 / 193

泛滥：窒息的婚姻 / 196
其实男人更需要关怀 / 198
对两性的婚姻忠告 / 200
吵吵更健康 / 201

第十章　用心管理 / 208

> 随着以知识为基础的服务和知识资本成为企业的重心，改进员工合作方式将是提升知识资本、发挥关键竞争优势的一个主要途径。企业为了进一步发展壮大，而不是仅仅为了生存，将会努力提升整体的情绪智力。

批评是第一要务 / 210
处理多样性 / 217
组织智慧与群体智商 / 223

第十一章　心与药 / 229

> 焦虑是生活压力引起的困扰情绪，在众多情绪之中，焦虑与发病和康复过程之间的联系，在科学上得到了最确切的论证。焦虑促使我们对危险做好准备（大概是进化过程中发展出来的功能），这是焦虑良性的一面。但是在现代生活中，焦虑常常表现为过度而且不当——我们的困扰来自生存环境的压力或者我们的幻想，而不是来自我们必须面对的真正危险。

身体的心理：情绪对健康的影响 / 231
有害的情绪：临床数据 / 234
积极情绪的治疗作用 / 245
将情绪智力引入医学 / 251
关怀的医学 / 254

第四部分　机会之窗

第十二章　家庭熔炉 / 258

> 无论是严厉的教导还是出于同理心的理解，无论是冷漠还是热情，父母的行为对孩子的情绪生活有着深刻而长远的影响。不过直到最近才有可靠的研究数据表明，父母情商高，本身就会使孩子受益无穷。父母处理彼此感受的方式，以及他们对待孩子的方式，对孩子产生了难以磨灭的影响。

"启心"教育 / 262
建立情绪基础 / 265
"小霸王"是怎样养成的 / 267
虐待：同理心的灭绝 / 269

第十三章　精神创伤和情绪再学习 / 272

> 一旦你的情绪系统学会了某种东西，你就可能永远也摆脱不了它。精神疗法的作用是教你怎样加以控制，教会你的新皮层如何抑制你的杏仁核。尽管行动的冲动受到了压制，但你对这种东西的基本情绪还是以受抑的形式潜伏了下来。

刻骨铭心的恐惧 / 275
创伤后应激障碍：边缘系统障碍 / 278
情绪再学习 / 281
情绪脑的再教育 / 283
情绪再学习和克服创伤 / 286

精神疗法：情绪的导师 / 290

第十四章　性格非命运 / 293

> 尽管忧郁或乐观这种基本的气质类型在个体一出生或出生后不久就已经确定，但忧郁类型的人将来并不一定会抑郁和暴躁。童年期的情绪经验会对气质类型产生深刻的影响，加深或者压抑个体内在的倾向。

胆怯的神经化学 / 296
什么也困扰不了我：乐观气质 / 298
驯服过度兴奋的杏仁核 / 301
童年：关键的机会 / 304
关键时机 / 307

第五部分　情绪素养

第十五章　情绪盲的代价 / 312

> 从青少年抑郁的起因可以清楚地看到他们在情绪竞争力的两个领域存在缺陷：一是人际关系技巧，二是以催化抑郁的方式理解挫折。某些抑郁倾向几乎可以肯定是源于先天的基因，而另一些倾向可能是由于可逆的悲观思维习惯，这种思维习惯使儿童倾向于以抑郁的方式回应生活中的小挫败，比如成绩不好、与父母吵架、受到排挤等。有证据表明，不管出于什么原因，抑郁的倾向在青少年当中都越来越普遍。

情绪不适 / 314

控制好斗 / 316

"小霸王"的学校 / 321

预防抑郁 / 323

现代性的代价：抑郁增多 / 324

青少年的抑郁过程 / 327

思想的抑郁基因 / 329

拦截抑郁 / 331

饮食障碍 / 333

唯有孤独：退学者 / 336

友谊的辅导 / 339

酗酒和吸毒：上瘾的自我疗法 / 340

不再宣战：最后的常见预防途径 / 344

第十六章　情绪教育 / 350

> 学生犯错的时候恰好是把他们所缺乏的技能传授给他们的良机，比如教会学生控制冲动、解释自身情绪以及解决冲突，而且诱导比高压的方式更加有效。

一堂合作课 / 353

争论点 / 354

事后诸葛：没有爆发的战争 / 356

今日的关注 / 358

情绪智力 ABC / 359

老城区的情绪素养 / 360

形形色色的情绪教育 / 364

情绪时间表 / 365

时机就是一切 / 368

情绪素养的预防作用 / 370
反思教育：人性的教学，关怀的社区 / 373
扩大学校的使命 / 374
情绪素养有用吗 / 376
性格、道德和民主的艺术 / 381
最后的话 / 383

附录1　什么是情绪 / 385

附录2　情绪心理的特征 / 389

附录3　恐惧的神经回路 / 397

附录4　W. T. 格兰特财团：预防项目的活跃因素 / 401

附录5　自我科学课程 / 403

附录6　社交与情绪学习：效果 / 405

致　谢 / 413

国际标准情商测试题——测测你的情商是多少 / 417

注　释 / 423

推荐序 1

大人如何同小孩沟通？第一抱起来，第二蹲下去，第三用他的语言，第四教他说大人的话。我的一个学生是位年轻的父亲，女儿三岁，哭着要带米老鼠玩具去幼儿园，说米老鼠是她的弟弟，自己在家会害怕。但是幼儿园不允许孩子们带自己的洋娃娃，这个父亲知道要用孩子的逻辑去思考孩子的问题，用孩子的语言与她沟通。他跟女儿说："这个弟弟几岁啦？"女儿说："一岁。"爸爸说："一岁的娃娃能上幼儿园吗？应该让谁看着呀？"女儿回答："不能去幼儿园，要妈妈看。"爸爸说："把弟弟放在家里让妈妈看着，晚上回来再陪弟弟好不好？"女儿回答："好。"

这个案例说明如何通过移情换位消除沟通差距。大家都懂情商，就可以消除沟通差距了。

1990年梅耶和萨洛维的论文第一次提出"情绪智力"的概念，1995年戈尔曼写出了畅销书《情商》，到2005年畅销10年。戈尔曼教授实现了从象牙塔里的知识到现实实践的转换，使得学者的研究成果能够推动社会文明的进步，有利于营造和谐的氛围，造福人类，而不仅仅是学者自己的智力游戏。

1997年该书被引进中国，并且畅销中国，从而使中国的大众认识了情商，也推动中国学者开始在中国环境下进行深入和拓展性的研究。1999年我开始研究情商与领导力的关系，并且在国家自然基金的支持下提出了和谐领导力体系：自己与自己和谐、自己与他人和谐、个人与组织和谐。这三个层次的和谐分别用三本专著实现：《阳光心态》《情商与影响力》《以价值观为本》。我十分感谢戈尔曼教授开拓性的工作，为我的研究和应用开创了广阔的天地，也让我有机会用思想造福广大的中国大众。

情商就是管理情绪的能力。人体就如同一驾马车，马车由马来拉动，人体由情绪推动。控制马的工具叫作缰绳，管理情绪的工具叫作情商。如果拉车的马受惊失控，马车就会翻车，车毁人亡。如果人的情绪失控，人就会生病、发疯、自杀、杀人。由此可知提升管理情绪的能力多么重要。

戈尔曼把情商概括为以下5个方面的能力：（1）认识自身情绪的能力；（2）妥善管理情绪的能力；（3）自我激励的能力；（4）认识他人情绪的能力；（5）管理人际关系的能力。我把这5个能力简单归纳成：认识自己、管理自己、激励自己、认识别人、管理别人。同时，我提出了情商树的概念：树根是情商得以提出的基础理论，树干就是情商，树冠就是5个能力。

广为接受的观念是一个人的成功遵循20/80法则,即20%取决于智商,80%由其他因素决定,其中最重要的是情商。护士与医生相比,情商更重要;中学老师与大学教授相比,情商更重要;幼儿园老师与中学老师相比,情商更重要。也就是说,同人打交道的人情商要高,同事情打交道的人智商要高。

2010年,首个《中产家庭幸福白皮书》在沪出炉,由中宏保险启动。本次调查历时两个月,覆盖全国10个省及地区,35个城市,共有10万人参与活动,总结出了影响家庭幸福的前5个因素,分别是健康、情商、财商、家庭责任以及社会环境。家庭成员缺乏情商,会不断产生摩擦,导致家庭如同地狱。有情商的家庭充满和谐的空气,其乐融融。

医学数据表明,人的疾病75%由情绪引起,经常保持愉悦的心情可以增寿5—7年。

情商对于个人的人生成功、职场顺利和家庭幸福都是至关重要的。根据戈尔曼的研究,童年、青少年时期的家庭环境和教育对于一个人情商的培养十分重要,奠定了一生幸福的基础。所以,情商教育越早越好,要融入幼儿园、小学、中学的教学过程中,这就首先要求提升教师的情商,使他们在从事教育的同时也完成对人的教化。

在这个世界上,不缺教育,缺教化;不缺教师,缺圣人。天职司覆、地职承载、圣人教化。教师提升情商,拥有阳光心态,才能够同时完成教书和育人的工作,既传授知识又完成美德教育,这是关系千秋万代的事情。知识的作用有两个:一是教人做事,二是教人做人,学校教育既要教人做事，又要教人做人。否则，一个没有情商的人一旦走向社会，又没有自我教育能力，就如同孤魂野鬼一样，粗糙地吞噬和谐文化，自己是"祥林嫂"，也给别人带来无尽的折磨，只会成为社会不和谐的根源。

根据我的研究，成人仍然可以通过培训极大地提升情商和改善生活质量。我在清华大学经济管理学院进行 MBA（工商管理硕士）的情商与领导力教学时，每个班级开课之前都用情商量表测试学生情商的现状，在课程结束后再用同一个量表测试，发现培训后学生的情商确实提高了。

受到情商教育的经理人和企业有以下情况发生：人际摩擦较少，家庭和谐增加，婆媳关系改善，母女父子关系融洽，年轻人变得孝顺，老人变得快乐，年轻的父母会变成优秀的父母。离婚的会后悔，想离婚的不离婚了，有抑郁倾向的人摆脱了抑郁，有抑郁症的人配以药物迅速康复。

当社会越来越复杂，年轻人大学毕业就可能成为新的社会底层的时候，以升学为主导的应试教育有失偏颇，在基础教育阶段引入适应社会的情感教育，对人的一生会有很大的帮助。戈尔曼的著作以丰富的案例和翔实的数据说明了，许多疾病、酗酒、吸毒、犯罪、摩擦、冲突、家庭不和谐、职场不顺利等不如意的事情，都与情绪管理有关。可以说，一个人遇到的几乎所有问题都与情绪管理不当有关。

职场上的人 70% 不快乐，90% 的人郁闷，90% 的人是"祥林嫂"，

90%的人讨厌办公室文化，90%的人处于亚健康状态，抑郁症患者每年增加1.3%。今天的人可能什么都不缺，唯独缺少快乐。物质在丰富化，心灵却在沙漠化。建筑越来越坚固，人却越来越脆弱。这就是数字化时代，人造数字，数字压垮人。

中国人急需情感教育，有能力的有识之士可以开发情感教育这块处女地，而且早一步海阔天空，晚一步追悔莫及。

智商高，情商也高的人，春风得意。智商不高，情商高的人，贵人相助。智商高，情商不高的人，怀才不遇。智商不高，情商也不高的人，一事无成。

当中信出版社委托我作序的时候，我十分高兴。我热情地向中国的读者推荐戈尔曼的《情商》。因为年轻时知道了终生受益，年老时知道了悔恨终生。

提升情商，使得我们能够用有限的知识去运作无限的世界，更适合当前压力过大的生存环境。有助于我们获得阳光心态，缔造和谐快乐，享受幸福人生。

吴维库
清华大学经济管理学院教授

推荐序 2

《情商》是一本影响力很大的书。它真的能让人相信,要想成功,情商比智商更重要。

对我们华人来说,这真是晴天霹雳。多少年来我们一直认为最重要的是读书、好成绩、进名校才是成功之路。但由于情商的冲击,我们开始注意到热忱的态度、自信、沟通、人际关系才是成功的推动力。怪不得这本书在有华人的地方销量都那么高。

那么情商是什么呢?

有些人以为情商高就是不发脾气。不发脾气当然好。你看,证严法师不就说过,愤怒是短暂的疯狂吗?但情商不只是不发脾气而已。

情商高的人会激励自己。在遭遇挫折、陷入低潮的时候,他会提醒自己要面对,要站起来,未来还大有可为,可能会变得更好。因为自己有这个优点、那个长处,因为自己做成过某件事、克服过某项困难,所以一定做得到。情商高的人通常积极向上。

情商高的人也会激励他人。他会赞美周围的人，他会肯定他的家人、同事、朋友。别人跟他在一起常常会有一种重要感。

其实，你很容易知道某人的情商高不高，因为情商高的人常常面带笑容，充满热忱。

照这样看，无论在家里、公司、社会，情商都很重要。情商高的人夫妻关系、亲子关系好；他们在公司能得到同事和客户的配合与支持；他们的朋友较多。怪不得情商高的人比较容易成功。

黑幼龙

卡内基训练大中华地区负责人

推荐序 3

众人眼中智商很高的优秀学生,申请美国大学时一败涂地,被很多大学拒绝;思维敏捷、工作努力的研究生,与导师关系紧张,以致无法获得学位;抱怨处处遭遇"不公"的留学生,终日郁郁寡欢,生活中充满阴影。反之,看似智商平平的学生被名校录取,到美国后如鱼得水,天天快乐舒心,学成后不仅找到好工作,而且事业蒸蒸日上。

让人大跌眼镜的类似例子在现实中绝不罕见。从 1986 年开始,我在美国大学工作了 21 年,接触了许多学生和学者,既有改革开放后的第一批留学人员,也有一批批的大中学生。几年前,我来到北京开展美国留学咨询服务,更是遇到了几代学生和准留学生及其家长们。我发现,他们是否快乐幸福,学业与事业是否成功,与他们的情商多少有点关系。

不久前,我和几位同事到大连做留学演讲,在一家五星级宾馆办好住宿登记手续,将行李交给门童后到房间等候。谁知半天不见行李送到房间,到前台一查,方知我们的行李与一个旅行团的行李一起,被装上了一辆正在开往机场的大巴。我的助理和门童急忙打了一辆出租车,一小时后在机场找回了行李。当天我们的计划多少受了些影响。门童满脸尴尬,吓得和经理一起连连赔不是。我轻松地安慰门童,诚恳地对经理说,是我没有交代清楚,千万不要难为门童。后来,我不仅收到了酒店的道歉信,还附带一瓶红酒和一篮水果。那两天,我们进进出出,与门童、经理以及前台的其他人员多次碰面,总是受到既尊敬又亲密的迎送,使我们那两天的心情轻松愉快。如果我当时没有同理心,没有控制好情绪,大发脾气,不但双方尴尬,于事无补,而且多少还会影响当天下午演讲的心情。

生活中不时会碰到类似的影响情绪的小事,很多人都有"心情影响工作"的体验。但是,人们通常不会把"心情"与"情商"联系起来,也不知道如何运用调节情绪的小技巧。丹尼尔·戈尔曼博士15年前在出版本书首版时用了《情商:为什么情商比智商更重要》的书名。它暗示我们,事业成功与否在某种条件下与情商高低有很大的关系,了解情绪的机理与掌握调节情绪的技巧非常重要。

在跨时代的各类学生中,不乏头脑聪明、学业成绩优异、各具特长的优秀人才,但是他们人生不快乐,事业无成。相反,有不少"智商平平"的人生活幸福,事业有成。我确信,一个人的幸福、成功与否很大程度上与他掌握自己和他人情绪进而运用社交技巧的能力有关。

长久以来，学习成绩、在校考试排名以及竞赛得奖等一直是我们评判学生优秀与否的首要标准。这些成绩好、排名高、竞赛得奖多的学生被认为具有高智商，他们的未来被普遍寄予很高的期望。正统的教育体系给他们规范了每天10小时的课内课外学习时间，期望长达12年的基础教育能够使他们成长为高智商的接班人。可惜，情商，这个被丹尼尔·戈尔曼博士认为比智商更重要的教育内容基本上被完全忽视了。

虽然情商一词近年来为越来越多的人所知晓，但很多人对"情商"并没有正确深刻的科学认识。丹尼尔·戈尔曼博士通过无数个发生在我们身边的、能与读者产生共鸣的小故事，讨论人类情绪的产生，以及不同的情绪控制所产生的结果。把深奥的情商理论变成了人人可以理解，并且可以轻松掌握的人生技巧。

目前，国内关于情商教育的普及远远不及欧美国家。近年来，随着情商研究的不断发展，美国教育者开始注重情商教育。在美国的很多学校里，"社交与情绪学习"已经成为重要的课程，通过这些课程和相关的活动，能够提高人们与人交往的能力。

心理对人的健康有影响，情商对人的发展至关重要。情商每天都在影响着人类的生活，以及诸多社会关系，如上下级之间、同事之间、家庭成员之间、朋友之间、师生之间的关系等。情商不仅应在教育领域占有一席之地，对学生的性格培养及学习成绩有促进作用，而且在商业和日常生活中，情商所起的作用也不容小视。

究竟什么是情商、情商的本质及应用具体指的又是什么？相信大家在本书中都可以找到清楚的答案。本书具有很强的可读性，适合各个年龄层的读者，无论是青少年学生，还是专业白领人士，都会发现这本书的诸多益处。丹尼尔·戈尔曼不仅在书中科学系统地阐述了情商的机理、本质和应用，更可贵的是，他运用了大量的典型实验及案例，借助浅显易懂的语言，清晰地解释了情商这一心理学中的深奥概念，让我们轻松学会提高情商的知识与技巧。

读完这本书，我的第一反应是，我应该向每位员工送上这本书，并且让大家好好补上这一课。我期待，读了这本书，大家可以天天保持乐观情绪，与人有效沟通，保持和谐的办公室人际关系。这样，我们的事业一定会有更大的发展！

高燕定

燕定美中教育创始人、"哈佛"爸爸

《情商》（10周年纪念版）序

1990年我在《纽约时报》担任科学记者的时候，偶然在一本不太知名的学术刊物上看到新罕布什尔大学约翰·梅耶和耶鲁大学彼得·萨洛维两位心理学家撰写的文章，他们在文章中第一次提出了"情绪智力"的概念。

当时人们一致认为，智商超群是卓越人生的衡量标准。不过对于智商是天生的还是后天习得的仍然存在争议。情绪智力的出现，促使人们重新思考什么是人生成功的要素。受此启发，我在1995年写作了《情商》。与梅耶和萨洛维一样，在"情绪智力"的概念之下，我综合了大量科学成果，把各个原本独立的科学分支统一起来，不仅探讨了相关科学理论，还介绍了其他一些激动人心的科学进展，比如研究人脑情绪调节问题的新学科情感神经科学（affective neuroscience）的初步成果。

记得10年前《情商》出版之前，我曾有过这样的想象，如果有一天我无意中听到两个陌生人闲聊时说起"情商",而且都明白它的含义,那么我就算是把"情商"成功普及到我们的文化中去了。当时我的想象力真是有限啊。

"情绪智力"通称为情商(EQ),现在几乎无处不在,甚至出现在最令人意想不到的地方,比如卡通漫画《呆伯特》(Dilbert)和《比比这个针头》(Zippy the Pinhead),以及《纽约客》杂志罗兹·查斯特(Roz Chast)的专栏漫画。我还见过号称能够提高儿童情商的玩具,征婚广告有时也以情商为卖点吸引求偶者。我甚至在一家酒店的房间里看到过一瓶洗发水,瓶身印着关于情商的妙语金句。

情商的概念已经传播到世界上每一个角落。有人告诉我,"情商"已经成为德语、葡萄牙语、汉语、韩语和马来语等不同语言中的一个词语 [即便如此,我认为用"情智"(EI)作为"情绪智力"的简称比用情商(EQ)更为准确]。我常常收到世界各地不同职业人士的咨询邮件,比如保加利亚的博士研究生、波兰的老师、印度尼西亚的大学生、南非的咨询顾问、阿曼的管理学专家、中国上海的企业高管等。印度商学院的学生阅读情商与领导力方面的资料,阿根廷一位首席执行官向别人推荐我后来写的情商与领导力方面的著作。来自基督教、犹太教、伊斯兰教、印度教以及佛教的宗教学者也写信告诉我,情商的概念与他们的信仰观有很多共鸣之处。

最让我高兴的是,情商受到教育者的欢迎,他们发起了"社交与情绪学习"(SEL)项目。1995年我写作《情商》的时候,面向儿童的情商项目屈指可数。10年后的今天,社交与情绪学习项目已经覆盖了全世界几万所学校。目前美国很多地区把社交与情绪学习列为学校的必修课程，规定学生必须掌握这种不可或缺的生活技能，学生的情商竞争力必须像数学和语文那样达到一定的水平。

比如，伊利诺伊州制定了详细而全面的社交与情绪学习能力标准，覆盖从幼儿园到高中的各个年级。小学低年级学生要学会识别和准确表述自身情绪，并了解情绪如何引发行为。小学高年级开设同理心课程，要求儿童根据非言语线索识别他人的感受。初中阶段，学生应当学会分析哪些东西会造成压力，哪些东西能激发出最佳表现。高中的社交与情绪学习技能包括通过有效的倾听和交谈解决冲突，防止冲突升级，并协商出双赢的解决办法。

从世界范围来看，新加坡很早就开展了社交与情绪学习项目，马来西亚、中国香港、日本和韩国的一些学校也是如此。在欧洲，英国走在前列，另外十几个国家的学校也引进了情商教育。澳大利亚、新西兰以及拉美、非洲的一些国家紧随其后。2002年联合国教科文组织向全球140个国家的教育部发布了实施社交与情绪学习的十大基本原则，开始在全球范围推广社交与情绪学习。

在一些国家和地区，社交与情绪学习已经成为一把无所不包的"保护伞"，囊括了性格教育、预防暴力、预防毒品、反校园暴力及加强学校纪律等项目内容。社交与情绪学习的目的不仅是在学生中消除这些问题，还要净化校园环境，最终提高学生的学习成绩。

1995年，我提出初步证据，证明社交与情绪学习对于提高儿童学习能力、预防暴力等问题起到了积极的促进作用。现在我的观点得到了更加科学的证明,通过帮助儿童增强自我意识和自信心,调节困扰情绪和冲动,培养同理心,不仅能改善儿童的行为,还可以明显提高学习成绩。

这一结论是近期研究人员对一项大型社交与情绪学习项目进行全面评估、综合分析之后得出的,该项目涉及 668 人,从学前儿童到高中生都有。罗杰·魏斯伯格(Roger Weissberg)是这项大型研究的发起人,同时也是芝加哥伊利诺伊大学"学术、社交与情绪学习协同作用"机构的负责人。这家机构是向世界各地的学校推广社交与情绪学习项目的先驱。

该研究发现,学生成就测验分数和平均学分绩点表明,社交与情绪学习项目对他们的学习成绩起到了很大的促进作用。在参与社交与情绪学习项目的学校,50% 的学生成绩得到提高,38% 的学生平均学分绩点有所提高。社交与情绪学习项目还使校园环境变得更安全,学生不良行为平均减少 28%,终止学业的学生平均减少 44%,其他违纪行为平均减少 27%。与此同时,学生出勤率有所提高,63% 的学生明显表现出更积极的行为。在社会科学研究领域,对于旨在改变行为的项目来说,取得这些效果非常了不起。社交与情绪学习项目兑现了先前的承诺。

1995 年,我指出社交与情绪学习的成效还在于它可以塑造儿童发育中的神经回路,尤其是大脑前额叶皮层的执行功能。前额叶皮层负责管理工作记忆(working memory)——我们在学习时用到的记忆,以及抑制破坏性的情绪冲动。目前我的观点已经得到初步的科学证实。华盛顿大学是社交与情绪学习项目 PATHS 课程的发起机构之一，该校学者马克·格林伯格（Mark Greenberg）研究指出，针对小学生的社交与情绪学习项目能提高学生的学习成绩，这主要归功于注意力和工作记忆（前额叶皮层的主要功能）的改善。研究结果充分说明了神经可塑性，即通过反复经验塑造大脑，是社交与情绪学习的一大优势。

最令我惊讶的是情商对商界的冲击，尤其是在领导力和员工发展领域（成人教育的一种形式）。《哈佛商业评论》把"情商"形容为"打破范式的创新观点"，是近 10 年来最有影响力的商业思想之一。

来自商界的溢美之词往往是一窝蜂的跟风行为，并没有真实可靠的根基。不过，众多科学研究的发现，为情商应用提供了坚实的数据基础。依托于罗格斯大学的"组织中的情商研究学会"（CREIO）有力地促进了情商的科学研究，其合作机构包括美国联邦人事管理处和美国运通公司等。

全球性商业机构现在已经习惯把情商作为招聘、擢升和培训员工的标准。比如，"组织中的情商研究学会"的成员单位强生公司发现，在世界各地的分支机构中，被认为有高度领导潜力、处于职业生涯中期的员工，与不被看好的同级员工相比，前者的情商竞争力要远高于后者。"组织中的情商研究学会"一直致力于这方面的研究，为希望提升能力以实现商业目标或完成使命的企业提供了切实的指导。

1990 年梅耶和萨洛维的论文第一次提出"情绪智力"的概念，当时没人能预见到这个学术领域在 15 年之后居然得到了蓬勃发展。1995 年，我基本上找不到情商方面的文献资料，而现在从事情商研究的人员越来越多，研究发现硕果累累。据统计，目前美国论文数据库收录了700多篇研究情绪智力的博士论文，还有更多的文章处于写作过程，更别提专家教授们未被收录的研究成果了。

情商的学术发展很大程度上要归功于梅耶和萨洛维，以及他们的研究伙伴、企业咨询顾问戴维·卡鲁索（David Caruso）。他们为情商的科学化孜孜不倦，创立了科学的情商理论，提出了精确的测量标准，为情商研究确立了无懈可击的学术标准。

推动情商研究走向繁荣的另一股力量来自鲁文·巴昂（Reuven Bar-On），目前任职于得克萨斯州立大学休斯敦医学院。他工作热情且充满活力，提出了独创的情商理论，很多研究人员在其启发之下采用了他开发出的测量标准。巴昂还推动了情商学术著作的发展，他参与编辑了包括《情商手册》在内的一些图书，这些学术著作对情商研究的发展起到了关键作用。

情商研究在不断地发展，但同时也遭到了某些故步自封的人类智力研究学者的反对，"智商是衡量人类潜能的唯一标准"这一观点的支持者反对尤为激烈。尽管如此，情商研究始终充满了活力。哲学家托马斯·库恩（Thomas Kuhn）认为，任何重要的理论模式都应当通过更严格的实验加以验证，使其不断修正和完善。情商研究正是处于这种阶段。

情商研究目前主要有三种模式，另外还有几十种理论。每种模式分别代表了不同的研究取向。萨洛维和梅耶模式受到一个世纪以前智商研究范式的影响，属于传统的智力研究。鲁文·巴昂提出的模式以其幸福研究为基础。我的模式侧重于工作和组织领导力的表现，融合了情商理论和近几十年个体竞争力的模型研究。

遗憾的是，对《情商》的误读造成了一些迷思，我希望在这里及时澄清。首先是流传甚广的谬误，比如"情商对成功的贡献率为80%"，这纯属无稽之谈。

这种误解起源于"智商对事业成功的贡献率约为20%"的说法——它本身就是一种推测。这种推测说明成功的主导因素还没有得到明确，需要寻找智商之外的其他因素填补空白。但这并不代表情商就是余下的这80%的因素，成功的影响因素非常广泛，除了情商之外，还包括财富、家庭教育、性格以及莫名其妙的运气等。

约翰·梅耶及其研究同事指出："对于不成熟的读者，所谓成功还有80%的未知因素，意味着也许存在一个迄今为止被人忽略的变量，而它才是人生成功的真正主导因素。这种愿望是良好的，但一个世纪以来的心理学研究表明，没有哪一种变量具有如此之大的作用。"

第二个普遍误解是对《情商》副标题"为什么情商比智商更重要"的过度渲染，比如在学习领域。如果没有严格的条件限制，这种说法不能随便乱用。尤其极端的是，有人认为在所有领域"情商比智商更重要"。

情商比智商重要的领域主要是智力与成功关联度相对较低的"软领域"，比如在情绪自我调节和同理心能力比纯粹认知能力更为突出的领域。

一些智力受到局限的"软领域"恰好对我们的生活非常重要。首先是健康（详见第十一章），紊乱的情绪和不良的人际关系是疾病的诱因。现在有很多研究证实，能够更加平和、自觉地控制情绪的人，往往拥有独特、显著的健康优势。

另一个领域是爱情和人际关系（详见第九章）。众所周知，聪明绝顶的人可能会干出非常愚蠢的事。第三个领域是顶尖水平的竞技（本书没有提到），比如世界级的体育赛事。一位执教美国奥林匹克运动队的体育心理学家告诉我，在顶尖水平的竞争环境中，每个运动员的练习时间都长达上万个小时，成功与否取决于运动员的心理素质。

关于企业领导力和职业的研究要相对复杂一些（详见第十章）。智商的高低能够非常准确地预测企业员工是否符合某一特定岗位对认知能力的要求。成百上千项的研究表明，智商能够预测个体可以胜任哪个级别的岗位。这一点没有疑问。

但对于一群智力符合职业要求的储备人才，智商无法预测谁会成为最优秀的领导者。部分原因在于"地板效应"，处于特定职业或大型组织顶级梯队的人才，均已通过了智力和专业技能的筛选，在这种高水平的团队，高智商成为"入门"能力，员工需要达到一定的智力水平才能参与竞争。

我在1998年出版的《情商3：影响你一生的工作情商》（*Working with Emotional Intelligence*）①里提到，相对于智商或技术能力，情商往往是一种"鉴别性"的竞争力，它能很好地预测在一群非常聪明的

---

① 丹尼尔·戈尔曼"情商"系列书均由中信出版社出版。——编者注

人当中，谁最有领导能力。看看全球各家机构列出的明星领导人竞争力的单项决定因素，你会发现职位越高，智商和技术能力指标的重要性就越低。（对于低端工作，智商和专业技术的指标性会更加明显。）

在 2002 年我与理查德·博亚特兹和安妮·麦基合著的《情商 4：决定你人生高度的领导情商》（*Primal Leadership:Learning to Lead with Emotional Intelligence*）一书中，更全面地发展了这一观点。在最高层次，领导力的竞争力模式通常包含以情商为基础的各项能力，贡献率为 80%—100% 不等。一家全球执行力研究公司的研究主管指出，"首席执行官受聘是因为智力和商业才能，解聘是因为缺乏情商"。

我在写作《情商》时把自己定位为科学记者，旨在向读者介绍心理学的一个重要发展趋势，尤其是新兴的以情绪为研究对象的神经科学。随着研究的深入，我回到自己的老本行心理学，对情商模式进行研究。写作《情商》以来，我对情商的研究一直在不断地发展。

我在《情商 3：影响你一生的工作情商》中提出了一个扩展框架，描述了自我意识、自我管理、社会意识及人际关系管理能力等情商的基础要素如何转化为职业的成功。为此，我借鉴了哈佛大学心理学教授、我的研究生导师戴维·麦克莱兰（David McClelland）关于"竞争力"（competency）的概念。

情绪智力决定了我们学习自控等基础能力的潜能，而情绪竞争力（emotional competence）代表我们掌握的这种潜能在多大程度上转化为职业能力。比如要熟练掌握客户服务或团队合作的情绪竞争力，必须具备情商的基础能力，尤其是社会意识和关系管理能力。情绪竞争力是一种习得的能力,具有社会意识或关系管理的技能并不代表个体掌握了熟练处理客户关系或解决危机所需要的额外知识,只说明个体具备了掌握情绪竞争力的潜能。

基础的情绪智力对于特定竞争力或工作技能是必要但不充分的要素。认知模拟使学生具有出色的空间想象能力,但他可能从来没有学过几何,更别提做建筑师了。同样的道理,一个人可能具有很强的同理心,但处理客户关系很糟糕——原因在于他没有掌握客户服务的竞争力。

1995年,我介绍过佛蒙特大学心理学家托马斯·阿肯巴克(Thomas Achenbach)发起的一项研究。他从全美挑选了3 000多名具有人口统计学代表性、年龄从7岁到16岁的儿童,由他们的家长或老师对其情绪状况进行评估。研究数据显示,从20世纪70年代中期到80年代中期的十多年间,美国儿童的情绪幸福指数呈现明显的下降趋势。这些儿童的困扰和问题更多、更严重,比如孤单、焦虑、不服管教和爱发牢骚等。(不管总体趋势如何,总会存在个体之间的差异,有些儿童会成长为出色的人才。)

1999年,研究人员对另外一组儿童进行评估,数据显示他们的情绪指数比20世纪80年代后期有了明显的改善,尽管如此,还是没有回升到70年代中期的最高水平。没错,总体上父母仍然喜欢抱怨孩子,担心他们受到外界的"不良影响",家长们的牢骚似乎比以前更多了,但儿童情绪指数的总体趋势是明显向上的。

坦白地说,我对此感到不解。我曾经推测,当代儿童无形中成为经济和技术进步的受害者,他们情商低下,原因在于他们的父母比起前几代人工作的时间更长,人口流动性的增加切断了他们与大家庭的联系,而且他们的"空闲"时间过于刻板和有组织性。要知道,情绪智力传统上是通过日常生活得到传承的,比如和父母、亲戚相处,自由随意地玩耍,但现在的年青一代已经失去了这些机会。

此外还存在一些技术因素。现在儿童独处时间之长在人类历史上前所未有,他们要么上网,要么看电视。这等于为前所未有的大规模自然实验创造了机会。这些精通技术的儿童,长大后与他人相处时会不会像与电脑相处那样自在?我对此很怀疑,儿童沉迷于虚拟世界,会削弱他们与人相处的能力。

这就是我的论据。最近10年经济和技术的发展趋势并没有发生变化,但是谢天谢地,孩子们反而有所进步。

一直从事该项研究的托马斯·阿肯巴克推测,美国20世纪90年代的经济繁荣同时提升了儿童与成人的情商,在这期间美国就业率上升,犯罪率下降,意味着儿童受到了更好的教育。他认为,如果社会遭遇严重的经济衰退,儿童的情商将会退化。至于这样的情况是否会出现,只有时间才能证明。

情商在广泛的领域中迅速成为重要的议题,对其进行任何预测都是很困难的事情,不过我愿意对情商领域的未来提出几点希望。

当前主要是特权阶层,比如企业高管及私立学校的学生,能够享受到提高情绪智力的收益。如果贫困社区的学校引进社交与情绪学习,当地的很多儿童也能从中受益。但我希望情商教育更加民主化,惠及边缘群体，比如贫困家庭（这种家庭的儿童更易受到情绪的伤害）以及监狱犯人（尤其是少年犯，如果他们控制愤怒、自我意识和同理心的能力得到增强，将会大有裨益）。在情商方面向他们提供恰当的帮助，他们的生活会得到改善，所处的社会环境也会更加安全。

我还希望情商研究的广度能够得到进一步拓展，从关注个体的能力转移到关注人际互动的效果，不管是一对一的交流还是较大规模的互动。以新罕布什尔大学心理学家凡尼沙·杜鲁斯凯特（Vanessa Druskat）为代表的团队情商建设研究，正是情商研究广度拓展的表现之一。我们在这方面还可以大有作为。

最后，我希望有一天情商得到普遍的理解，我们不需要特别提起它，因为它已经和我们的生活融为一体了。在这种情况下，社交与情绪学习成为所有学校的课程。同样，自我意识、控制破坏性情绪和同理心等情商特质成为职业约定俗成的要求，成为员工聘任和提升的标准之一，尤其是领导力的必备素质。如果情商成为衡量人类素质的基本要素，影响力和智商一样广泛，那么我相信，我们的家庭、学校、行业和社区会变得更有人情味、更生机勃勃。

初版序
亚里士多德的挑战

> 任何人都会生气——这很简单。但选择正确的对象,把握正确的程度,在正确的时间,出于正确的目的,通过正确的方式生气——这不简单。
>
> ——亚里士多德,《伦理学》

纽约8月一个闷热得难以忍受的下午,蒸笼般的天气让人闷闷不乐、浑身难受。我从麦迪逊大道坐公共汽车回酒店。上车时,中年黑人司机对我露出热情的笑容,友好地打招呼:"嗨!你好吗?"我吃了一惊。公共汽车在闹市区拥堵的车流中慢慢蠕动,黑人司机像对我一样向每一位上车的乘客热情地打招呼。他们都和我一样吃惊,但由于天气让人情绪低落,几乎没人搭理他。

汽车爬出拥堵的闹市区进入郊外住宅区之后,车上发生了缓慢但奇妙的变化。黑人司机自说自话般地给乘客介绍起沿途的景致，比如那家商店在大甩卖，这家艺术馆有一个很棒的展览，街头那家电影院刚上演的电影。他一路讲个不停，有趣极了，他快活地和我们分享大都会的多姿多彩，感染了所有乘客。乘客下车时卸下了上车时沉默的外壳，黑人司机大声说："再见，祝你愉快！"每位乘客都报以微笑。

这一幕留在我脑海中快 20 年了。我在麦迪逊大道坐车那天，刚刚拿到心理学博士学位，但是对于公共汽车上奇妙的变化，当时的心理学研究还是一个空白点。心理学对情绪机制几乎没有任何研究。不过我想象得到，那种欢乐情绪的传播如同病毒一样，从车上的乘客蔓延扩散到整个城市，那位黑人司机就像城市的和平缔造者，拥有巫师一般的魔力，让原本闷闷不乐的乘客愉快开朗起来。

不过，本周报纸上的内容却与此形成鲜明对照。

在当地一所学校，一位 9 岁的男童把油漆倒在学校的课桌、电脑和打印机上，并蓄意破坏学校停车场里的一辆汽车。他这样做的原因是一些三年级的同班同学称他为"小宝贝"，他希望以此改变同学对他的印象。

一群年轻人在曼哈顿一家说唱俱乐部外消磨时间时无意中发生冲撞，最后演变为打群架，其中一名肇事者手持点 38 自动手枪向人群开枪射击，导致 8 人受伤。报道称，本来是小小的疏忽，却被误认为侮辱行为，最后演变成枪击事件，这种现象近年在美国有愈演愈烈的趋势。

据报道，在 12 岁以下的被杀害儿童当中，有 57% 是被他们的父母或者继父母杀死的。在将近一半案件中，父母声称他们"只是想教训一下孩子"。家长殴打儿童致死的原因是他们挡住了电视机、哭闹或者弄脏纸尿裤。

一名德国少年因谋杀5名土耳其女子受审。他趁受害人熟睡时放火烧死了她们。该少年是新纳粹组织成员，他把自己失业、酗酒和倒霉等问题归咎于外国人。他用低不可闻的声音恳求道："我一直后悔不已，我非常羞愧。"

我们每天都会看到关于这种恶性事件的新闻报道，恶性的情绪冲动在我们周围肆意蔓延。新闻报道反映了在更大的范围内，我们及周围人群的生活中潜藏着情绪失控的危险。面对这股飘忽不定的潜流，没有人能够独善其身，它以这样或那样的方式影响着所有人的生活。

近10年来，这样的新闻频频见诸报端，我们的家庭、社区以及公共生活当中情绪失调、绝望和肆无忌惮的现象越来越多。近些年社会逐渐被越来越严重的愤怒与绝望笼罩，父母双双在外工作、放学后独自回家的"钥匙儿童"，被迫留在家中与电视为伴，境况凄凉。还有儿童被遗弃、被忽视和受虐待，遭受"恨铁不成钢"的家庭暴力。情绪危机四处蔓延，全球范围内情绪抑郁的人数不断攀升，攻击行为大大增加：青少年带枪上学、高速公路上的交通事故演变为枪杀案、心怀不满的被辞退员工对前同事大开杀戒等。情绪虐待、驾车枪击事件以及创伤后应激障碍，在过去10年全都变成了司空见惯的词语，时下的问候语也从欢快的"祝你愉快"变成了暴躁的"让我开心"。

《情商》的目的在于把情绪这种说不清的东西说清楚。作为一位心理学家，同时也是《纽约时报》从业十多年的记者，我一直在关注非理性领域的科学发展。从这个角度出发，我重点关注两种截然相反的趋势，一是描述危机重重的公共情绪生活，二是提供有用的补救方法。

探索的时机

在过去 10 年，坏消息层出不穷，但与此同时，关于情绪的科学研究也经历了空前的繁荣。其中最令人振奋的是人脑运行机制的研究，新的脑成像技术等突破性方法为科学家对人脑一探究竟提供了可能。人类历史上第一次解开了长久以来的人脑之谜：个体在思考与感觉、想象与做梦的时候，人脑这团精密的细胞集合体是如何工作的。随着神经生物学的迅猛发展，我们比以往任何时候都更加清楚地了解大脑较为原始的部位情绪中枢的运作机制，它使我们发怒或流泪，既能挑起战争也能激发爱情，可以产生积极影响也可以起到破坏作用。情绪运行与失控机制研究得到了前所未有的发展，为化解人类公共情绪危机提供了新的良方。

我不得不等到有关科学研究成熟之后，才动手写作《情商》。科学见解姗姗来迟的原因主要是过去这些年的研究一直忽略了情感在人类心理生活中所占的一席之地，心理科学的情绪研究是一块未被开发的广袤大陆，实在令人吃惊。心理自助书籍趁机填补了这种空白，这些书籍的出发点是好的，但它们顶多是以临床的观点为基础，基本上没有什么科学依据。现在科学的发展终于能对这些复杂的、离理性最远的精神问题提供权威的解释，为人类心灵拼出比较清晰的图像。

科学家描绘的情绪地图对智力认识比较狭窄的人提出了挑战，他们认为智商由基因决定，后天经验难以改变，我们的命运基本上由智商潜能所决定。这种观点忽略了更有挑战性的问题：我们能改变什么，让我们的孩子生活更美好？比如在某些情况下，高智商的人表现不佳、智商一般的人却表现出色，到底是什么因素在起作用？我认为很大原因是被称为"情绪智力"的系列能力，包括自控力、热情和坚韧的品格，以及自我激励的能力等在起作用。我们把情绪技能传授给儿童，使他们更好地发挥由先天基因决定的智力潜能。

除了这种可能性，我们还面临道德上的迫切性。当代社会结构正在以前所未有的速度瓦解，自私、暴力和卑鄙无耻似乎正在腐蚀我们公共生活的美德。情绪智力的重要性体现在感情、性格和道德本能的联系上。越来越多的证据表明，生活中最本质的道德立场来源于基础的情绪能力。对个体来说，冲动是情绪的媒介，所有冲动都起源于最终表现为外在行动的情感爆发。容易冲动的人缺乏自制力，在道德上是不完整的。控制冲动的能力是意志和性格的基础。同样的道理，利他主义的根源是同理心——具有理解他人情绪的能力；如果对他人的需要或绝望缺乏感应，就谈不上关怀。如果问我们时代最需要的两种道德立场是什么，那就是自我克制和同情心。

我们的旅行

为了更好地理解我们自身生活以及周围世界中复杂的情绪现象，

在本书中，我的作用就像一位导游，带领读者纵览有关情绪的科学发现。旅行的终点是理解情绪的含义，明智地处理情绪问题。这种理解本身在某种程度上是有用的，就像物理学量子水平的观测器会改变被观测物体一样，观察情感的世界同样会产生这种效果。

旅行的第一站是参观人脑情绪构造的新发现，以此解释我们生活中最难以理解的感性压倒理性的时刻。人脑结构的相互作用控制了人的愤怒与恐惧、激情与喜悦。理解了这些，我们就会知道情绪的习惯可以破坏我们最良好的意愿，同样也可以克制更有破坏性或者自我打击的情绪冲动。更重要的是，神经科学的研究发现使我们认识到塑造下一代情绪习惯的关键时机。

旅行的第二站，即本书的第二部分关注的是天生的神经系统是如何对所谓的"情绪智力"产生作用的。比如，能够控制情绪冲动，理解他人内心最深处的感受，熟练地处理人际关系。这些罕见的本领用亚里士多德的话来说，就是"选择正确的对象，把握正确的程度，在正确的时间，出于正确的目的，通过正确的方式生气"。（对神经科学细节不感兴趣的读者可以直接跳到本部分。）

广义的智力模式把情绪置于众多生存潜能的中心。本书第三部分分析了情绪智力的关键作用：情绪智力如何维持我们最重视的人际关系，如果没有情绪智力，人际关系就会受到破坏；对事业成功起到关键作用的情绪智力，正在受到市场力量前所未有的重视；有害的情绪对身体健康的危害与二手烟无异，情绪平衡是我们健康和幸福的保证。

人类基因遗传赋予每个个体一系列的情绪设定值，从而决定了个体的性格气质。不过人脑的神经回路具有很强的可塑性，性格不是先天决定的。本书第四部分介绍我们童年时期在家庭和学校中获得的情绪经验塑造了情绪的神经回路，从正面或负面影响了我们情绪智力的基本技能。这说明影响我们生活的最基本的情绪习惯是在童年和青少年的关键时期确立的。

本书第五部分探讨了成年以后无法控制情绪的人将会面临什么样的危险，情绪智力的缺失会增加一系列的风险，比如沮丧、焦虑、暴力、饮食紊乱和滥用毒品等。同时，具有先见之明的学校会向儿童传授情绪与社交技能，确保他们的生活走向正轨。

本书中最令人困扰的研究数据也许是一项由父母和教师参与的大型调查，该调查表明在全球范围内，当代儿童比上一代更容易遇到情绪困扰问题，他们更孤单和沮丧，更愤怒和任性，更紧张和容易焦虑，更冲动和具有攻击性。

至于解决之道，我认为这取决于我们如何让年青一代防患于未然。现在我们对儿童的情绪教育放任自流，这会导致更加灾难性的后果。其中一个解决办法是重新审视学校教育学生的方法，在教学中把头脑和心灵结合起来。我们旅程的终点是参观旨在教授儿童情绪智力基本技能的创新课程。人类的情绪竞争力包括自我意识、自我控制、同理心，以及聆听、解决危机和合作的艺术等，可以预见，总有一天，这些重要的内容将会成为学校教育的必修课。

亚里士多德在《伦理学》中对品德、性格和幸福人生进行了哲学思考,他提出的挑战是明智地处理我们的情感生活。我们的激情如果运用得当将会充满智慧,激情可以指引我们的思想、价值观以及生存,但激情又很容易受到扭曲。亚里士多德认为,问题不在于情绪,而在于情绪的恰如其分以及情绪的表达。问题是,我们应该怎样将智慧赋予我们的情绪,使我们的生活环境更文明,公共生活更和谐。

Part

- 1 -

第一部分
情绪大脑

第一章

情绪的功能

> 用心去看才看得清楚，本质的东西用肉眼是看不见的。
>
> ——圣埃克苏佩里，《小王子》

美国全国铁路客运公司的一辆列车在路易斯安那州贝奥县失控撞击铁路桥后冲进河里，昌西一家三口正好在列车上。昌西夫妇的女儿安德烈亚由于脑瘫常年坐在轮椅上，夫妇俩把全部精力都用来照顾11岁的女儿。我们想象一下昌西夫妇生命的最后一刻。当河水不断涌进正在下沉的车厢时，他们首先想到的是他们的女儿。为了让安德烈亚获救，他们竭尽全力把她推出了车窗。安德烈亚被救援人员救了上来，昌西夫妇却随着车厢沉入了水底。[1]

昌西夫妇在最后一刻竭力挽救女儿的生命，这种伟大的举动体现了人类不可思议的勇气。毫无疑问，亲代为子代牺牲的现象在史前时期以及人类有历史记载以来一再出现，如果放眼更加漫长的人类进化过程，这种现象更是数不胜数。[2] 从进化生物学的角度来看，亲代的自我牺牲是为了"成功繁殖"，即把自身的基因传递给未来的世代。不过对于危急关头奋不顾身的父母来说，这一切都是出于爱。

从情绪的功能和潜能角度分析，舍己为女的故事表明了无私奉献的爱以及各种情绪在人类生活中的作用。[3] 这说明我们最深层的感受、我们的激情和渴望是最根本的向导，人类得以生存和延续很大程度上要归功于情绪对人类行为的影响力。情绪的力量非常强大，只有强烈的爱——挽救爱女的迫切感，才能让父母克服自身的求生欲望。从理性角度看，他们的自我牺牲是非理性的，但从感性角度看，牺牲是他们的唯一选择。

在人类进化过程中，情绪为什么在人类心理中发挥了核心作用呢？社会生物学家对此提出了感性压倒理性的观点。他们认为，情绪指导我们迎接困境或重任的挑战——这些挑战和任务往往过于重大，无法交由理智单独处理，比如危险、痛苦的损失、百折不挠坚持目标、建立人际关系、组建家庭等。每一种情绪相当于一种独特的行动准备，指导我们按照过去被证明行之有效的方法，去处理人类生活中反复出现的挑战。[4] 情绪对行动的指导作用在人类进化历史上不断重复出现，情绪就像一个根植于人类神经系统的指令体系，成为人类心灵固有、自动的反应倾向，对人类生存具有重大的意义。

分析人类本性时无视情绪的力量是一种可悲的短视。当代科学研究发现并肯定了情绪对人类生活的重要意义，人类自称"智人"（homo sapiens）和会思考的物种，却没有正确认识到这一点。我们根据经验知道，在进行决策和行动时，感觉的作用等于甚至常常超过思维的作用。我们过于强调以智商为衡量标准的纯粹理性在人类生活中的价值和意义。不管怎样，当情绪占据支配地位时，智力可能毫无意义。

当激情压倒理智时

这是一个由误会酿成的悲剧。14岁的玛蒂尔达·克雷布特里本来想和她父亲玩一个恶作剧。她的父母外出拜访朋友,凌晨一点才回家。玛蒂尔达计划在那时突然从壁橱中跳出来,大叫一声。

可是鲍比·克雷布特里和他太太以为玛蒂尔达当晚不在家里,而是和朋友们待在一起。鲍比进屋时听到一些声响,于是他抄起一把小口径手枪,走进玛蒂尔达的卧室一探究竟。这时玛蒂尔达突然从壁橱中跳出来,鲍比朝女儿的脖子开了枪,她在12个小时之后死亡。[5]

恐惧是人类进化的情绪遗产,恐惧促使我们保护家人免遭危险,也正是这种冲动促使鲍比·克雷布特里拿起手枪,在屋里搜索潜伏的入侵者。恐惧使鲍比在没有看清对象之前,甚至在听出他女儿的声音之前就开了枪。进化生物学家认为,恐惧的本能反应已经在人类神经系统中打下了深深的烙印,这是因为在漫长而关键的史前时期,这种本能反应对人类具有生死攸关的意义。更为重要的是,本能反应还关系到人类进化的主要任务,即繁衍后代,让后代继承这些基因倾向——可悲的是,正是恐惧的本能反应酿成了克雷布特里一家的悲剧。

尽管在漫长的进化过程中,人类的情绪起到了重要的指引作用,但随着文明社会的迅速发展,缓慢的进化过程已经跟不上现实的步伐。实际上,最早的法律和道德宣言,比如《汉谟拉比法典》、希伯来人的《十诫》和阿育王的诏书等,可以被视为对人类情绪进行约束、控制和教化的尝试。正如弗洛伊德在《文明及其不满》中指出的那样,社会必须从外部强加一定的规矩,以克制人类随意泛滥的内在情绪。

尽管受到社会的约束,激情压倒理智的现象还是时有发生。人类这种固有的本性来源于心理的基础构造。从情绪基础神经回路的生物设计机制来看,人类与生俱来的生物构造是在过去5万个世代被证明行之有效的机制,而不是在过去500个世代,更不是在过去5个世代才确定的。缓慢而精妙的生物进化力量塑造了人类情绪,这一过程已经经历了100万年;而在最近的1万年中,尽管人类文明迅速发展,人口从500万膨胀到50亿,但这期间在人类情绪生物机制上几乎没有留下任何痕迹。

不管怎样,我们对他人的评价以及自身的反应不仅受到理性判断或个体经验的影响,还取决于远古祖先的遗传。正如克雷布特里一家的遭遇那样,有时候生物遗传会导致悲剧。总而言之,我们常常会遇到后现代的困境,而我们用于应对困境的情绪机制却是更新世[①]的产物。这种困境正是本书的中心议题。

驱动力

早春的一天,我开车经过科罗拉多一个山口的高速公路,一场突

---

① 更新世也称洪积世(公元前180万年至公元前1万年),这一时期绝大多数动植物属种与现代相似。——译者注

降的暴风雪挡住了我的视线，我根本看不清前面的汽车，飞舞的雪花白得耀眼。我把脚踩在刹车上，焦躁不安，甚至能听到心跳的声音。

后来焦虑发展成完全的恐惧：我把车停在路边，等待暴风雪过去。半个小时之后，暴风雪停了，能见度有所恢复，我重新开车上路，但只行驶了几百米就被迫停车了。有辆汽车追尾撞上了前面缓慢行驶的汽车，救护人员正在抢救后面这辆车上的乘客。高速公路由于交通事故而造成堵车。假如我不顾暴风雪继续开车，很可能会撞上他们。

那天我出于警觉的恐惧很可能救了我一命。就像野兔一看到狐狸的脚印就吓得半死，或者原始哺乳动物躲避食肉恐龙一样，内心的感觉驱使我把车停下，集中注意力应对即将来临的危险。

所有的情绪在本质上都是某种行动的驱动力，即进化过程赋予人类处理各种状况的即时计划。情绪（emotion）的词源来自拉丁语"motere"，意为"行动、移动"，加上前缀"e"含有"移动起来"的意思，这说明每一种情绪都隐含着某种行动的倾向。情绪导致行动，这在动物或儿童身上表现得最为明显。情绪是深层的驱动力，在广义的动物世界中，只有在"受教化"的成年人身上，才会经常出现情绪与反应存在很大偏差的现象。[6]

情绪引发的独特生物学特征显示，情绪体系中的每一种情绪均扮演独特的角色（参阅附录1，详细了解"基本"情绪）。得益于新的人体和大脑检测方法，研究者在每种情绪导致不同类型反应的驱动机制方面发现了更多的生理学证据。[7]

- 人在生气的时候，血液会流到手部，以方便抓起武器或攻击敌人，同时心率加快，肾上腺素激增，为强有力的行动提供充沛的能量驱动。

- 人在恐惧的时候，血液会流到大块的骨骼肌，比如双腿，以方便逃跑，而且面部会由于血液的流失而发白（因此会有血"变凉"的感觉）。与此同时，也许是因为需要考虑是否应该躲藏，身体有那么一瞬间会呆住不动。大脑情绪中枢的回路释放出大量使身体保持警觉的激素，人的感觉变得敏锐，为行动做好充分的准备，同时集中精力分析当前的威胁，更有效地评估即将采取的行动。

- 人在快乐的时候，主要的生理变化是负责抑制负面感觉及提升可用能量的大脑中枢活跃度增强，而产生忧虑情绪的大脑中枢趋于平静。不过此时生理状态保持静止，不会产生特殊的变化，身体复原的速度要快于悲伤情绪引起的生理变化。这种特征使身体能够得到正常的休息，同时为即将面临的任务以及朝着目标努力储备充足的热情和力量。

- 人在坠入爱河的时候，会唤起温柔的感觉和性满足，同时还会唤起副交感神经——这和人在恐惧或生气时"战斗或者逃跑"的行动生理模式截然相反。副交感神经模式俗称"放松反应"，此时身体处于平静和满足的状态，易于合作。

- 人在吃惊的时候，眉毛会往上挑，使视野更加开阔，同时允许更多的光线射向视网膜。从而捕捉更多关于意外事件的信息,以便准确分析当下的情况,确定最佳行动方案。

• 人在厌恶的时候,面部表情在全世界几乎都是一样的,而且传递的是同样的信息:吃到或者闻到让人很难受的东西,或者类似这样的经历。厌恶的面部表情——上唇撇向一边,鼻头微微皱起,达尔文认为这是人类的一种本能反应,为了不吸入有害气体而屏住呼吸或者吐出有毒的食物。

• 悲伤的主要作用是帮助个体适应重大的损失,比如亲人的死亡或者极大的失望。悲伤会降低生命活动的能量和热情,尤其是娱乐活动或者享乐。随着悲伤情绪的加深,并慢慢滑向沮丧,人体的新陈代谢就会减缓。这种内在的收缩为个体创造机会哀悼损失或者幻灭的希望,领悟损失对人生的影响,并且在能量回升之后开始新的生活。能量的降低还可以把哀伤而脆弱的原始人类留在家的附近,也就是留在更安全的地方。

我们的生活经历和文化进一步塑造了这些行为的生理倾向。比如,失去爱人令人悲伤和痛苦,这在全世界都是一样的。但我们如何表达痛苦——在私底下如何展现或者克制情绪,受到文化的影响,在我们的生命中哪些人是值得哀悼的"爱人"也由文化来定义。

在漫长的进化过程中,人类情绪反应被塑造成形,相对于人类有历史记载之后的大多数时期,当时的状况要严峻得多。在这一时期,很少有婴儿能活到童年期,能活到30岁的人更是少之又少,凶猛的肉食动物随时出没,反复无常的干旱和洪涝灾害导致饿殍遍野。但随着农业的出现以及原始人类社会的形成，人类的存活率开始发生急剧的变化。在过去 1 万年间，这种现象在全球范围内出现，人类生存危机的压力慢慢减轻了。

生存的压力曾经使人类的情绪反应对于生存至关重要，当这种压力消退时，人类部分情绪的吻合度也出现了问题。在远古时期，"一触即发"的愤怒对人类有着生死攸关的意义，但对于当代 13 岁的儿童来说，获得"一触即发"的自动化武器经常会引发灾难性后果。[8]

人的两种心理

一位朋友曾向我讲述离婚的痛苦经历。她的丈夫爱上了一位比她年轻的女同事，突然说要离开她，与女同事同居。在接下来的几个月里，这对怨偶就房子、钱和孩子的监护权展开了痛苦的角力。几个月后的现在，这位朋友说单身生活对她更有吸引力，她很高兴能自由自在地活着。她说："我不再想着他了。我真的不在乎。"但她说话的时候，眼睛里泛着泪花。

闪过泪光的瞬间很容易被人忽略。泪水汪汪的眼睛表示她很悲伤，这和她口头上说的刚好相反，我们这种同理心的领会是一种解读行为，这和从字里行间解读文字的意义一样明确。一种是情绪心理的行为，另一种是理性心理的行为。实际上我们有两种心理，一种用来思考，一种用来感觉。

这两种完全不同的认知方式相互作用，共同构建了我们的心理生活。理性心理是我们通常能够意识到的理解模式，具有清醒的意识，会思索，能够进行思考和反思。除此之外还有另外一种认知系统：冲动、有力，有时没有逻辑可言，即情绪心理（请参阅附录2，了解情绪心理的特征）。

这种感性与理性两分系统类似于我们常说的"心"和"脑"的区别。内心认为某件事情是对的，与通过理性思考得出正确的结论，我们对于二者的信服程度是不同的，前者要更加笃定一些。理性和感性对心理的主导比例是一个平稳的梯度，感觉越强烈，情绪对心理的主导作用就越强，理性的作用就越弱。这种影响机制很可能源于千万年的进化优势，情绪和直觉能够指导我们在危急关头做出即时的反应——在这种形势下，停下来思考应该如何行动很可能会让我们丧命。

情绪和理性这两种心理在大部分情况下能够和谐共处，它们不同的认知方式相辅相成，为人类在世界上生存提供指引。情绪和理性心理通常处于某种平衡状况，情绪袭来，要求理性心理采取行动，理性心理则斟酌、有时甚至否定情绪的指令。当然情绪和理性心理是半独立的体系，我们接下来会谈到，它们各自如何反映独特而又相互关联的大脑神经回路运行机制。

在大多数情况下，这两种心理的相互协调简直是巧夺天工，感觉对思维必不可少，思维对感觉也是如此。不过一旦激情超过平衡的临界点，情绪心理就会占上风，压倒理性心理。16世纪的鹿特丹人文主义学者伊拉斯谟曾经描述过理智与情感永无休止的纷争：[9]

众神之王朱庇特赋予人们的激情多于理智——两者的比例大概是24∶1。为了制衡理智的单极力量，他扶植了两个暴君：愤怒和贪婪。理智与这两股联合力量对抗的胜算如何，看看人类在日常生活中的表现就一清二楚了。理智只好使出了最后一个招数，不断强调道德规范，直至声音沙哑。而愤怒和贪婪则让理智见鬼，而且越来越吵闹和嚣张，直到最后理智筋疲力尽，放弃，投降。

大脑的发育

考察人脑的进化过程可以帮助我们更好地理解情绪对理性心理潜在的控制作用，以及情感和理智容易打架的原因。人脑由细胞和神经液组成，重约三磅①，是进化过程中人类的近亲——其他灵长类动物大脑的三倍。经过几百万年的进化，人脑自下而上生长发育，由较低级和较原始的部分发育进化出较高级的神经中枢。（人类胚胎的大脑发育大致重演了这一进化过程。）

大脑最原始的部分是包围在脊髓顶端的脑干，所有具备不止一个最微型神经系统的生物都有脑干。位于大脑最下端的脑干主导呼吸、人体其他器官的新陈代谢等生命基本功能，同时控制刻板反应和动作。脑干没有思考或学习的功能，它只是一个预先设定程序的自动调节器，旨在维持身体的正常运转，并做出确保生存的反应。这种大脑统治了爬行动物时代，不妨想象这个画面：一条吐着信子的蛇面对攻

---

① 1磅 = 0.453 6千克。——编者注

击的威胁发出"咝咝"的声音。

脑干是大脑最原始的部分,也是情绪中枢的起源。经过几百万年的进化,情绪中枢进化成会思考的大脑,即"新皮层",这层充满皱褶的灯泡状器官位于大脑的最外层。思考脑从情绪脑进化而来,这一现象很能说明思维和情感的关系;情绪脑的出现要早于思考脑。

人类情绪最早起源于嗅觉,更准确地说是起源于嗅叶,即接收并分析气味的细胞。每一种活的个体,无论是好吃的还是有毒的,无论是性感的伴侣,还是天敌或者猎物,都携带着一种独特的分子标签,可以在风中传播。在原始时期,嗅觉对生存无疑具有至关重要的意义。

原始的情绪中枢从嗅叶开始进化,最终发育成足以环绕脑干顶部的构造。在最初的阶段,嗅觉中枢由分析气味的神经元薄层组成,其中一层细胞接收闻到的气味,并进行分类:好吃的或者有毒的,交配对象、天敌或者猎物。第二层细胞通过神经系统向身体发出反射信号采取行动:吞咽或者呕吐,接近、逃跑或者捕捉。[10]

最早的哺乳动物出现之后,情绪脑新的关键神经元层也形成了。情绪脑的新神经元层包围着脑干,看起来就像是被人咬了一口的面包圈,脑干正好安放在中空的底部。由于这部分大脑环绕并包裹着脑干,因此又被称为"边缘"(limbic)系统,"边缘"一词来源于拉丁语"limbus",意为"衣领"。这一新的神经区域为大脑的指令系统添加了恰当的情绪。[11]当我们渴望或愤怒的时候,坠入爱河或因恐惧而退缩的时候,正是受到了边缘系统的控制。

边缘系统进化出了两个强有力的工具:学习和记忆。这种革命性的进化使得动物的生存抉择更加明智，而且能更好地适应变化的要求，而不是一味地做出相同的自动反应。如果某种食物吃了会生病，下次就不会再吃。什么能吃、什么不能吃依然主要由嗅觉决定；嗅球和边缘系统之间的联结组织现在负责辨别各种气味，比较当前的气味与以前的气味，区别好的气味与不好的气味。这个功能是由"嗅脑"（rhinencephalon）完成的，"嗅脑"的字面意思是"鼻子脑"，属于边缘系统神经网络的一部分，也是思考脑新皮层最基础的系统。

大约在1亿年前，哺乳动物的大脑发生了生长突增。在原先薄薄两层皮层——这部分的功能是计划、理解感受、协调行动——的顶部，出现了几层新的大脑细胞，从而形成了大脑的新皮层。和最初的两层大脑皮层相比，新皮层具有异乎寻常的智能优势。

"智人"的新皮层比其他任何物种的都要大得多，这正是人类所独有的。新皮层是思想的所在，它包含综合和理解感觉的神经中枢。新皮层还使我们的思考伴随着某种感觉，而且使我们对观点、艺术、符号和图像等产生感觉。

在进化过程中，新皮层具备的精妙调节功能使生命机体在趋利避害方面具有巨大的优势，而且更有可能向后代遗传包含同样神经回路的基因。新皮层具有制定策略、做出长远计划和其他谋略的功能，这是生死攸关的优势。除此之外，艺术、文明和文化的繁盛也都是新皮层结出的硕果。

大脑新皮层还为情绪生活增添了色彩。比如爱情，边缘结构能够产生愉悦和性欲的感觉，即激发性欲的情绪。而新皮层的出现及其与边缘系统的联系，使得母亲与孩子的联系更加紧密，这种联系是家庭单元的基础，母亲负有长期抚养孩子的义务，从而使人类的发展成为可能。（没有新皮层的生物缺乏亲子感情，比如爬行类动物，幼崽孵化出来之后必须躲藏起来，防止被亲代吞噬。）人类父母对孩子的保护会一直持续到孩子成年，横跨漫长的童年期——儿童的大脑在这期间继续发育。

从爬行类动物到恒河猴，再到人类，其大脑新皮层的质量依次增加，大脑神经回路的相互联系也呈几何式增长。联系的次数越多，可能反应的范围就越大。新皮层使情绪生活更加微妙和复杂，比如对自身感觉产生感觉的能力。灵长类动物的新皮层与边缘系统比其他物种要发达得多，其中要数人类的最为发达。这表明人类能够对情绪产生更为广泛的反应，而且更加微妙。野兔和恒河猴对恐惧有一套有限的典型反应，但人类拥有更发达的新皮层，它的指令系统要细致得多——包括打电话报警。社会系统越复杂，这种弹性处理就越重要。因此，没有哪一种生物比人类社会更加复杂。[12]

新皮层虽然是大脑的高级中枢，但并不能控制全部的情绪生活。对于心灵至关重要的问题——尤其是情绪的紧急状况，新皮层需要服从边缘系统。由于大脑的高级中枢发源于边缘系统，或者说扩展了边缘系统的功能范围，情绪脑在神经结构中扮演着关键的角色。情绪脑是新大脑发育的基础，情绪区域通过神经回路与新皮层的所有部分产生了千丝万缕的复杂关系。因此，情绪中枢对包括思考中枢在内的大脑其他部分的运作具有强有力的影响。

第二章

情绪失控

生活对理性的人来说是喜剧，对感性的人来说是悲剧。

——霍勒斯·沃波尔

1963年8月的一个炎热午后，小马丁·路德·金牧师在华盛顿民权大游行中发表《我有一个梦想》演说的同一天。理查德·罗伯斯，一个刚刚刑满释放的偷窃老手，打算重出江湖。他以前是个瘾君子，为了满足毒瘾入室偷窃100多次，曾被判13年徒刑。罗伯斯后来坦白，他本来想金盆洗手，但他要供养女友和他们三岁的女儿，实在缺钱。

他在那天闯入了纽约上东区的一间寓所，房主是两位年轻的女子，21岁的《新闻周刊》研究员珍妮丝·威利和23岁的小学老师艾米莉·霍弗特。罗伯斯本来以为白天无人在家，却没想到威利在家。罗伯斯用刀威胁她，并把她绑了起来。罗伯斯正要离开的时候，霍弗特回来了。为了安全脱身，罗伯斯一不做二不休，把她也绑了起来。

罗伯斯在多年之后回忆往事，他说在绑霍弗特的时候，威利警告他，他逃不了，她记得他的样子，会协助警察把他抓捕归案。罗伯斯本来想干完这票就洗手不干了，听到威利的警告，他突然陷入恐慌，完全失去了控制。被愤怒和恐惧淹没的罗伯斯，抓起汽水瓶把两个女人砸晕，然后用菜刀对她们一通猛砍。罗伯斯在25年之后悲恸地说：

"我当时疯了，头都炸开了。"

罗伯斯至今还在为那失控的几分钟懊悔不已。在我写这本书的时候，他已经在狱中待了30多年，被外界称为"职业女性杀手"。

罗伯斯在顷刻之间的情绪爆发叫作神经失控。有证据表明，在神经失控时，边缘脑的神经中枢宣布进入紧急状态，召集大脑的其他部分服从其紧急调度。神经失控发生在顷刻之间，激发立即的行动反应，这时掌管思考的新皮层根本来不及全面观察当前的形势，更无从判断行动的正确性。神经失控的特征是在失控过去之后，失控者根本不知道自己到底怎么了。

情绪失控导致"职业女性杀手"惨案的发生，但情绪失控绝对不是孤立、可怕的偶然事件。普通人情绪失控其实经常发生，虽然形式一般不会如此可怕，但强度也许毫不逊色。回想你上一次"失控"时的情形，比如对家人或者陌生的出租车司机大发脾气，而在发作完之后，你经过思考和反省，发现似乎没有生气的道理。这种情况多半就是情绪失控，这种"神经接管"的现象发生在边缘脑的神经中枢杏仁核。

当然，不是所有的边缘系统神经失控都是破坏性的。如果某人听到一个笑话突然发笑，这种情绪爆发也属于边缘系统的反应。在极度欢乐的时刻，也会出现情绪失控。丹·詹森历经数次冲击奥运金牌的痛苦失败之后（他曾发誓为他死去的姐姐夺取金牌），最终获得了1994年挪威冬奥会1 000米速度滑冰的金牌，他的妻子由于兴奋过度失去知觉，不得不送到滑冰场的急救医生那里治疗。

激情中枢

人类的杏仁核位于脑干顶部、环状边缘系统底部附近，呈杏仁形状，是相互联结的组织复合体。杏仁核分为两大核群，左右脑各一个，分别位于头颅内侧。与进化过程中人类近亲——其他灵长类动物相比，人类的杏仁核相对较大。

海马体和杏仁核是原始"嗅脑"的两个重要部分，嗅脑在进化过程中的作用是唤起皮层和新皮层。现在这些边缘结构负责大脑学习和记忆的大部分功能，杏仁核则是情绪事务的专家。假如杏仁核与大脑其他部分的联系被隔断，就会导致个体无法判断事件的情感意义，这种情况有时被称为"情感失明"。

失去情感的判断，社会交往就会失控。有位年轻人为了控制严重癫痫发作，通过手术去除了杏仁核。在这之后，他对人群完全失去了兴趣，宁愿独自坐着，与世隔绝。尽管他的谈话能力完全没有受到影响，但他已经认不出原本亲密的朋友、亲戚，甚至他的母亲，他们因为他的冷漠痛苦不堪，他却无动于衷。切除杏仁核之后，这个年轻人似乎失去了识别所有感觉的能力，也失去了对感觉的任何感觉。[1] 杏仁核如同情绪记忆的仓库，也是意义本身的仓库，没有杏仁核的人生相当于被剥夺了个人意义的人生。

杏仁核不仅与情感有关，所有的激情也都取决于杏仁核。杏仁核被切除或受到伤害的动物，不会感到恐惧和愤怒，失去了竞争或合作的紧迫感，对于自身在社会秩序中所处的位置也不再有任何认知，也就是说，感觉变得迟钝或消失了。流泪是人类特有的情绪信号，由杏仁核及其附近的扣带回所控制。被拥抱、抚摸或者安慰可以舒缓大脑的这个区域，使人停止哭泣。假如没有杏仁核，我们就不会流出伤感的泪水来舒缓情绪。

第一个发现杏仁核在情绪脑神经中的关键作用的是约瑟夫·勒杜克斯（Joseph LeDoux），他是纽约大学神经科学研究中心的神经科学专家。[2]他与其他新生代神经学家运用创新方法和技术进行研究，把大脑运行机制的研究提高到前所未有的精确程度，从而解开了前几代科学家认为难以捉摸的心灵之谜。勒杜克斯对情绪脑神经回路的研究，确立了杏仁核行动中枢的地位以及其他边缘结构的独特作用，颠覆了长久以来神经学科对大脑边缘系统的认识。[3]

勒杜克斯的研究解释了在思考脑（即新皮层）决策之前，杏仁核如何控制我们的行为。杏仁核的工作机制及其与新皮层的互动是情绪智力的核心。

神经警报

情绪对心理生活的影响最难以理解的地方在于，我们会突然爆发出狂热的行为，但尘埃落定之后，我们又为此而后悔。问题是我们为什么这么容易失去理性。举个例子，有位年轻女子驾车两个小时来到波士顿，和男友共进早午餐，并打算一起消磨一整天。用餐时，男友送给她一幅从西班牙带回来的罕见的美术作品，这是她期待了好几个月的礼物，但她并没有高兴多久。她提议两人用餐后去看一场她期待已久的电影,但男友说他要练习垒球,不能陪她一整天,这让她大感意外。她又伤心又怀疑,泪水夺眶而出,她站起来离开了餐厅,而且在一时冲动之下,把那幅作品扔进了垃圾桶。几个月之后,她回想起这一幕仍懊悔不已,她后悔的不是离开餐厅,而是失去那幅作品。

杏仁核作为行动中枢的角色,在冲动的情感压倒理智之时起到关键作用。接收到输入的感觉信号之后,杏仁核就会扫描每一种应对烦恼的经验。杏仁核在心理生活中处于强有力的地位,类似于心理哨兵,它质疑每一种处境、每一种认知,此时大脑中会出现一类最原始的问题:"我讨厌它吗?它会伤害我吗?我害怕它吗?"假如答案是肯定的,或者在当前时刻趋于肯定,杏仁核就会做出即时反应,就像神经警报一样,向大脑的各个部分发出危机信号。

在人脑的构造中,杏仁核相当于一家警报公司,操作员随时待命,一旦家庭安全系统发出遇险信号,立即向消防队、警察局及邻近社区发出紧急警报。

一旦收到警报,比如恐惧,杏仁核就会向大脑各主要部分发出紧急信息,促使身体分泌"战斗或逃跑"的荷尔蒙,驱动运动中枢,同时激活心血管系统、肌肉以及内脏器官。[4] 与杏仁核联结的其他神经回路还会指挥身体紧急分泌出大量的去甲肾上腺素,提高大脑关键区域的反应能力,使感觉更加敏锐,确保大脑时刻保持警觉。杏仁核还会向脑干发出附加指令,使个体面部流露出恐惧的表情,冻结肌肉当前进行的无关活动,使心跳加速、血压升高、呼吸减缓。此外,杏仁核还会发出指令密切留意恐惧的来源,让肌肉准备采取相应的行动。

与此同时，大脑皮层的记忆系统开始启动，检索与当前紧急状况相关的知识，优先于其他无关的思想。

这个过程只是生命机体在杏仁核指挥之下协调变化的一部分（想了解更多细节，请参阅附录3）。杏仁核起到了集结大脑各个区域的作用。杏仁核拥有神经联结的延伸网络，这使它在发生情绪危机时能够指挥和驱使大脑其他的很多区域——包括理性脑。

情绪哨兵

我的一位朋友向我谈起在英格兰一家河边餐厅吃早午餐的经历。他用完餐后，沿着通往运河的石阶散步，突然发现一个女孩死死盯着河面，吓得面无人色。他在不明就里的情况下跳进了河里，连外套和领带都来不及脱掉。在跳进河里之后，他才意识到那女孩惊慌失措的原因是有个小孩失足掉进了河里——他正好去搭救小孩。

是什么促使他在不明就里的情况下跳进河里？答案就在于他的杏仁核。

勒杜克斯的研究揭示了人脑的构造赋予杏仁核情绪哨兵的地位，使其可以控制整个大脑，这是近10年情绪研究领域最有力的发现之一。[5]他的研究显示，从眼睛或耳朵输入的感觉信号首先到达大脑的丘脑，然后通过一个单独的突触传到杏仁核；丘脑发出的第二个信号则传到新皮层，即思考脑。信号的分叉使杏仁核能先于新皮层做出反应，而新皮层在通过多个层次的大脑回路对信息进行充分分析之后，才能全面掌握情况，并最终做出更加精准的反应。

勒杜克斯的研究对理解情绪生活具有革命性的意义，他第一个发现了感觉的神经通道可以绕过新皮层。与杏仁核直接联结的感觉包括我们最原始和最强烈的感受，这种神经回路在很大程度上解释了感性压倒理性的力量。

神经科学的传统观点认为，眼睛、耳朵和其他感觉器官将信号传送到丘脑，然后再传到新皮层处理感觉的区域，感觉信号在这里集合成我们所感知的具体对象。这些信号按照意义进行分类，因此大脑能够辨认每个对象以及它所代表的意义。传统理论认为，信号是从新皮层传送到边缘脑，然后由边缘脑发出准确的反应指令，并传送到整个大脑以及身体的其他部位，这一过程占用了很多甚至大部分的时间。但勒杜克斯发现，除了有一束较大的神经元联结丘脑和新皮层之外，另外有一束较小的神经元直接联结丘脑和杏仁核。这条更小、更短的通道类似于神经的后院小巷，使杏仁核能够直接接收某些感觉信号，并在新皮层接收全部信号之前做出反应。

这一发现颠覆了杏仁核必须完全依赖于新皮层传送的信号，然后再形成情绪反应的理论。在一条平行的反射通道开始联结杏仁核和新皮层的同时，杏仁核可以通过另一条紧急通道激起情绪反应。杏仁核可以促使个体立即行动，新皮层的反应则稍有滞后，但掌握的信息更加全面，可以为行动制订出更加精确的计划。

勒杜克斯对动物的恐惧进行了研究，据此推翻了盛行一时的情绪通道理论。他在一个关键的实验中，破坏了老鼠的听觉皮层，然后把老鼠放在伴随着电击的声音环境中。虽然老鼠的新皮层接收不了声音信号，但它们很快就懂得害怕这些声音。有所不同的是，声音在这种情况下直接从耳朵传送到丘脑，再传到杏仁核，这一过程跳过了其他所有更高层次的神经通道。简而言之，老鼠无须任何高级皮层的活动就学会了情绪的反应：杏仁核独立地感知、记忆和指挥老鼠的恐惧情绪。

勒杜克斯告诉我："情绪系统可以不依赖于新皮层自动做出反应。有些情绪反应和情绪记忆可以在完全没有任何意识和认知参与的情况下形成。"杏仁核具有储存记忆和反应指令的功能，我们可以在清楚认识到原因之前采取行动，原因就在于从丘脑到杏仁核的神经捷径完全绕过了新皮层。这条捷径使得杏仁核类似于情绪印象和记忆的知识库，但我们对此没有充分的认识。勒杜克斯认为，杏仁核对记忆的潜在作用可以解释一个惊人的实验。在这个实验中，人们眼前快速闪过各种奇形怪状的几何图形，速度快得没人意识到有东西在他们眼前闪过，但在后来的选择中，人们表现出了对那些闪过的几何图形的偏好。[6]

视觉信号首先从视网膜传到丘脑，信号在这里被翻译成大脑的语言。然后大部分信息传到视觉皮层，视觉皮层负责分析和评估意义与精确的反应。假如这种反应与情绪有关，就会传到杏仁核，从而激活情绪中枢。但有少部分原始信号以更快的速度从丘脑直接传到杏仁核，从而激发了更加迅速（当然不那么精确）的反应。因此，杏仁核能在皮层中枢对情况进行全面理解之前引发情绪反应。

丘脑

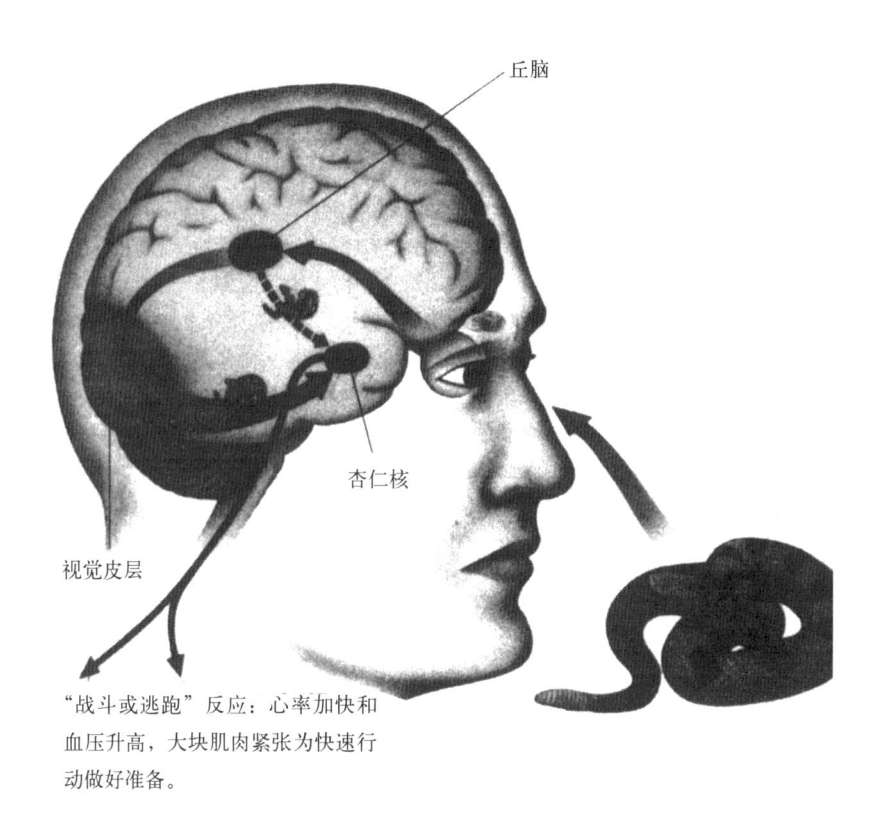

杏仁核

视觉皮层

"战斗或逃跑"反应：心率加快和血压升高，大块肌肉紧张为快速行动做好准备。

还有研究显示，在我们进行感知的最初几毫秒时间内，我们不仅在无意识地理解这个对象，还在决定我们是否喜欢它。这种"认知的无意识"表明我们的意识不仅在辨认看到的东西，还会对其产生看法。[7] 我们的情绪独立于理性脑产生见解，有着自身的"心理"。

情绪记忆的专家

这种无意识的看法源于储藏在杏仁核中的情绪记忆。现在，勒杜克斯和其他神经学专家的研究似乎表明，长久以来被认为是边缘系统关键结构的海马体，主要参与记录和理解感知模式，而不是情绪反应。海马体的主要作用是提供与背景有关的鲜明记忆，这对情绪的意义非常重要。海马体可以辨别不同的意义，比如待在动物园里的熊和闯进你家后院的熊，两者的意义是不一样的。

海马体记忆的是纯粹的事实，而杏仁核则保留了伴随事实的情绪"味道"。比如我们尝试在双车道高速公路上超车，却差点与对面开来的车迎头相撞，海马体会记住这件事情的细节，比如我们当时是在哪条公路，和谁在一起，对面那辆车的样子等。杏仁核却会在事件发生之后，我们再次在相似情况下准备超车时，在我们体内激发焦虑情绪。正如勒杜克斯所说的那样："海马体对你认出表姐的脸起到关键作用，而杏仁核则会提醒你不是真的喜欢她。"

人脑通过一种简单而精妙的方式使情绪记忆产生一种特殊的潜能：机体的神经化学警报系统能在生命面临威胁的紧急关头，主导身体做出"战斗或逃跑"的反应，同时还会把这一时刻深深刻入记忆。[8]在应激状态下（或者在焦虑甚至极度喜悦兴奋的情况下），神经从大脑迅速传递到位于肾脏上方的肾上腺，促使其分泌肾上腺素和去甲肾上腺素，这些激素遍布全身，主导机体为紧急状况做好准备。这些激素激活了迷走神经的接收器。在肾上腺素和去甲肾上腺素的激发下，迷走神经携带大脑指令，对心脏进行调节，同时把信号传回大脑。杏仁核是大脑接收这些信号的主要场所。杏仁核的神经元被输入信号激活后，继而向大脑其他部分发出信号，使个体加深对当前情况的记忆。

这种杏仁核唤起似乎把情绪唤起特别强烈的大多数时刻嵌入了记忆。因此我们更有可能记得第一次约会是在哪里，或者听到"挑战者号"航天飞机爆炸消息时正在做什么。杏仁核唤起的程度越强，记忆就越深刻，那些最令我们害怕或恐慌的生活经历是我们最难以磨灭的记忆。这说明大脑实际上有两个记忆系统，一个用来记忆普通的事实，另一个用来记忆刻有情绪印记的事实。当然，这种情绪记忆的特殊系统非常符合生物进化的原理，确保动物对使它们感到威胁或愉悦的事物留有特别鲜明的记忆。不过情绪记忆也有可能对当前情况产生误导。

过时的神经警报

机体神经警报的一个缺点是，杏仁核发出的紧急信息往往（至少有时候）是过时的，尤其是在流动性极大的当今社会。作为情绪记忆的仓库，杏仁核扫描以往的经验，对当前情景与过往情景进行比较。杏仁核的比较方法是联想式的：如果当前状况的某个关键要素和以前的相似，它就会产生"匹配"的判断——这就是神经回路反应比较草率的原因，它在全面确认情况之前就采取了行动。它粗暴地命令我们按照很久以前形成的思维、情绪和反应来处理当前的状况，过去的情况和当前的情况也许仅有几分模糊的相似，但这种相似性已经足以促使杏仁核拉响警报。

有一位前任军队护士，她在战时曾经护理过很多惨不忍睹的伤员，为此精神受到了严重的创伤。很多年后，她在家中打开储物柜，发现她的孩子把一个恶臭的纸尿裤藏在里面,这阵恶臭再次激起了她的回忆,她突然被害怕、厌恶和恐慌的混合情绪吞没了——这正是她以前在战场上的反应。只要当前有一些偶发因素与过去的危险相似,杏仁核就会拉响警报。问题在于,尽管这些带有情绪印记的记忆拥有激发危机反应的力量,但是过时的记忆同样会引发过时的反应方式。

很多潜在的情绪记忆可以追溯到人生的最初几年,体现于婴儿与照料者之间的关系,情绪脑在这种时刻做出的反应就会更加不准确,尤其是对于被殴打或彻底忽略等创伤事件更是如此。在人生早期,个体的其他大脑结构,尤其是主宰叙述记忆的海马体以及负责理性思维的新皮层,还没有得到完全的发育。杏仁核和海马体共同作用于记忆机制,它们单独储存及检索各自特有的信息。在海马体检索信息时,杏仁核负责判断该信息是否带有情绪印记。不过相比之下,杏仁核在婴儿大脑中成熟得很快,它在婴儿出生时就已接近完全成形了。

一直以来,精神分析思想的基础原则认为,人生早期的人际互动塑造了一整套以婴儿与照料者相处时的协调和不适为基础的情绪经验。勒杜克斯后来对杏仁核在童年期扮演的角色进行了研究,为上述原则提供了支持。[9] 勒杜克斯认为,以婴儿与照料者的互动模式为基础的情绪经验影响深远,但又很难从成年生活的角度来理解,原因在于它们储存在杏仁核里,模糊粗糙,无法用语言描述,就像主导情感生活的草图。由于这些早期的情绪记忆在婴儿能够用语言描述自身经验之前就已经形成,因此当这些情绪记忆后来被激发出来时,我们找不到匹配的思想来清晰地描述这种控制我们的反应。我们对情绪爆发困惑不已的一个原因在于,它们往往可以追溯到我们人生的早期阶段,在那个阶段,我们常常感到困惑,而且无法用语言进行理解。我们也许会出现混乱的感觉,却无法用语言来回忆这种感觉。

迅猛而草率的情绪

大约凌晨三点,我听到有个大型物体重重地撞破了我卧室远处角落上方的天花板,阁楼里的东西全都掉进了房间。我立刻从床上跃起,跑出房间,担心整块天花板会陷落下来。然后,意识到安全之后,我警觉地窥视卧室,看看是什么引起了这场事故,结果发现我以为是天花板陷落的声音其实是一堆摞起来的箱子跌落的声音,我妻子在白天的时候把这些箱子从衣帽间整理出来,堆在墙角。没有东西从阁楼掉下来——根本就不存在阁楼。天花板完好如初,我也一样。

我在半梦半醒之间从床上跃起——假如天花板真的掉下来,我可能会免于受伤——这正是杏仁核的力量,在紧急关头,它促使我们在新皮层全面记录当前状况之前采取行动。从眼睛或耳朵到丘脑再到杏仁核的紧急通道起到了生死攸关的作用,它为在紧急关头采取即时行动节省了时间。不过这条从丘脑到杏仁核的通道只能携带少量的感觉信息,大部分信息还是要取道新皮层。因此,杏仁核从快速通道接收到的信号充其量只是一种粗糙的信号,刚好能够引起警觉。勒杜克斯指出:"你无须确切知道它是什么,就可以判断它可能有危险。"[10]

这条直接的神经通道节省的时间对于大脑来说具有重要意义,它以毫秒为单位计算。老鼠的杏仁核能在感知的12毫秒之后开始反应,而丘脑－新皮层－杏仁核通道的传输时间大约是前者的两倍。尽管目前还没有对人脑进行类似的实验，但两者的时间比例大体应该一样。

从进化的角度看，直接的神经通道对于物种的生存具有非常重大的价值，使得生命体能在关键的几毫秒之内快速应对危险。也许正是这几毫秒无数次挽救了哺乳动物原始祖先的生命，因此现在每一种哺乳动物的大脑中都存在这种进化安排，当然也包括人类。实际上，对于人类来说，由于这条神经通道基本上只在情绪危机的时刻开通，它对人类心理生活的作用可能相对有限。但它对鸟类、鱼类和爬行类动物的很多意识反应是至关重要的，因为这些生物的生存依赖于时时刻刻辨别天敌或猎物。勒杜克斯说："哺乳动物这种原始、次要的大脑系统相当于非哺乳动物主要的大脑系统。它为激发情绪提供了快速通道。不过它又是一种快捷而粗糙的过程，神经细胞反应很快，但不甚精确。"

对于松鼠这种动物来说，反应不精确并没有太大的问题，顶多是过于注重安全，比如一旦察觉凶猛敌人可能出没的迹象就立即逃走，或者发现食物的线索就立即扑上去。但在人类的情感生活中，这种不精确可能会对我们的人际关系产生很糟糕的后果，我们也许会像松鼠一样扑近或逃离错误的事物或人。（比如，女服务员无意中瞥见一个有着一头又密又卷的红头发的女人，吓得把一套六头餐具打翻在地——女服务员的前夫就是为了这样一个女人而离开了她。）

这种初始的情绪错误的基础是出现在思想之前的感觉。勒杜克斯将其称为"前认知情绪"（precognitive emotion），即个体没有对感觉信息进行全面的分类整理，将其整合成可以辨认的对象，而是基于感觉信息的片段和神经的细枝末节做出反应。这种感觉信息的形式很粗糙，神经的反应很草率，有点类似《猜歌名》的游戏节目，游戏者不是根据几个音符对旋律进行快速判断，而是根据试探性的前奏获得整体的感知印象。一旦杏仁核检测到感觉模式的输入，就会立刻得出结论，在得到全面的证据确认（或者任何形式的确认）之前就引发行动。

难怪我们对于爆发性情绪的阴暗面了解如此之少，尤其是在情绪失控的时候。杏仁核在新皮层了解情况之前，像精神错乱一样爆发出愤怒或恐惧的反应，原因在于原始情绪的爆发不仅独立于而且先于思想的产生。

情绪管理员

我有位朋友，她6岁的女儿杰西卡第一次在小伙伴家过夜，说不清是妈妈还是女儿更加紧张。妈妈尽量不让杰西卡知道她很紧张，当天接近午夜的时候，妈妈正要准备上床睡觉，电话铃声突然响起，她的焦虑在此时达到了最高峰。她立刻扔掉牙刷，冲向电话，心一直怦怦跳个不停，脑海里浮现出杰西卡痛苦的样子。

妈妈抓起话筒，对着话筒脱口而出："杰西卡！"电话那头却传来一个女人的声音："哦，我好像拨错号码了……"

听到这里，妈妈恢复了冷静，礼貌地问："你要的是什么号码？"

杏仁核能主导个体首先做出焦急、冲动的反应，而情绪脑的其他部分可以纠正这种反应，使其更为恰当。大脑调节杏仁核激荡的开关位于通往新皮层主要神经通道的另一端，在额头内侧的前额叶里。在个体害怕或愤怒时，为了更加有效地处理当前的情况，必须抑制或控制感觉，或者在需要对情况进行重新评估、做出完全不同的反应时，如同担心的妈妈接电话时的反应一样，此时前额叶皮层就开始活动了。大脑新皮层的这一区域通过调节杏仁核以及其他边缘区域，使个体情绪冲动时的反应更加深思熟虑或恰当准确。

前额叶区域通常从一开始就控制我们的情绪反应。请记住，从丘脑输出的大部分感觉信息不是传到杏仁核，而是传到新皮层及其接收和分析感知对象的神经中枢，由前额叶对输入信息以及个体的回应进行协调。前额叶是计划和组织对目标做出反应（包括情绪反应）的地方。在新皮层，一系列交错层叠的神经回路对输入信息进行记录、分析和理解，然后由前额叶指挥做出反应。如果这个过程涉及情绪反应，那么仍然是由前额叶指挥，它与杏仁核以及情绪脑的其他神经回路协同工作。

这一过程可以辨别情绪反应，是一种标准的安排，但在遇到重大情绪危机时例外。一种情绪激发后，前额叶立即根据风险收益比对大量可能的反应进行演算，以评估最佳反应。[11]对动物来说，即判断什么时候攻击，什么时候逃跑。至于对人类……同样是什么时候攻击，什么时候逃跑——除此之外还包括，什么时候安抚、劝服、博取同情、激发内疚感、发牢骚、虚张声势和蔑视等，总之情绪诡计花样百出、应有尽有。

以大脑意义上的时间单位来衡量，由于新皮层涉及更多的神经回路，其反应速度要慢于情绪失控机制。同时，新皮层的判断也更加准确和周全。我们为损失感到悲伤，获胜后感到高兴，或仔细琢磨别人的言行之后感到受伤或者生气，这都是新皮层在起作用。

和杏仁核一样，如果没有前额叶的参与，我们的很多情绪生活就会黯然失色。如果我们不知道应该对某事做出情绪反应，那我们就不会有任何情绪。前额叶对情绪的作用在20世纪40年代受到神经病学家的质疑，当时出现了一种不顾后果、完全被误导的精神疾病外科治疗方法：前额叶切除手术，即（通常是随意地）切除部分前额叶或者切断前额叶与大脑下半部分的联系。在心理疾病的有效治疗方法出现之前，额叶切除手术很受欢迎，被认为是减轻情绪困扰的良方——只要切断前额叶与大脑其他部位的联系，就可以解除病人的困扰。不幸的是，这种手术的后遗症是关键的神经回路被破坏，病人的大部分情绪活动似乎随之消失了。

情绪失控大体涉及两种机制：一是杏仁核的触动，二是保持情绪反应平稳的新皮层无法激活，或者新皮层动员起来应对情绪的紧急状况。[12] 在情绪失控的情况下，理性脑听命于情绪脑。前额叶皮层在行动之前评估反应并有效调控情绪的一个途径是减缓从杏仁核和其他边缘中枢发出的激发信号，这有点像父母劝阻冲动的孩子——对想要的东西不能硬抢，而是要礼貌地提出请求（或者等待）。[13]

这种压抑情绪的"关闭"键很可能位于左前额叶。神经心理学家研究部分前额叶受伤病人的情绪后发现，左前额叶的一个功能是控制不愉快的情绪，相当于神经恒温器。右前额叶是恐惧、攻击等负面感觉产生的地方，而左前额叶则通过压抑右前额叶来抑制这些原始情绪。[14] 比如在一群中风病人当中，左前额叶受到损害的病人很容易出现过度紧张和恐惧的情绪，而右前额叶受到损害的病人则表现出"过度欢乐"。在神经测试时，他们不时地和周围的人开玩笑，非常放松，很明显并不在乎自己的表现如何。[15] 有一个快乐丈夫的例子：一名男子由于大脑畸形，通过手术切除了部分右前额叶，他的妻子告诉外科医生，手术后他性情大变，不容易伤感了。妻子还很高兴地表示，她的丈夫变得更加深情了。[16]

总之，左前额叶可能是能够关闭或至少抑制所有强烈负面情绪起伏的神经回路的一部分。杏仁核通常扮演紧急激发器的角色，而左前额叶则是大脑中"关闭"困扰情绪的神经部分：杏仁核提出动议，前额叶应对处理。这种"前额叶－边缘组织"的联结对心理生活的关键作用绝不限于修正和调节情绪，它们在指导我们进行人生重大决策方面也起着必不可少的作用。

情绪和思维的协调

杏仁核（以及有关的边缘结构）和新皮层的联结是头脑与心灵、思维与感受之间战争或缔约的博弈中心。这一神经通道揭示了情绪对有效思维的关键作用，有效思维包括明智决策和保持思维清晰两个方面。

举一个情绪破坏思考的例子。神经学家用"工作记忆"这个术语来描述对完成给定任务或问题所必需的、储存于大脑的事实的关注能力，这些事实可能是从多个角度考量得出的理想房屋的特征，也可能是考试时推理题的基本要素。前额叶皮层是负责工作记忆的大脑区域。[17] 不过由于前额叶与边缘脑之间存在着神经回路，焦虑、愤怒等强烈情绪的信号会制造神经静电，从而破坏前额叶保持工作记忆的能力。这就是我们悲伤时不能好好思考的原因，也是持续的情绪困扰造成儿童智力缺陷、损害学习能力的原因。

这些缺陷有时比较微妙，智商测试未必能够发现，不过它们可以通过更有针对性的神经心理学测量方法发现，同时在儿童持续的焦虑和冲动性上有所体现。比如，智商超出平均水平但学习成绩差的男学童，经过神经心理学测试后发现，他们的额叶皮层功能受到损害。[18] 同时，他们还表现出冲动和忧虑，经常惹是生非——这说明他们的前额叶无法控制边缘组织。尽管他们具备不错的智力潜能，但这些儿童很有可能遇到学习成绩差、酗酒和犯罪等问题。原因不在于他们的智力有所欠缺，而是他们控制情绪生活的能力出现了问题。智商测试只涉及新皮层区域，而控制愤怒和怜悯等情绪的情绪脑与新皮层在一定程度上是分离的。这些情绪的神经回路是由童年期的经历塑造的，但我们甘冒风险，在智商测试时完全忽视了童年期经历的影响。

我们再看看情绪在最"理性"的决策过程中的作用。艾奥瓦大学医学院神经学专家安东尼奥·达马西欧（Antonio Damasio）博士在一项对理解心理生活影响深远的研究中，仔细分析了"前额叶–杏仁核"通道受损病人的受影响情况。[19]这些人的决策能力出现了严重缺陷,但他们在智商测试或其他认知能力测试中并没有表现出任何退化。尽管他们的智力没有问题,但他们在工作和私人生活当中所做的决策非常糟糕,就连面对"什么时候预约"这种简单的决定也犹豫不决。

达马西欧博士认为,他们难以决策的原因在于无法进行情绪学习。我们从生活中获得的喜欢或厌恶的经验储藏在杏仁核里,作为思维和情绪的交会点,前额叶–杏仁核的联结通道是通往这个知识库的关键门户。如果新皮层与杏仁核的情绪记忆切断了联系,那么无论新皮层如何冥思苦想也难以触发与以往经验紧密相连的情绪反应,此时每件事情都处于灰色的中立地带。一种刺激,无论是最喜欢的宠物还是讨厌的熟人,都不会再引发喜爱之情或者厌恶之情。由于无法获得储藏在杏仁核中的情绪知识,这些病人已经"忘记"了以往所有的情绪体验。

这种研究结果使达马西欧博士持有反直觉的立场,他认为感受对理性决策来说不可或缺,感受为我们指明了正确的方向,干巴巴的逻辑在此时可以发挥最佳效果。世界常常给我们出各式各样的选择题(你应该如何投资退休储蓄?你应该和谁结婚?),生活赋予我们的情绪知识(比如一次蹩脚的投资或者痛苦的分手记忆)示意我们首先排除一些选择,突出另一些选择,从而帮助我们形成合理的决策。达马西欧博士认为,情绪脑正是以这种方式与思考脑共同参与推理的过程。

因此，情绪对理性有着重要意义。在感觉与思维共舞时，情绪无时无刻不在引导我们进行决策，与理性脑通力合作，令思维本身有效或者失效。反过来，思考脑在情绪中扮演执行官的角色，当然情绪失控或者情绪脑蔓延的时刻除外。

从某种意义上说，我们有两个大脑、两种心理，以及两种不同的智力——理性智力和情绪智力。我们的行为由两者共同决定，智商和情商同时在发挥作用。实际上，没有情绪智力，思维就无法达到最好的效果。边缘系统与新皮层、杏仁核与前额叶通常互为补充，相辅相成，都是我们心理生活的真正伙伴。如果它们彼此合作愉快，情绪智力和理性智力就能双双得到提高。

这种观点彻底改变了推理与感觉相互冲突的传统看法。我们并不是要像伊拉斯谟说的那样，抛开感性，拥抱理性，而是要找到两者的平衡点。传统范式认为理性应当超脱于感性的约束，而新范式却要求我们使头脑和心灵保持和谐。我们在生活中要有效地做到这一点，首先必须更加准确地理解明智地处理情绪的意义。

Part
- 2 -

第二部分
情商的本质

第三章

愚蠢的聪明人

中学物理教师戴维·波洛格鲁图到底为什么被他的得意门生用菜刀砍了一刀,至今仍众说纷纭,以下是被广泛报道的事实。

杰森·H是佛罗里达州科勒尔斯普林斯中学高中二年级全优生,考入医学院是他的梦想。他想考的不是普通的医学院,而是哈佛大学医学院。他的物理老师波洛格鲁图在一次测验中给他打了80分,仅仅是"良"。杰森认为这个分数会使他的哈佛梦泡汤,于是他带着一把菜刀来到学校。杰森在物理实验室与波洛格鲁图发生了争执,他用刀砍中了老师的锁骨,后被人制服。

法官认为杰森无罪,因为他在事件当中暂时失去了理智。由四位心理学家和精神病学家组成的小组宣誓做证,认为杰森在争执时精神处于失常状态。杰森声称他因为分数问题本来准备自杀,他去找波洛格鲁图是想告诉他,他因为分数过低想自杀。波洛格鲁图则讲述了不同版本的故事:"我认为他想用那把刀要我的命",因为杰森对分数感到非常愤怒。

杰森后来转学到一家私立学校,两年后他以班级最好成绩毕业。普通课程的最高分一般每门功课都是"A",平均学分绩点为4.0,但杰森由于修满了足够的高级课程,把平均学分绩点提高到了4.614,这个成绩比"A+"还要高。杰森以最高荣誉毕业，他的物理老师戴维·波洛格鲁图却在抱怨杰森从来没有为自己的攻击行为向他道歉甚至负责。[1]

问题是：智力如此超群的人怎么会做出如此没有理智、如此愚蠢的事情呢？答案在于，学业智力与情绪生活关系不大。我们当中最聪明的人可能会由于肆无忌惮的激情和不加克制的冲动而在阴沟里翻船，高智商人士的私生活很可能一团糟。

心理学的一个公开秘密是，成绩、智商或者SAT①分数等智力指标尽管流行甚广，迷信者众，但这些因素其实难以准确地预测成功人生。当然，如果将群体作为一个整体考察的话，智商和生活环境有一定的关系：智商非常低的人往往从事低下的工作，而高智商的人通常会获得高薪，不过这并不是绝对的。

"智商等于成功"定律有很多例外，例外的情况甚至多于符合定律的情况。在成功人生的决定因素当中，智商最多有20%的贡献率，其余80%由其他因素决定。正如有人提出的，"一个人在社会中的最终地位，绝大部分是由社会阶层、运气等非智商因素决定的"。[2]

尽管理查德·赫恩斯坦（Richard Herrnstein）和查尔斯·默里（Charles Murray）的著作《钟形曲线》（*The Bell Curve*）认为智商处于首要地位，他们也不得不承认这一点。正如他们指出的那样，"一位SAT数学得500分的大学新生最好不要把心思放在当数学家上面，相反，如果他想自己开公司、竞选参议员或者成为百万富翁，他就不

---

① SAT 即 Scholastic Assessment Test，是美国高中生进入大学的标准入学考试。——译者注

应该轻易放弃梦想……他的其他人生特质从整体上削弱了测验分数和这些成就之间的关联"。[3]

我关注的是关键的"其他特质",即情绪智力。这些能力包括自我激励、百折不挠;控制冲动和延迟满足;自我调节情绪和防止困扰情绪影响思维能力;以及富有同理心和充满希望。智商研究经历了近百年的历史,研究者人数众多,情绪智力却不一样,这是一个全新的概念。目前为止,没有人能准确地说明情绪智力对个体之间的差异会产生多大的影响。不过有研究数据表明,情绪智力的影响很大,有时甚至大于智商的影响。有人认为后天经验或教育对智商不会有很大的影响,而我会在第五部分介绍关键的情绪竞争力其实可以在童年期进行学习和改进——如果我们愿意为此付出努力。

情绪智力与命运

我在安默斯特学院有个同班同学,他在入学前的 SAT 考试和其他成就测验中获得了 5 个 800 分的满分。尽管他智力超群,但他大部分时间都在玩乐,夜夜通宵,经常逃课睡到中午。他花了将近 10 年的时间才拿到学位。

很难用智商解释前途、教育及机会大体均等的人为什么会走向不同的人生。20 世纪 40 年代就读于常春藤联盟学校的学生,他们智商的分化程度要高于现在的学生。有研究者对当时的 95 名哈佛大学学生进行了跟踪研究,发现他们进入中年后,在学校分数最高的学生较之分数较低的学生,在薪水、工作效能或地位方面并没有显示出特别的成功。高分学生对生活的满意度不是最高的,对友谊、家庭和爱情的幸福感也不是最强烈的。[4]

此外,研究者还对450名男孩进入中年后的情况进行了类似的跟踪研究。这些男孩大多数是移民的儿子,有2/3来自依靠福利救济生活的家庭。他们在马萨诸塞州的萨默维尔长大,当时这个地方被称为"枯萎的贫民窟",离哈佛大学只有几个街区的距离。其中有1/3的男孩智商低于90。但研究再次证实,智商与这些人的工作表现或日后的生活没有太大的关系。比如,7%智商低于80的人在10年或更长时间里处于失业状态,不过7%智商高于100的人也出现了同样的情况。当然,在他们47岁时,智商与其社会经济水平总体上有关联(总是如此)。不过他们在童年期表现出来的各种能力,比如应对挫折、控制情绪以及合群等,会导致更显著的差异。[5]

不妨再来看看目前正在进行的一项研究,对象是1981年毕业于伊利诺伊州多所高中的81名告别演说者或毕业典礼致辞者,这些学生当然是所在学校平均学分绩点最高的人。他们在大学的表现依然很好,学习成绩优秀,但到了将近30岁的时候,他们取得的成就仅为中等水平。在高中毕业10年之后,他们当中只有1/4的人在所在职业领域处于同龄人的最高水平,很多人表现得并不是很好。

波士顿大学教育学教授凯伦·阿诺德(Karen Arnold)是追踪告别演说者的研究者之一。她解释道:"我认为我们发现了'尽职的人',即知道怎样在体制内取得成功的人。但告别演说者所面临的困难肯定是和其他人一样的。能够担任告别演说者,意味着他的学习成绩非常出色，但你不能据此判断他们如何应对风云变幻的生活。"[6]

这就是问题所在。学业智力并不意味着个体对生活的变化所制造的混乱或机会做好了充分的准备。高智商也不是财富、名望或幸福的保证，我们的学校和文化过于关注学习能力，忽略了情绪智力系列特质（有些人可能称之为性格）对个体同样有着极大的影响。情绪和数学或阅读一样，在这个领域，个体的处理能力有高下之分，而且同样要求具备一系列独特的竞争力。个体在这些方面的纯熟程度是理解一些人获得成功而同等智力的另一些人却走进死胡同的关键。情绪潜能（aptitude）是一种元能力（meta-ability），它决定着个体包括纯粹智力在内的其他技能的发挥程度。

当然，通往成功的道路有很多，潜能发挥作用、得到回报的领域也有很多。在越来越以知识为基础的社会，技术技能（technical skill）肯定是其中之一。有个儿童笑话："傻瓜在15年之后会变成什么？"答案是："老板。"即使是"傻瓜"，情绪智力在职场环境中也会产生额外的优势，这一点我会在第三部分详细讨论。很多证据显示，擅长处理情绪的人，也就是能很好地了解并控制自身感受的人，以及那些懂得并能有效处理他人感受的人，在人生的任何领域都具有优势，不管是在爱情和亲密关系中，还是在办公室政治中，他们都能领会决定成功的潜规则。情绪技能出色的人在生活中也更有可能获得满足，由于掌握了提高自身效率的心理习惯从而效率更高。不善于控制情绪的人，常常会经历内心的斗争，从而损害其专注工作和清晰思考的能力。

不一样的智力

在偶然的观察者眼中,4岁的朱迪在一群相处融洽的小朋友当中像个局外人。玩耍的时候,她畏缩不前,游离于游戏的边缘,而不是冲在前面扮演主角。但实际上朱迪非常善于观察幼儿园社会关系,她也许是小朋友当中最善于理解他人情绪波动的人。

朱迪的老师把这群4岁大的孩子召集在一起玩所谓的"课堂游戏",此时朱迪的老练才充分显示出来。课堂游戏实际上是一个社会感知度的测试,游戏道具是一间复制朱迪所在幼儿园的玩具小屋模型,以及贴有小朋友和老师大头照的图片。朱迪的老师让她安排每位小朋友到玩具屋里他们最喜欢的地方玩耍,比如艺术角、街角等,结果朱迪的安排完全正确。老师又让朱迪给每位小朋友安排他们最喜欢的小伙伴,朱迪居然能把整个班级的好朋友准确配对。

朱迪的表现显示她对自己班级的社交地图有着非常清晰的认识,这种感知程度对4岁的孩子来说非常了不起。这种能力将会使朱迪今后在任何注重"人际技能"的领域成为耀眼的明星,比如销售和外交领域。

朱迪出色的社会感知能力在小小年纪就被开发出来,这得益于她在艾略特·皮尔森幼儿园受到的训练。这家幼儿园坐落在塔夫斯大学校园,旨在开发多种智力的课程"多彩光谱项目"其时正在该校开展。多彩光谱项目认为,传统的学校只注重"读写算"教育,但人类的能力范围远远超过狭窄的"读写算"。包括朱迪身上所体现出来的社会感知能力在内的诸多能力，可以通过教育得到培养，而不能被忽略甚至压制。学校如果鼓励儿童全面发展各种能力，从而帮助他们在将来取得成功或实现目标，就可以转变为人生技能的教育场所。

推动多彩光谱项目的梦想家是哈佛大学教育研究所心理学家霍华德·加德纳（Howard Gardner）。[7]加德纳告诉我："是时候扩大对才能的认识了。教育对儿童发展最重要的一项贡献是引导他们找到最能发挥所长的领域，使其在该领域获得满足感和竞争力。我们完全没有认识到这一点。相反，我们让每个人接受教育，如果你成功了，你就最适合做大学教授。我们一直以来都用这种狭隘的成功标准来评价个体。我们应该少花点时间对儿童进行排名，多花点时间帮助他们识别并培养自身的天赋和能力。通往成功的道路有很多条，引导人们走向成功的能力也有很多种。"[8]

如果说有谁看到了传统上对智力理解的局限性，这个人就是加德纳。他指出，智商测试的历史始于第一次世界大战，当时有 200 万美国人参加了第一次大型的智商笔试，并被划分为不同的类别。这种测试最早由斯坦福大学的心理学家刘易斯·特曼（Lewis Terman）发起，从而开启了长达数十年、被加德纳称为"智商的思维方式"的时代，即"人聪明与否是天生的，后天无法改变，智商测试的作用在于告诉你是聪明还是不聪明。美国大学录取考试 SAT 正是基于同样的理念，即单一的潜能可以决定你的未来。这种思维方式影响了全社会"。

加德纳于 1983 年出版的《心境》（Frame of Mind）是一部影响深远的反智商宣言。该书认为，人生成功的关键不是取决于某一种独占性的智能，而是取决于范围更加广泛、包含 7 种关键变量的多元智能。加德纳列举的多元智能除了语言和数学逻辑这两种标准的学业智力之外，还包括优秀艺术家或建筑师所拥有的空间智能、体现为优秀舞蹈家的肢体柔韧性和优美性的身体运动智能，以及莫扎特或马友友那样的音乐智能。此外还包括加德纳称之为"人事智能"的两种智能：一是人际智能（interpersonal intelligence），比如伟大的心理学家卡尔·罗杰斯和世界级领袖小马丁·路德·金那样的智能；二是内省智能（intrapersonal intelligence），一方面体现为西格蒙德·弗洛伊德那样卓越的洞察力，另一方面则没有那么显赫，体现为个体生活与真实感受协调一致所带来的内心满足。

加德纳智能理论的关键词是"多元"，它打破了智商作为单一的、不可改变的智力因素的标准概念。加德纳智能理论认为，从我们进入学校就开始操控我们命运的各种测验，无论是决定我们读技校还是上大学的成绩测验，还是决定我们可以上哪一类大学的 SAT 考试，全都建立在对智力局限认识的基础上，这种认识完全忽略了对人生的影响力超过智商的各种技能和能力。

加德纳认为，"7"只是体现智能多样性的任意数字，事实上没有哪个神奇的数字能够概括人类智能的多元性。加德纳及其研究伙伴一度把智能从原来的 7 种扩展为 20 种。比如把人际智能细分为 4 种独特的能力：领导力、培养人际关系和维持友谊的能力、解决冲突的能力以及前文中朱迪所表现出来的出色的社会分析能力。

相对于标准化的智商而言，智能多元化理论深化了我们对儿童的能力和成功潜能的认识。参与多彩光谱项目的学生，同时按照一度被誉为智商测试黄金标准的斯坦福－比奈智力量表以及加德纳智能光谱的衡量标准进行测试，所得的两种结果没有显著的联系。[9] 智商最高的 5 名儿童（从 125 到 133）在光谱测试的 10 种能力方面拥有不同的表现。比如，智商测试为"最聪明"的 5 名儿童，其中 1 名在三个领域表现出色，3 名在两个领域表现出色，而另外那个"聪明"的孩子在光谱测试中只表现出一种出色能力。这些能力是分散的：其中 4 个孩子的能力是音乐，2 个是视觉艺术，1 个是社会认识，1 个是逻辑能力，2 个是语言能力。这 5 个智商最高的孩子没有一个在运动、数字或者机械方面表现出色，实际上运动和数字是其中 2 个孩子的弱项。

　　加德纳的结论是："斯坦福－比奈智力量表并不能预测儿童在光谱测试中的出色表现。"另一方面，光谱测试的分数为家长和教师提供了清晰的指导，这些孩子对哪些领域有自发的兴趣，以及在哪些领域拥有出色的表现。出色的表现可以激发孩子对该领域的热情，将来有一天会引导他们从优秀走向卓越。

　　加德纳智能多元化的思想还在不断地发展。在他的理论出版十多年后，他对人事智能进行了简要的概括。

　　人际智能是指理解他人的能力：什么因素可以激发他们，他们如何工作，如何与他们进行合作。成功的销售人员、政治家、教师、临床医生以及宗教领袖都很有可能成为拥有高度人际智能的人群。内省智能是一种内向的、相互关联的能力，即塑造准确、真实的自我模式，以及应用这种模式有效应对生活的能力。[10]

加德纳后来还提出,人际智能的核心包括"准确识别及回应他人情绪、气质、动机和欲望的能力",而自我认识的关键内省智能还包括"正视及辨识自身感受,并以此引导行为的能力"。[11]

斯波克与"Data":光有认知还不够

在加德纳智能多元化的理论中,有一种人事智能虽然被广泛提及,但对它的研究少之又少,那就是情绪的作用。正如加德纳告诉我的那样,其中的原因也许在于他的研究背景主要是心理的认知科学模式,因此他对智力的理解偏重于认知,即理解自身及他人的动机和工作习惯,并以此指导生活以及与他人相处。不过就像在身体运动领域,身体运动能力的表现形式是非语言的,情绪的世界同样也超出了语言和认知能够到达的范围。

尽管在加德纳的人事智能描述当中对情绪的作用及情绪管理技能还有待深入探讨,但加德纳及其研究伙伴在智能研究中并没有过多关注情绪的作用,而是更加注重情绪的认知研究。这种也许是无意的研究倾向,使得情绪这片富饶的海洋还有待开发。正是情绪的兴风作浪,使我们的内心世界和人际关系变幻莫测、波涛汹涌,而且常常难以解释。同时,情绪内在的智力以及向情绪注入智力这两个问题也未被触及。

加德纳对人事智能认知因素的强调,反映了影响其观点的心理学的时代精神。心理学在情绪领域对认知因素的过分强调,部分原因在于心理科学的怪癖。在20世纪中叶，心理学被以心理学家斯金纳为代表的行为主义学派主宰，斯金纳认为只有行为才可以从外部被客观观察，因此行为研究可以保证科学的准确性。行为主义心理学家统治了所有心理生活的研究，包括科学的禁区——情绪研究。

后来，随着20世纪60年代末"认知革命"的到来，心理学的研究焦点转向心理如何接收和储存信息，以及智力的本质，但情绪研究仍然属于禁区。认知科学家的传统观点认为智力是确凿不移的、冷冰冰的事实。我们可以从《星际迷航》中找到这种超级理性的原型——斯波克先生，他只认干巴巴的信息，从不掺杂情感。超级理性认为情绪在智力当中没有一席之地，而且情绪只会搅乱我们心理生活的图像。

赞同这种观点的认知科学家很容易把心理的运行模式看成像电脑一样，而忘记了在现实中，人脑的"湿件"①（wetware）就像一片泥潭，充满了错综复杂、不停搏动的神经化学物质，完全不像整洁有序的硅晶片可以对心理发出指令。在认知科学家中盛行的心理处理信息模式没有意识到，理性受到感性的指引或者控制。从这一点来说，认知模式对心理的认识存在很大的局限，不能解释狂飙突进式的情感冲突和激发会为理性注入新的活力。为了坚持自己的观点，认知科学家不得不忽略这种心理模式与他们个人的希望和恐惧、婚姻中出现的争吵以及对同行的妒忌之间的联系，即抹杀了情感给生活带来的趣味以

---

① 计算机术语，计算机工程师把电脑硬件和软件之外的"人脑"称为湿件。——译者注

及紧迫感,而且忽视了情绪无时无刻不在(巧妙或蹩脚地)影响信息的处理过程。

认知科学家认为"个体的心理生活和情绪关系不大"这种偏颇的观点,影响了过去80年的智力研究,不过这种状况随着心理学开始承认情感对思考的关键作用而逐渐得到改善。与《星际迷航:下一代》中斯波克式的角色"Data"有点类似,心理学开始意识到情绪对心理生活的影响,情绪既有益又有害。正如"Data"最终(惊恐地,如果他能感受到惊恐的话)领悟到的那样,他用冷静的逻辑无法找到恰当的人性化解决方法。人类的情感是人性的最佳体现,"Data"知道自己缺少了关键的东西,他试图去感受。"Data"想拥有友谊和忠诚,但他和《绿野仙踪》中的铁皮人一样没有心。"Data"缺乏情感所带来的抒情感受,他可以用高超的技艺弹奏乐器和写诗,却感受不到艺术的激情。从"Data"对渴望的渴望可以看出,人类心灵的更高价值——忠诚、希望、奉献和爱——被冷冰冰的认知科学完全抹杀了。情绪丰富了人类心灵,不考虑情绪的心理模式是不完整的。

加德纳的智能理论强调的是与情绪有关的思想或元认知(metacognition),而不是情绪本身。当我向他提出这个问题时,他承认自己习惯于从认知的角度看待人类智能,但他又告诉我:"我最初写人事智能方面的文章时,实际上谈到了情绪,特别是在分析内省智能的时候——内省智能其中一个要素就是情绪的内向性。个体接收到的内在感受信号对人际智能必不可少。但随着实践的发展,智能多元化理论开始更加关注元认知(即对自身心理过程的意识),而不是对情绪能力进行全面的探讨。"

即便如此,加德纳也承认情绪和人际关系能力在杂乱无章的生活中非常重要。他指出:"很多智商高达160的人为智商只有100的人干活,因为前者内省智能低下,而后者内省智能高超。在日常世界中,没有哪一种智能比人际智能最加重要。如果你缺少人际智能,你就不知道该和谁结婚,该做什么工作。我们要在学校里培养孩子们的人事智能。"

聪明的情绪?

为了全面理解我们的孩子需要什么样的训练,我们必须认识一下与加德纳持相同意见的其他学者——最知名的心理学家彼得·萨洛维和约翰·梅耶。他们详细描述了向情绪注入智力的多种途径。[12] 他们的努力并不新鲜,近年来,即使是最狂热的智商理论家偶尔也会试图把情绪纳入智力研究的范围,而不再把"情绪"和"智力"看成是一对固有的矛盾。因此,在20世纪20—30年代大力推广智商理论的著名心理学家E. L. 桑代克(E. L. Thorndike)在《哈泼斯》杂志撰文指出,情绪智力的一个方面——社会智力,即理解他人以及巧妙处理人际关系的能力,本身就是智商的一个方面。当时其他心理学家对社会智力的看法更为偏激,将其视为一种操控他人的技能,即让他人按照你的想法行事,不管他们愿不愿意。但这些社会智力的相关理论并没有对智商理论家产生很大的影响,1960年美国还出版过一本关于智力测试的教科书,声称社会智力是一个"无用的"概念。

但人事智力不会被忽略,主要原因在于它符合直觉和常识。比如,耶鲁大学心理学家罗伯特·斯腾伯格(Robert Sternberg)要求人们形容"聪明人",结果,实用的人事技能被认为是主要的特质。斯腾伯格在进行更多的系统研究后,回到了桑代克的结论:社会智力不仅有别于学业能力,而且还是决定个体在实际生活中具有杰出表现的重要因素。比如在实用性智力当中,在工作场所很有价值的是敏感性,高效的经理人员可以凭借这种能力接收到心照不宣的信息。[13]

近年来,越来越多的心理学家开始得出相似的结论,他们同意加德纳的观点,以语言和数学技能为主要内容的传统智商观点过于狭隘,在智商测试中获得高分最多能反映出个体学业出色或能够胜任教授,但越来越难反映个体学业之外的人生道路。包括斯腾伯格和萨洛维在内的心理学家对智力有着更充分的认识,他们试图重新定义成功的决定因素。这种研究重新回到了"人事"或情绪智力重要性的方向。

萨洛维及其研究伙伴约翰·梅耶给出了情绪智力的详细定义,他们把情绪智力扩展为5个主要领域:[14]

1. 了解自身情绪。自我意识,即感受发生时能够识别到感受的发生,是情绪智力的基石。我们在第四章将会看到,时刻监控情绪的能力是心理领悟(insight)及自我理解的关键。如果无法注意到自身的真实感受,我们就只能听命于感受的操控。对自身情绪更加确定的人对生活有更强的掌控能力，他们更加清楚自己对和谁结婚或从事什么样的工作等个人决定的真实感受。

2. 管理情绪。恰当地处理情绪是一种建立在自我意识基础上的能力。第五章将会介绍自我减压，摆脱过度焦虑、阴郁或易怒情绪的能力，并说明缺乏基本情绪技能的后果。情绪调节能力差的人常常受到痛苦情绪的困扰，而那些情绪调节能力强的人则可以更快地从生活的挫折和烦恼中恢复。

3. 自我激励。第六章将会介绍，为实现目标进行情绪控制，是集中精神、自我激励和控制以及创造力的关键。自我控制情绪即延迟满足和抑制冲动，这是所有成功的基础。个体如果能进入全神贯注的"涌流"（flow）境界，就会有出色的表现。拥有这种技能的人不管从事什么工作，都会更加高产和高效。

4. 识别他人的情绪。同理心是基本的"人事技能"，同样建立在自我意识的基础之上。第七章将探讨同理心的根源、情绪"失聪"的社会成本，以及同理心激发利他主义的原因。微妙的社会信号显示了他人的需要或欲望，有同理心的人对这些社会信号的协调性更强。他们擅长从事护理、教书、销售和管理等职业。

5. 处理人际关系。人际关系的艺术属于管理他人情绪的一部分。第八章将考察社交竞争力的因素以及具体的技能。社交竞争力可以提高个体的受欢迎程度、领导力和人际交往的有效性。善于处理人际关系的人在任何需要良好人际互动的领域都会有出色的表现,他们是社交明星。

当然,每个人在上述领域的能力表现大相径庭。比如,有些人也许很善于化解自身的焦虑,但不擅长安慰他人。决定我们能力水平高低的基础毫无疑问是神经系统,但人脑有很强的可塑性,并且具有持续的学习能力。情绪技能低下可以得到弥补,情绪智力的每个领域在很大程度上代表了个体的习惯和反应,通过有效的努力,个体的习惯和反应就可以得到改善。

智商与情商的纯粹类型

智商和情商这两种竞争力因素不是相互对立的,而是相互独立、相辅相成的。每个人的智商和情商高低程度各不相同,但是所谓高智商但低情商的人(或低智商但高情商的人)其实是比较罕见的——尽管我们有这样的刻板印象。智商与情商的某些方面其实存在着微弱的关联,尽管微弱得可以认为它们大体上是独立的。

与常见的智商测试不同的是,目前我们还没有单独的、用纸笔答题的情商测试来给人们的情商打分,这种情商测试也许永远都不会出现。我们对情商的各个要素进行了大量研究,其中一些要素,比如同理心,可以通过对个体完成任务的实际能力进行抽样加以测验,比如让受测者看录像,根据他人的面部表情来识别情绪。加利福尼亚大学伯克利分校的心理学家杰克·布莱克运用他称之为"自我复原"(ego resilience)的测试方法(包含主要的社交和情绪竞争力,与情商的测试方法近似），对两种理论上的纯粹类型——高智商的人和高情商的人进行了对比研究。[15] 两者的差异非常显著。

高智商纯粹类型（即不考虑其情商）接近于漫画中对知识分子的描述，在理性王国如鱼得水，在人际社会则四处碰壁。这种类型的男女只有微小的差别。高智商男性的典型是智力活动的兴趣和能力很广泛。他野心勃勃，工作有效率，刻板乏味，顽强不屈，而且对外界的议论毫不在意。他还喜欢批评，自视甚高，过分讲究和拘束，对性和感官体验感到不自在，不善表达，感情超然，沉稳冷静。

与之形成鲜明对比的是，高情商男性热爱社交，外向乐观，不容易受到恐惧和焦虑的困扰。他们乐于为他人或事业奉献，具有很强的责任感和道德感，富有同情心，对他人关怀备至。他们的情绪生活很丰富，但又恰如其分，他们对自身、他人以及所处的社会感到很自在。

纯粹的高智商女性理所当然地对智力很有自信，能够流畅地表达自己的思想，注重与智力有关的问题，对智力和审美拥有广泛的兴趣。她们往往比较内向，容易焦虑，凡事想得过多，容易产生内疚感，而且不愿意公开表达她们的愤怒（不过她们会间接地表达）。

高情商女性则正好相反，她们总是过于自信，喜欢直接表达情感，自我感觉良好。人生对她们来说充满了意义。和高情商男性一样，她们外向，热爱交际，并会恰当地表达自己的感受（而不是突然爆发情绪，事后感到后悔），善于处理压力。她们热爱社交生活，很容易结交新朋友；她们对自身感到很自在，对感官体验很轻松，态度自然，而且毫不讳言。与纯粹高智商女性不同的是，她们很少感到焦虑或内疚，或者陷入沉思难以自拔。

　　上述描述显然都是极端的例子，每个人的智商和情商高低程度都有所不同。不过我们可以据此清楚地观察到每个方面都会对个体的素质产生独立的作用。每个人都不同程度地同时具有认知和情绪智力，两者融为一体。但是相对而言，情绪智力对个人的全面发展所起到的作用更为显著。

第四章

认识自己

日本有个古老的传说。有一次,一位好斗的武士质问一位禅师,让他解释何为极乐世界、何为地狱。禅师叱责道:"粗鄙之辈,何足论道!"

武士感到受了侮辱,暴跳如雷。他从刀鞘中拔出长刀,吼道:"如此无礼,我杀了你!"

禅师平静地回答:"彼为地狱。"

武士突然领悟到,禅师所说的地狱指的是他受到愤怒的控制,于是立刻平静下来,把刀插回刀鞘,向禅师鞠躬,感谢他的点拨。

禅师又说:"彼为极乐世界。"

武士顿悟到自身情绪的波动表明了情绪失控与意识到被情绪控制之间的天差地别。苏格拉底的警句"认识自己",揭示了情绪智力的基石——意识到自身情绪的发生。

乍看之下,我们的情绪似乎很明显,但细细琢磨就会发现,我们常常没有意识到我们对某个事物的真实感受,或者到了后来才恍然大悟。心理学家创造了"元认知"和"元情绪"(metamood)两个术语,分别用来指代思考过程的觉知以及对自身情绪的觉知。我更喜欢使用"自我意识"(self-awareness),它包含了对内在心理状态持续关注的意

思。¹ 这种自省的意识心理，是对包括情绪在内的体验本身的观察和研究。²

这种意识的本质类似于弗洛伊德所说的"均匀悬浮注意"（evenly hovering attention），这是他向心理研究人员提出的分析或治疗主张。"均匀悬浮注意"指的是心理研究人员不偏不倚地关注进入意识层面的东西，充当一个目击者，保持兴趣，但不做出反应。有些心理分析师把它称为"观察自我"，即心理分析师在病人讲述病情以及对病人培养自由联想的过程中监控自省的自我意识能力。³

这种自我意识似乎需要激活新皮层，尤其是语言区域要进行相应的协调，识别并准确陈述唤起的情绪。自我意识不是注意力被情绪挟持，对感知对象做出过度反应和夸大，相反，它是一种中立模式，即使在情绪爆发的时候也保持自省。美国作家威廉·斯泰隆（William Styron）在描述自己的重度抑郁症时，曾经形容过类似的心理官能，那感觉"如同被第二个自我陪伴左右——它像一个幽灵般的旁观者，完全没有同伴的那种精神错乱，而是带着好奇不动声色地观察自己同伴的挣扎"。⁴

自我观察发挥到极致，可以让个体冷静地意识到自身激烈狂暴的情感。自我观察的最低限度是，稍微远离体验，发展出一条平行的"后台"意识支流：悬浮于意识主流的上方或者旁边，意识到正在发生的状况，而没有被吞没或者迷失。这就好比你对某人勃然大怒，或者你在发怒时还出现了自省的想法"我感到了愤怒"，这两者之间的区别。从意识的神经机制角度来看，这种心理活动的微妙转换很可能表明新皮层的神经回路正在积极地调节情绪,这是获得控制的第一步。情绪的意识是情绪竞争力的基础,诸如情绪自控等其他竞争力因素都是建立在这个基础之上的。

曾经与耶鲁大学的彼得·萨洛维共同提出情绪智力理论的新罕布什尔大学心理学家约翰·梅耶,把自我意识概括为"同时意识到自身的情绪以及自身对该情绪的想法"。[5] 自我意识可以是一种对内心状态不做反应、不做判断的关注。不过梅耶发现,意识的敏感性也有可能不那么冷静中立。从我们的典型想法可以得知,情绪的自我意识包括"我不该这么想",或者"我要想些开心的事情",而比较压抑的自我意识则表现为,当遇到极为困扰的事情时,个体会掠过"不要再想了"的想法。

个体意识到某些感受与采取行动改变这些感受,两者有着逻辑上的区别,但是梅耶发现出于实用性的目的,两者通常会一起发生。比如,觉察到不快情绪就意味着要摆脱这种情绪。但是觉察情绪与努力避免冲动行事并不是一回事。当我们看到一个孩子生气要打他的小伙伴时,我们说"住手!"也许会制止他打人,但他的情绪难以平复。这个孩子耿耿于怀,想着他发怒的原因:"他偷了我的玩具!"他的怒火并没有消退。自我意识对强烈、有害的情绪会产生更为强大的影响。个体如果意识到"我感到愤怒",就会获得更大程度的自由,不仅可以选择停止行动,而且增加了不同的选择,即努力放下情绪的包袱。

梅耶发现人们处理情绪的方式五花八门。[6]

- 自我意识。在情绪发生的时候有所意识,这种人通常比较善于处理自身的情绪生活。他们对情绪有着清晰的认识,有助于其他人格特质的发展。他们熟悉并确定自身的心理限度,心理健康状况良好,往往对人生比较乐观。这种人在陷入负面情绪时,不会作茧自缚,能够迅速地摆脱这种情绪。总而言之,他们对情绪的关注有助于自身的情绪管理。

- 吞没。这种人的情绪主宰了一切,他们常常感到被情绪吞没,无力逃离。他们反复无常,意识不到自身的情绪,迷失于其中而不自知。因此,他们很少会努力摆脱负面情绪,无法控制自身的情绪生活,经常感到压抑和情绪失控。

- 接受。这种人通常很清楚自己的感受,也往往接受这些感受,因此不会试图做出改变。这种类型还可以细分为两种:一种是经常有好心情的人,他们没有动机改变这种状况;另一种是容易心情不好的人,他们虽然很清楚地知道自己的感受,却采取放任自流的态度,不采取任何措施改变困扰情绪。后面这种模式常见于陷于绝望的抑郁症患者。

热情和冷漠

想象有那么一刻,你正坐在飞机上从纽约飞往圣弗朗西斯科。一路的旅程很舒适,但在经过洛基山的时候,飞机广播里突然传出飞行员的声音:"女士们先生们,飞机前方将会遇到气流,请回到座位并系好安全带。"不久飞机遇上气流不断颠簸,其剧烈程度是你从来没有经历过的——飞机一会儿高一会儿低,一会儿向左一会儿向右,如同在大海中漂浮的气球。

现在,你会怎么反应?你是把头埋在书本或杂志里,或者继续看电影,完全不理会气流的影响,还是找出紧急情况提示卡,复习注意事项,或者观察乘务员是否出现惊慌的神情,或者紧张地听着飞机引擎的声音,看是否出现异常?

我们在此时的自然反应,表明了我们在困境之中偏好的注意力立场(attentional stance)。这个发生在飞机上的小插曲其实是美国天普大学心理学家苏珊娜·米勒(Suzanne Miller)进行的一项心理实验,目的是评估人们在危急关头是倾向于保持警惕,密切关注困境之中的每一个细节,还是尽量分散自己的注意力,转移视线。对待困境的这两种不同的方式导致了个体体验自身情绪反应的不同结果。对困境"置身事中"的人,非常注意观察周围环境,无意中增大了他们的反应强度——在失去冷静的自我意识时情况尤其如此,结果是他们的情绪更加紧张。而那些"置身事外"的人则通过各种方式分散注意力,较少关注自身的反应,因此,他们即便没有降低反应本身的强度,也会把情绪反应的体验最小化。

从极端来说,这表明情绪的意识对于某些人是无法抗拒的,而对于另一些人却几乎没有任何影响。举例来说,有一天晚上,有位大学生发现宿舍起火,他用灭火器把火扑灭了。一切似乎很平常——只不过这个学生在出去拿灭火器到回来灭火的整个过程中是走而不是跑。原因何在?他没有意识到这是紧急状况。

这个故事是伊利诺伊大学香槟分校心理学家爱德华·迪纳（Edward Diener）告诉我的，他目前正在对个体体验自身情绪的强度进行研究。[7] 在迪纳收集的研究案例当中，大学生灭火的案例非常突出，这是迪纳见到的情绪强度最低的案例之一。这个学生本质上是一个没有激情的人，他对生命感觉很少甚至毫无感觉，即使面对火灾也是如此。

与此相反的是，我们来想象一下另外一个极端的例子。有一次一个女人弄丢了最喜欢的钢笔，居然心烦意乱了好几天。还有一次，她看到一家昂贵女鞋店大降价的广告，于是兴奋不已，立刻放下手头的工作，跳进汽车，驱车三个小时赶到这家位于芝加哥的女鞋店。

迪纳研究发现，不管是积极情绪还是消极情绪，女性的情绪体验一般要比男性强烈得多。除去性别差异，情绪关注度越高的人，其情绪生活也会越丰富。一方面，情绪敏感性较高的人，即使是很小的事情也会引发情感风暴，当然结果有好有坏；另一方面，那些处于另一个极端的人，即使在最直接的环境下也很难体会到任何感觉。

没有感觉的人

加里激怒了他的未婚妻艾伦，因为尽管他聪明、体贴，还是一位出色的外科医生，但他的情绪一片空白，他对任何情绪表达都无动于衷。加里谈论科学和艺术时可以眉飞色舞，但一谈到感觉——即使是对艾伦的感觉，他也哑口无言。尽管艾伦努力从加里身上发掘热情，但加里总是无动于衷。在艾伦的坚持下，加里去看心理治疗师，他告诉治疗师：“我天生不会表达感情。”在被问到情绪状况时，他补充说:"我不知道该说些什么,我没有强烈的感觉,不管是积极的还是消极的。"

加里的冷漠不仅打击了艾伦,加里向心理治疗师承认他不能与周围的人公开地谈论自己的感觉,因为他不知道自己有什么感觉。他接着坦白,他没有愤怒,没有悲伤,也没有欢乐。[8]

加里的治疗师认为,情感空白让加里这种人黯然失色,平淡乏味,"他们让人觉得乏味,这就是他们的妻子让他们接受治疗的原因"。加里的情感贫乏正好说明了精神病学家称之为"述情障碍"(alexithymia)的现象。在希腊语中,"a"代表"缺乏","lexi"代表"言语","thymos"代表"情绪"。述情障碍就是指个体缺乏用语言描述感觉的能力。他们似乎也缺乏感觉,但实际的原因可能在于他们无法表达情绪,而不是完全没有情绪。[9] 这种现象最初被注意到是因为有心理分析家发现有些病人无法用心理方法进行治疗,因为病人声称没有感觉、没有幻觉,他们做的梦也是没有色彩的。总而言之,他们没有可以谈论的内心情绪。述情障碍的临床特征包括描述感觉有困难——不管是自己的感觉还是他人的感觉,而且关于情绪的词汇极其有限。[10] 此外,他们还很难将各种情绪以及情绪与身体感觉区分开来,所以他们描述忐忑不安的感觉时可能会说,心跳加速、出汗、头晕,他们不知道他们其实是感到了紧张。

哈佛大学精神病学家彼得·西弗尼奥斯(Peter Sifneos)博士在1972年提出"述情障碍"这一概念,他这样描述述情障碍的人:"他们给人的印象是与众不同、格格不入,好像来自完全不同的世界,却生活在被情感主宰的社会。"[11] 比如，有述情障碍的人很少哭，不过一旦他们哭出来，他们的泪水很丰富。如果别人问流泪的原因，他们还是会感到困惑。有一个述情障碍的病人看了一场电影，电影讲述的是有个生了 8 个孩子的女人得了癌症即将死去。这个病人看完后很伤心，在哭泣中入睡。病人的治疗师问她伤心是不是因为电影让她想起了她死于癌症的妈妈，病人坐着一动也不动，表情很困惑，陷入了沉默。然后，治疗师又问她当时有什么感受，她说她感到"糟糕"，但除此之外再也讲不清楚了。她又补充，她有时会哭起来，但自己也不知道为什么而哭。[12]

这正是问题的症结所在。述情障碍的人并不是没有感觉，而是他们不会表达——尤其是无法用语言准确地表达自身的感觉。他们完全不具备情绪智力的基础技能——自我意识，即意识到情绪的发生。人的感觉是不言而喻的，这个常识在述情障碍的病人身上失效了，他们找不到情绪的线索。当某事或某人触发了他们的感觉，他们对这种体验感到困惑和压迫，想方设法加以避免。他们的感觉令他们如坠云雾，正如看电影哭的那位病人说的那样，他们感觉很"糟糕"，但难以准确地表达到底是哪一种糟糕的感觉。

病人对情绪产生最根本的困惑，常常会导致这样的问题：他们抱怨自己的身体出现了这样或那样的毛病，但其实他们是受到了情绪的困扰。精神病学家把这种现象称为"躯体化"（somaticizing），即把情绪的不适误认为是身体的不适。"躯体化"和精神躯体性疾病还不一样，后者指的是情绪问题引发了真正的身体问题。实际上，精神病学家对述情障碍感兴趣是为了把这种人从求医病人中清除出去,因为他们往往会耗费医生大量时间,而最后毫无结果——他们其实是在为自己的情绪问题寻求医学的诊断和治疗。

目前没有人能确切地解释引发述情障碍的原因。西弗尼奥斯博士指出其原因可能在于人脑边缘系统与新皮层(特别是语言中枢)的分离,这个见解与我们对情绪脑的认识非常吻合。西弗尼奥斯博士指出,患有严重癫痫的病人为减轻症状通过手术切断边缘系统与新皮层的联系之后,就会变得情绪贫乏,如同述情障碍的人一样,无法用语言来表达他们的感觉,突然失去了多姿多彩的生活。总之,尽管情绪脑的神经回路可以按照感觉进行反应,但新皮层无法辨别这些感觉,并用语言进行描述。亨利·罗斯在他的小说《就说是睡着了》(*Call It Sleep*)里描写过语言的力量,"如果你能用语言来形容你的感觉,你就拥有了它"。也就是说,述情障碍的困境在于,无法用语言来形容感觉就等于没有产生过这种感觉。

赞美直觉

艾略特的额头正后方长了一个肿瘤,有一个小橙子那么大,后来做手术把肿瘤完全切除了。尽管手术很成功,但在这以后,熟悉艾略特的人都说他不再是以前的他了——他性情大变。艾略特曾经是一位成功的企业律师,但他现在不能继续做这份工作了。他的妻子也离开了他。他把积蓄都浪费在了毫无回报的投资上面,只好寄宿在他哥哥的家里。

艾略特的问题有一个令人困惑的模式。从智力上说他和以前一样聪明,但他不会支配时间,迷失于琐碎的细节,他对事情似乎失去了轻重缓急的感觉。别人的批评没有丝毫作用,他把后来从事的一份法律工作也丢掉了。扩展的智力测试显示艾略特的心理官能没有问题,他不得不向神经病学家求助,试图找到可能导致他出现问题的神经学原因。否则人们会根据他的表现认为他是装病逃避责任的人。

艾略特咨询的神经病学家是安东尼奥·达马西欧。达马西欧震惊地发现,艾略特的心理知识体系缺少了一个要素。虽然他的逻辑能力、记忆力、注意力和其他认知能力都没有问题,但他实际上对发生在他身上的事情没有感觉了。[13] 更令人震惊的是,艾略特可以完全不动感情地讲述自己悲惨的生活,好像他对过去的损失和失败只是一个旁观者——对生活的不公平没有丝毫的遗憾或悲伤,沮丧或愤怒。艾略特对自己的悲剧没有感到痛苦,达马西欧听了他的遭遇后比他本人还要难过。

达马西欧认为,艾略特对情绪没有意识的根源是肿瘤切除手术,医生在给他切除脑部肿瘤的同时把部分前额叶也一起切掉了。手术切断了情绪脑的低级中枢——尤其是杏仁核及相连的神经回路,与新皮层思考中枢的联系。艾略特的思维如同一台电脑,他在决策时可以精准地计算每一个步骤,但他无法对不同的可能性赋予不同的价值。每一个选择对他来说都是中立的。据达马西欧推测,艾略特问题的症结是推理过于客观,他几乎无法意识到自己对事物的感受,因此他的推理出现了问题。

艾略特的情绪障碍还体现在人际交往领域。达马西欧想和艾略特预约下一次治疗的时间，结果一团糟。对于达马西欧提出的每一个时间建议，艾略特总是能够找到肯定和否定的理由，他无法从中进行选择。在理性的层面上，反对或接受每一个可能的预约时间都有非常充分的理由。但艾略特搞不清楚自己对每个时间的感觉，他根本就没有偏好。

艾略特无法决策的案例说明，情绪感受对生活中数不胜数的个人选择起着导向性的关键作用。强烈的感觉可以破坏理性，对感觉没有意识也会带来破坏作用，尤其是在衡量影响我们人生基本方向的重要决定的时候，比如从事什么样的职业，继续维持一份安稳的工作还是跳槽到风险更高但更有趣的地方，和谁约会或结婚，在哪里居住，租哪间公寓或买哪处房子等人生中的诸多问题。面对这些问题，我们光凭理性难以做出决定，还需要直觉，以及由过去的经验累积而成的情绪智慧。要决定和谁结婚或应该信任谁，乃至从事什么工作，仅仅以程式化的逻辑为决策基础是行不通的。在这些重要的领域，没有感觉辅佐的理性相当于睁眼瞎。

在这种重大时刻，指导我们进行决策的直觉信号表现为边缘系统驱动、由内脏分泌的激素，达马西欧将其称为"体细胞制造器"（somatic makers），按字面意思理解为"直觉"。体细胞制造器类似于自动警报，通常会对特定行为过程的潜在危险发出警报，引起注意。体细胞制造器不仅促使我们避免根据往日经验引以为戒的选择，还提醒我们留意黄金机会。在这种时候，我们通常不需要记起形成这种负面感觉的特定经验，只需要接收到潜在行为可能有危险的信号。一旦我们出现这种直觉，就可以更有信心，立即停止或者继续这种想法，也就是减少部分选择，保留更易把握的决策。总而言之，个人选择合理化的关键是与我们的感觉协调一致。

了解无意识

艾略特情绪变成空白的故事说明了人们对自身情绪的感受能力是不一样的。根据神经科学的逻辑，假如神经回路的缺失会导致某种能力的失常，那么对于大脑未受损的普通人，同一神经回路的相对强弱就会导致这种能力处于不同的水平，并可以进行比较。前额叶神经回路对情绪协调产生作用，这意味着由于神经病学的原因，有些人可能会比其他人更容易捕捉到恐惧或欢乐的情绪，因此这些人对情绪的自我意识也就更加强烈。

个体心理内省的能力可能也取决于同一神经回路。有些人天生对情绪心理的特殊符号模式比较适应。诗词歌赋、寓言故事以及暗喻和明喻，全都体现着心灵的语言——情绪。梦境和神话也符合情绪心理的逻辑，松散的联想决定了流线型叙事。天生与自己的心灵之声——情绪的语言——协调一致的人，不管是小说家、作曲家还是心理治疗师，他们都更善于表达情绪。内心的协调令他们更加擅长表达"无意识的智慧"，即我们从梦境和幻觉中所感受到的意义，揭示我们最深层愿望的符号。

自我意识是心理领悟的基础，这是很多心理治疗师致力于加强的官能。霍华德·加德纳的内省智能模型实际上源于心理机制的伟大揭秘者弗洛伊德。弗洛伊德明确指出，很多情绪是无意识的，我们体内激发的感受不一定被意识觉察。这一心理学原理得到了实验的证明，比如，关于无意识情绪的实验发现，人们对他们没有意识到自己曾经见过的东西会形成明确的喜好。所有的情绪都可以是——而且经常是——无意识的。

情绪的心理开端通常在个体自觉意识到感受之前出现。例如，向怕蛇的人出示蛇的图片，尽管受测者表示没有感到任何恐惧，但他们皮肤上的感受器探测到有汗液渗出，这是焦虑的表现。甚至在这种情形下——蛇的图片飞快地从受测者眼前掠过，他们没有清楚地意识到自己看到的是什么东西，更别提感到害怕，但他们还是出汗了。前意识情绪持续累积，最后变得足够强烈，就会进入意识层面。因此，情绪有两种层面，有意识的和无意识的。情绪一旦进入意识层面，就会被前额叶皮层接收。[14]

情绪在无意识的层面引而不发，这会对我们的感知和反应产生重大的影响，尽管我们根本不知道情绪在起作用。打个比方，有个人一大早就被一个粗鲁的家伙惹恼了，在接下来的几个小时里都很容易生气，他对别人的无心之失大做文章，动不动就发火。他也许根本没有意识到自己一直处于易怒的状态，如果别人向他指出这一点，他会感到吃惊。尽管他觉察不到，但正是这种愤怒情绪导致了他的生硬反应。不过这种反应一旦进入意识层面，也就是说，一旦被新皮层接收，他就可以重新评估这些情况，决定摆脱早上遗留的不快情绪，改变自己的表现和心态。通过这种方式，情绪的自我意识为另一种基本的情绪智力——摆脱不良情绪的能力——奠定了基础。

第五章

激情的奴隶

> 你这样一个人……
> 受到了命运的打击和奖赏，
> 却回敬以同等的感激……赐给我一个
> 不为激情所奴役的人，我会把他藏于心的最深处，对，心里的心里，
> 就像我对你一样……
>
> ——哈姆雷特对他的朋友霍拉旭如是说

自柏拉图时代以来，自制克己，面对命运之神的打击，安然经受住情绪的风暴，避免沦为"激情的奴隶"，一直被认为是一种美德。古希腊语将其称为"sophrosyne"，用希腊学者佩奇·杜波依斯（Page DuBois）的话来解释即"生活的关怀与智力，调和的平衡与智慧"。罗马人和早期基督教堂将其称为"temperantia"，即"节制"，对过度情绪的克制。节制的目的是平衡，而不是压抑情绪，因为每一种情绪都有其价值和意义。没有激情的人生如同苍白的荒原，与生活的多姿多彩切断了联系。不过，正如亚里士多德所说的，我们需要的是恰当的情绪，对环境恰如其分的感知。情绪过于模糊，就会产生乏味和隔离；情绪失去控制，过于极端、持续时间过长，就会变成一种病态，

比如常态性抑郁、过度焦虑和愤怒，以及躁狂症等。

事实上，控制我们的困扰情绪是保持情绪健康的关键。情绪过于极端——过于强烈或持续时间过长——会破坏情绪的稳定性。当然，并不是说我们只应该感受一种情绪。随时随刻保持快乐，就像20世纪70年代在美国盛行一时的笑脸徽章一样平淡乏味。苦难对创造性和精神生活有很多积极的意义，苦难可以安抚灵魂。

情绪无论低潮还是高潮都给人生增添了趣味，不过高低起伏需要保持平衡。在心灵的方程式中，积极情绪和消极情绪的比例决定了人的幸福感——至少有一项关于情绪的研究得出了这个结论。在这项研究中，几百位男性和女性携带着传呼机，传呼机会随机提醒他们记录当前的情绪状况。[1]并不是说人们需要避免不快的情绪以保持愉快，而是如果狂风骤雨般的情绪不受控制，就会扰乱所有愉快的情绪。患有严重躁狂或抑郁的人，如果有相同程度的喜悦或快乐时光与之抵消，他们依然会感到幸福。有关研究还证实了情绪智力独立于学业智力，个体的学习成绩或智商与其情绪健康没有关系或者关系很小。

就像我们的脑海中总会有某些背景似的想法在窃窃私语，情绪也有类似念念有词的现象，比如在早上6点或晚上7点提醒某人记录其情绪状况，他通常总是处于某种情绪状态。当然，在任意两个早晨，他的情绪可能会非常不一样，不过假如以几周或几个月为周期来考察人的情绪，往往可以反映受测者总体的幸福感。对于大部分人来说，极端强烈的情绪相对比较罕见，大部分人的情绪状态都处于灰色的中间地带，情绪过山车只是产生了轻微的摇晃。

不过，管理情绪类似于全天候的工作。我们的很多活动——尤其是闲暇时的活动——都是在尝试管理情绪。我们选择的各种活动或消遣，比如看小说或看电视，都是让自身情绪放松的方法。舒缓情绪的艺术是基本的生活技能，约翰·波尔比（John Bowlby）和 D. W. 温尼科特（D. W. Winnicote）等精神分析派学者认为它是最重要的心理分析工具之一。有关理论认为，情绪健康的婴儿将学会按照照料者安慰他们的方式来舒缓自己的情绪，这样他们的情绪脑就不容易出现大的波动。

我们知道，人脑的构造决定了我们通常无法或很难预知我们在什么时候会情绪失控，也无法预知这种情绪是什么。不过我们至少可以判断这种情绪会持续多长时间。普通的悲伤、焦急或愤怒不是问题，假以时间和耐心，这些情绪通常都会慢慢过去。假如情绪极度强烈，挥之不去，超出了正常范围，它们就会滑向可怕的极端——慢性焦虑、失控的暴怒、抑郁等。如果发展到最严重的程度，则需要通过药物或心理疗法加以控制，甚至双管齐下。

在这种时候，情绪自我调节能力的一个标志是，在情绪脑持续波动的强度达到需要借助药物克服的程度时，个体对此能够有所意识。比如，2/3 饱受躁郁症困扰的人从来没有因为情绪障碍的问题接受过治疗。锂合物或新的药物可以阻止麻痹性抑郁症的特征周期，麻痹性抑郁症常常与混合了躁狂欣快和极度愤怒的躁狂症交替发作。躁郁症的一个问题是当患者处于躁狂状态时，他们常常会过于自信，认为自己不需要任何形式的帮助，完全不顾后果的严重性。精神病类药物可以有效治疗重度情绪障碍，帮助患者更好地管理生活。

如果谈到克服正常范围之内的负面情绪，我们只能留给自身的机制处理了。可惜的是，我们自身的情绪调节机制并不总是有效——至少这是华盛顿天主教大学心理学家黛安·泰斯（Diane Tice）的研究结论。她调查了400多位男女，研究他们规避负面情绪的方法及其有效性。²

不是人人都同意"应当改变不良情绪"这个哲学上的假设。泰斯发现，被调查者当中有5%的"情绪纯化论者"（mood purists），他们表示从来不会试图改变情绪，他们认为所有情绪都是"自然的"，不管有多么不愉快，都要把情绪表达出来。研究还发现有人出于实用目的，经常性地主动陷入不快情绪。比如医生需要故作严肃，把坏消息告诉病人；社会活动家出于斗争的需要，对不公正现象义愤填膺；甚至还有一个年轻人怒火中烧，帮助弟弟反抗校园暴力。有些人对情绪调节表现出积极的实用主义态度，比如收账员为了恐吓欠债人故意装腔作势。³不过这种故意培养不良情绪的情况属于少数，大多数人抱怨的是受到情绪的摆布。人们摆脱不良情绪的方法五花八门。

解析愤怒

假设你在高速公路上行驶，有辆车超车时差点与你"亲密接触"，情况非常惊险，你即时的想法是："疯子！"接下来如果你还有更多气愤和报复的想法，就会极大影响愤怒的走向。"他差点撞到我！混账东西,我不能轻易饶了他!"你双手紧紧握住方向盘,手指关节发白,就像紧紧捏住对方的喉咙一样。你的身体蠢蠢欲动,准备战斗而不是逃跑,你在颤抖,前额冒汗,心脏狂跳,面部肌肉拧成一团。你想杀了那个家伙。然后,刚刚死里逃生的你把车速放慢,如果后面另外一辆汽车向你鸣笛,你还会把怒火发泄到那个司机身上。这种情况很容易引发过度紧张、鲁莽驾驶,甚至高速公路枪击案。

假如你对超车的司机抱以宽容的态度,那么愤怒就会走向相反的方向:"也许他没注意到我,他这么不小心总是有原因的,比如要赶去医院。"你用宽容或至少开放的心态来平息怒气,防止愤怒情绪越演越烈。正如亚里士多德的挑战"恰当"生气所提醒我们的那样,问题在于我们生气时总是会失去控制。本杰明·富兰克林说得好:"生气总是有理由的,但很少是出于正当理由。"

愤怒的类型多种多样。我们对司机粗心驾驶危及我们的生命感到愤怒,杏仁核很可能是在瞬间点燃怒火的主要火种源。而新皮层,即情绪神经回路的另一端,则可能负责激发精心策划的愤怒,比如头脑冷静的报复行为或者对不公平、不公正现象的义愤。按照富兰克林的说法,这种深思熟虑的愤怒"很少是出于正当理由",或者至少表面看来如此。

在人们希望逃避的所有情绪当中,愤怒似乎是最难妥协的。泰斯发现,愤怒是最难以控制的情绪。事实上,愤怒是最有诱惑性的消极情绪。自以为是的内心独白在一旁煽风点火,使发泄怒火获得了最令人信服的理由。和悲伤不同的是,愤怒可以激发活力,甚至令人振奋。愤怒带有诱惑和劝服的力量,这可以解释一些观点盛行的原因,比如愤怒无法控制或无论如何不该进行控制,而且发泄怒火对情绪"净化"大有裨益等观点。还有一种相反的观点认为愤怒完全可以防止,这也许是对上述两种观点的反击。只要认真阅读有关研究发现就会知道,所有对于愤怒的常见态度不是纯粹臆测就是误入歧途。[4]

持续的生气既会对愤怒起到火上浇油的效果,也可能是平息怒火最有效的途径之一,即瓦解最初燃起怒火的信念。我们对惹我们生气的事情琢磨的时间越长,为生气捏造的"正当理由"和"自我辩护"就越多。耽于沉思会让怒火燃烧得越来越旺,但从不同的角度看问题则可以熄灭怒火。泰斯发现,以更积极的态度对处境进行重构是平息怒火最有效的途径之一。

怒火"攻心"

泰斯的发现与亚拉巴马大学心理学家道尔夫·兹尔曼(Dolf Zillmann)的研究结论一致。兹尔曼进行了一系列漫长而细致的实验,对愤怒和暴怒的模式进行精确的测量和剖析。[5]在"战斗或逃跑"反应模式中,愤怒起源于"战斗"的一端,因此兹尔曼发现愤怒的起因通常是感到有危险也就不足为奇了。感到危险不仅表现为直接的人身威胁,更常见的情况是自尊或尊严受到了象征性的威胁,比如被不公正或粗鲁地对待,被侮辱或被命令,或者追求重要目标时受挫。个体对危险的知觉起到边缘系统触发器的作用,边缘系统的激发会对人脑产生双重效应。一是释放出儿茶酚胺,使能量得到爆发性的迅速提升,用兹尔曼的话来说,足够应付"一次充满活力的行动过程","比如战斗或逃跑"。儿茶酚胺的能量提升可以持续数分钟,使身体在此过程中做好充分的准备,根据情绪脑对对方实力的估计,开始一场恶战或逃之夭夭。

与此同时,另一波由杏仁核激发的涌动传递至神经系统促肾上腺皮质的分支,为行动准备创造振奋精神的整体背景,这一过程持续的时间比儿茶酚胺的能量提升要长得多。总体的肾上腺和皮质兴奋可以持续数小时甚至数天,使情绪脑为唤起做好特殊准备,并为随后的迅速反应奠定基础。一般来说,促肾上腺皮质唤起所导致的"一触即发"的状况,可以解释人们在已经被其他事物刺激或惹恼的情况下很容易愤怒的原因。所有类型的应激都能引发肾上腺皮质唤起,降低发怒的门槛。因此,辛苦工作一整天的人,特别容易被家里的事情激怒,比如孩子太吵闹或把家里弄得乱七八糟。如果在正常情形之下,这些家庭琐事不足以引发这个人的情绪失控。

兹尔曼通过精心设计的实验得出了这些结论。比如在一个典型的研究中,他让实验助手对受测者冷嘲热讽,以此激怒他们。接着让受测者看一部喜剧或悲剧电影。然后为受测者提供了报复实验助手的机会,让受测者对实验助手进行评估,受测者以为该评估结果将被用于决定是否聘用实验助手。受测者报复的强烈程度与他们看电影时导致的情绪唤起程度成正比,看了悲剧电影的人会变得更加愤怒,他们给实验助手打出了最低的分数。

怒上加怒

有一天我在商场目睹了一出常见的家庭剧,而兹尔曼的研究似乎可以解释其间发挥作用的心理机制。超市过道的尽头传来一位年轻妈妈努力克制的声音,她冲着她的儿子说了三个字:"放、回、去!"

"我想要!"儿子在哀叫,紧紧抓着忍者神龟玩具盒不放。

"放回去!"妈妈怒气冲冲,提高了声音。

这时候,坐在妈妈购物车里的小宝宝嘴里吮的果冻条掉了出来,摔在地上,妈妈大叫道:"够了!"暴怒之下,她打了小宝宝一巴掌,把大儿子手里的玩具抢过来,一把塞到最近的货架上,然后把他拦腰抱起,冲到过道尽头,购物车惊险地摇摇晃晃,小宝宝哭个不停,大儿子的脚悬空了,他抗议道:"放我下来,放我下来。"

兹尔曼发现,当个体已经处于烦躁的状态时,就像那位妈妈一样,一旦被某种东西触发了情绪失控,不管是愤怒还是焦虑,情绪强度都会特别大。人在发怒时这种机制就会产生作用。兹尔曼把升级的愤怒视为"连续的激怒,每次激怒都会引发兴奋性反应,慢慢才会消散"。在此过程中,每次连续的激怒或觉知都会成为由杏仁核驱动的儿茶酚胺的迷你触发器,每一次都建立在前一次荷尔蒙动量的基础之上。第二波在第一波平息之前到来,随后第三波又席卷而来,一波接着一波,每一波追逐着前一波的尾巴,迅速提升了个体生理唤起的水平。在逐步累加的过程中,后来想法引发愤怒的强度要比最初想法引发的强度猛烈得多。怒火一重高过一重,情绪脑不断升温。最后由于不受理性约束,个体很容易怒火冲天。

在这种时候,人们不肯宽容,也没有办法晓之以理。他们满脑子都在想着报复和复仇,对可能导致的后果视而不见。兹尔曼认为,愤怒的人"无法用认知进行引导",最后只能依靠最原始的反应,高水平的情绪兴奋"助长了力量和无坚不摧的幻象,容易引发攻击行为"。边缘系统的冲动占据了上风,人类残忍行为最原始的经验成为行动的指南。

愤怒镇静剂

兹尔曼通过对愤怒机制的分析认为,有两种主要的途径可以消除愤怒。一种是控制和质疑触发愤怒的想法,原因在于该想法是对确认和助长第一把怒火的交互作用的原始评估,也是对后来继续煽风点火的再次评估。时机很重要,在愤怒周期中,越早进行控制就越有效。事实上,缓和性信息如果在愤怒表达之前出现,就可以完全终止愤怒。

兹尔曼的另一个实验证实了懂得平息愤怒的重要性。在实验中,一位粗鲁的男实验助手(兹尔曼的研究助理)侮辱并激怒了正在进行骑自行车练习的受测者。后来受测者获得机会对粗鲁的实验助手实施报复(和前述实验一样,他们对实验助手给出差评,他们以为该评估结果将被用于判断实验助手是否胜任工作),他们的行为是出于报复的快感。不过在另一个版本的实验中,在受测者被激怒之后、实施报复之前,另外有个女实验助手跑了进来,她对那位挑衅的实验助手说大厅有电话找他。男助手离开时对女助手讥刺了一番,但女助手欣然面对,并在他走后向大家解释,男助手压力很大,他对即将到来的毕业答辩感到紧张。在这之后,生气的受测者本来有机会对男助手实施报复,但他们选择了不报复。相反,他们对他的困扰表示了同情。

缓和性的信息让个体对激发愤怒的事件进行再次评估。不过这种缓和具有特定的有效时机。兹尔曼发现,它对一般水平的愤怒可以发挥很大作用,但对高水平的暴怒就没有什么影响,原因在于他所说的"认知失能"(cognitive incapacitation)现象,也就是说,个体无法继续正常思考。如果人们处于极度愤怒的状态,只想着"实在太糟糕了!"或者用兹尔曼的话来说,"最粗俗的语言",他们就会忽视缓和性信息。

冷 静

> 在我13岁的时候,有一次我非常生气,离开了家,发誓再也不回来了。那是一个美妙的夏日,我沿着一条迷人的小路走了很远。渐渐地,周围的寂静和美丽使我冷静下来,几个小时以后,我懊悔地回家了,心里的不快烟消云散。从那以后,我一生气就尽可能这么做,我发现这是最好的疗法。

上述这段受测者的叙述见于1899年的研究,这是关于愤怒最早期的科学研究之一。[6]这种方法至今仍是消除愤怒第二种途径的一种模式:身处不可能进一步引发愤怒的环境,等待肾上腺涌动逐渐消失,生理水平恢复平常。也就是说,在生气时摆脱对方。在冷静期,生气的人可以寻找其他分散注意力的事物,使逐步升级的敌对想法及时刹车。兹尔曼发现分散注意力是扭转情绪非常有效的方法,原因很简单,我们在高兴时很难保持愤怒。当然关键在于首先让生气的人冷静下来,然后才有可能高兴起来。

兹尔曼对愤怒升级及平息途径的分析,可以解释黛安·泰斯关于人们日常消除愤怒方法的研究。消除愤怒的一个相当有效的方法是在冷静期独处。很大一部分男性的做法是驾车外出,研究者由此发现了开车可以让人停止愤怒(泰斯还告诉我,因此她开车更加小心)。另外一种更加安全的方法是散步,积极的运动同样有助于平息愤怒。深呼吸和肌肉放松等方法也有作用,这也许是因为这些活动改变了身体的生理水平,使身体从愤怒的高唤起水平转变为低唤起水平,也许还因为放松活动分散了个体对愤怒的注意力。积极的运动平息愤怒也是同样的道理,运动过程中身体处于高度活跃水平,运动停止后身体就恢复到低水平。

不过,假如生气的人在冷静期对触发愤怒的一连串想法一直耿耿于怀,冷静期就不会产生作用,这是因为每一个愤怒的想法本身就是火上浇油、使愤怒不断升级的微型触发器。分散注意力的作用在于阻止一连串的愤怒想法出现。泰斯在调查人们应对愤怒的方法后发现,分散注意力一般来说有助于平息愤怒,看电视、看电影、阅读书籍等活动可以阻止愤怒的想法最终演变为暴怒。泰斯还发现,放纵自己购物或吃东西等方法没有太大的效果,在购物中心闲逛或者吞下一块巧克力蛋糕的时候，实在是太容易继续保持愤怒的想法了。

除此之外，杜克大学精神病学家雷德福·威廉姆斯（Redford Williams）还发展了其他消除愤怒的方法，他致力于帮助充满敌意的人群控制自身的易怒倾向，这种人患心脏病的风险很大。[7]他推荐的方法之一是运用自我意识在愤怒或敌意想法刚刚萌芽时就把它们遏制住，并且把它们写下来。一旦愤怒的想法通过这种方法得到控制，个体就可以对它们进行质疑和再次评估，不过兹尔曼发现，这种方法在愤怒升级为暴怒之前比较有效。

宣泄谬论

有一次我在纽约市坐出租车，一位横穿马路的年轻人挡在出租车前面，等待前方车流过去。出租车司机急于发动汽车，鸣笛示意年轻人不要挡道。年轻人回敬的是怒目而视以及一个下流的手势。

出租车司机嚷道："不要挡路！"同时踩下了出租车的油门和刹车，汽车发出吓人的声响。面对人身威胁，年轻人脸色阴沉地移到一边，刚好能让出租车过去，然后在出租车慢慢融入车流时用拳头猛击出租车。出租车司机对那个年轻人发出一连串的咒骂声。

出租车继续向前开，司机脸上的表情仍然非常愤怒，他告诉我："你不能受这气，你要骂回去——至少你会好受些！"

心理宣泄，即把愤怒发泄出来，有时被认为是处理愤怒的方法。流行的理论认为，"这会让你好受些"。不过兹尔曼的研究发现心理宣泄没有效果。有关的研究始于20世纪50年代，当时的心理学家开始通过实验测试心理宣泄的效果，经过一次又一次的实验，他们发现让愤怒得到宣泄对平息愤怒几乎没有任何作用（当然，由于愤怒的诱惑本质，宣泄可以使人感到安全）。[8] 宣泄怒火在一些特定的条件下也许能起作用，比如直接对引起愤怒的目标当事人进行宣泄，宣泄的时候保持克制，或者宣泄对他人造成"恰当的伤害"，改变其恶劣行径，而且不引发报复。不过由于愤怒的煽动性，做起来要比说起来难得多。[9]

泰斯发现，宣泄愤怒是平息怒火最糟糕的方法之一。愤怒的爆发通常会唤起情绪脑，使人感到更加愤怒，而不是减轻愤怒。泰斯发现，人们对触发他们怒火的人大肆发泄的时候，愤怒的连锁反应延长而不是终止了愤怒的情绪。更加有效的方式是首先冷静下来，然后用更有建设性或自信的口吻，与对方面对面地解决争端。有一次我听到佛教大师邱阳·创巴仁波切在回答怎样才能最好地处理愤怒时这样说："不要压制，但也不要放纵。"

舒缓焦虑：我在担忧什么？

> 噢，不！消声器听起来不对劲……我要拿到修理店去？……这费用我可负担不了……我必须从杰米的大学基金里面拿钱……我承担不了他的学费怎么办？……上周学校通报的成绩很差……他成绩下降，上不了大学怎么办？……消声器听起来不对劲……

这种就是围绕着无聊的情节剧不停打转的忧虑心理，一会儿担心这个，一会儿担心那个，最后又回到最初的担忧。忧虑是所有焦虑的核心。上述案例来自宾夕法尼亚州立大学心理学家莉莎白·勒默尔（Lizebeth Roemer）和托马斯·博尔科韦茨（Thomas Borkovec）关于忧虑的研究，他们把忧虑从神经质的艺术提升到科学领域。[10] 当然，如果忧虑有作用就不会成为问题，对一个问题反复琢磨，进行建设性的反思，看起来可能像忧虑，但会产生解决方法。事实上，忧虑的基础是对潜在危险的警惕，这在进化过程中无疑具有生死攸关的意义。恐惧激发了情绪脑，由此导致的焦虑有一部分把注意力集中到当前的威胁上，迫使大脑思索如何进行处理，并暂时忽略其他事情。从这个意义上说，忧虑是对可能发生的坏事及其应对策略的一种预演，忧虑的目的是在危险出现之前进行预期，针对生存危机想出积极的应对措施。

  问题在于慢性、反复的忧虑，这种忧虑循环往复，而且永远无法得出积极的解决方案。关于慢性忧虑的研究表明，慢性忧虑具有轻度情绪失控的所有特征：忧虑似乎没有任何由来，而且无法控制，并引发持续的焦虑感，理智无法推倒忧虑的城墙，忧虑者对其所忧虑的事物抱着一成不变的看法。如果同一个忧虑循环不断强化和持续，就会导致全面的神经失控，产生焦虑障碍，比如病态性恐惧、妄想症、强迫症、惊恐发作等。在不同的焦虑障碍中，焦虑表现出不同的特点，比如在病态性恐惧中，焦虑集中于可怕的处境；在妄想症中，焦虑表现为防止某些可怕的灾难事件；在惊恐发作中，焦虑集中于害怕死亡或者受到潜在的袭击。

所有症状的共同特征是忧虑失控。举个例子，一位接受妄想－强迫障碍治疗的妇女，她在醒着的大部分时间里必须实施一系列的"仪式"：每天洗几次澡，每次 45 分钟；每天洗手 20 多次，每次 5 分钟。她在就座之前必须用酒精对椅子消毒，她也不会触碰孩子或者其他动物——她认为"太脏了"。这些强迫症状的根源是她对细菌的病态恐惧，她一直担心如果她不进行清洁或消毒，就会得病和死亡。[11]

一位被诊断为"一般性焦虑障碍"（持续忧虑的精神病学术用语）的妇女，在治疗师要求大声讲述忧虑一分钟时这样回答：

> 我也许做得不对。这太假了，不是真实东西的象征，我们必须得到真实的东西……如果我们得不到真实的东西，我就不会痊愈。假如我不会痊愈，我就永远不会快乐。[12]

这段描述生动地反映了何为关于忧虑的忧虑，患者根据要求进行一分钟的忧虑陈述，在短短数秒钟之内，忧虑就升级为一生的大灾难："我永远不会快乐。"忧虑通常会遵循这种路径，自我陈述从一个忧虑跳到另一个忧虑，而且常常会演变成大灾大难，想象可怕的悲剧即将发生。忧虑基本上是由大脑的听觉神经而不是视觉神经表达出来的，也就是说，用言语而不是用影像表达出来，这一事实对控制忧虑很有意义。

博尔科韦茨及其研究伙伴在试图研究失眠症疗法时开始了对忧虑本质的研究。其他研究者认为，焦虑有两种表现形式：一种是认知层面的，或者说忧虑的想法；另一种是肉体层面的，即焦虑的生理症状，比如流汗、心跳加速或肌肉紧张等。博尔科韦茨发现，失眠症患者的主要困扰不是身体唤起，事实上，使他们失眠的是令人烦扰的想法。失眠症患者是慢性忧虑者，不管多么犯困，他们也无法停止忧虑。帮助他们入睡的一个可行方法是让他们摆脱忧虑的情绪，把注意力集中于通过放松方法产生的身体感觉。简而言之，转移注意力就可以停止焦虑。

然而，大部分忧虑者似乎做不到这一点。博尔科韦茨认为原因在于来自忧虑的部分补偿作用把忧虑习惯高度强化了。忧虑似乎也有积极的一面：忧虑是应对潜在威胁和危险的途径。如果奏效，忧虑的作用在于对危险进行预演，并思考应对方法。可惜忧虑并不能很好地发挥这种作用。忧虑，特别是慢性忧虑通常不会带来新的解决方法和看待问题的新角度。相反，忧虑者通常只是反复地琢磨危险本身，沉浸于与危险有关的恐惧之中，这种想法一成不变。慢性忧虑者忧虑的事情很多，但大部分基本上不可能发生，他们把常人根本注意不到的危险强加到自己的生活中。

不过有慢性忧虑者告诉博尔科韦茨，忧虑对他们有用，他们的忧虑会自我保持下去，忧心忡忡的想法无限循环。忧虑怎么会导致精神上瘾呢？博尔科韦茨指出，奇怪的是，忧虑习惯能够起到和迷信一样的心理强化作用。由于人们所担心的大部分事情实际上发生的概率非常小——比如爱人死于飞机失事、破产等，因此至少对于原始的边缘脑，忧虑带有些许神秘的色彩。忧虑就像一道可以驱赶预期邪恶的护身符，如果一直念念有词就可以防止危险发生，因此在心理层面受到欢迎。

忧虑的作用

她因为出版社的工作从美国中西部搬到了洛杉矶。但不久之后那家出版社被收购,她失去了工作。她转而做自由撰稿人,这是一份不稳定的工作。她发现自己不是为工作忙得焦头烂额,就是没有足够的钱支付房租。她常常要把时间花在接听各种电话上,而且第一次失去了医疗保险。没有保险尤其让人烦恼,她开始为自己的健康担忧,每次头痛都怀疑是脑子长了肿瘤的信号。无论她开车到哪里,总会想象自己出车祸。她常常长时间迷失于忧虑的幻想,不能自拔。不过她又说,她觉得自己好像对忧虑上了瘾。

博尔科韦茨由此发现了忧虑另一个出人意料的好处。当人们沉湎于各种担忧的想法时,他们似乎没有留意到由忧虑引起的焦虑的主观感受,比如心跳加快、冒汗、颤抖等。随着忧虑的持续,部分焦虑似乎被压制了,起码从心率来看是这样。这个过程大概是这样的:忧虑者注意到某样东西,引发了对潜在威胁或危险的想象,这种想象中的灾难反过来激发了轻微的焦虑情绪。忧虑者陷入绵绵不绝的困扰想法,每一种想法总会引发另一种担忧;忧虑者的注意力持续被"忧虑号"思想列车裹挟而去,对于忧虑想法的关注使他们忽略了对灾难的原始想象——本来正是这种想象引发了焦虑。博尔科韦茨发现,想象对生理焦虑的触发作用比思想要强烈得多,因此忧虑者沉浸于忧虑的想法可以排斥对灾难的想象,从而部分缓解焦虑的感受。也就是说,忧虑唤起了焦虑，但在中途也缓解了焦虑，与此同时，忧虑在某种程度上加深了。

不过，如果慢性忧虑表现为刻板僵化的想法，而不是实际解决问题的创造性突破，同样也会产生适得其反的效果。思想僵化不仅体现为忧虑的内容，实际上这种忧虑纯粹是或多或少、简单重复的同一种想法。在神经学层面，似乎也可以观察到皮层僵化，即情绪脑失去了对不断变化的环境做出弹性回应的能力。简而言之，慢性忧虑只在某些方面起到一定的作用，对于更加重要的其他方面却不起作用，它可以减缓焦虑，但永远也解决不了问题。

慢性忧虑者无法做到的一件事情是遵循别人最常说的忠告："不要担心"（或者更糟糕的是"别担心，高兴点"）。由于慢性忧虑只是杏仁核低层次的发作，它们往往不受约束。慢性忧虑的本质是一旦它在大脑中生根发芽，就很难斩草除根。不过博尔科韦茨通过大量实验发现，一些简单的步骤可以帮助慢性忧虑者控制忧虑的习惯。

第一步是自我意识，尽可能在忧虑情绪刚出现时就把它控制住，最理想的时机是在灾难的想象触发"忧虑–焦虑循环"的同时或者紧随其后。博尔科韦茨用这个方法来指导忧虑者，首先教他们监控焦虑的线索，尤其要学会识别引发忧虑的情景，或者最初引发忧虑的念头或想象，以及伴随焦虑出现的身体感觉。通过练习，人们可以尽早在焦虑循环的开始阶段识别忧虑。人们还可以学习放松方法，在意识到忧虑产生后加以运用，并且每天都进行练习，以便在需要的时候派上用场。

不过放松方法本身是不够的。忧虑者还需要积极主动地质疑忧虑的想法，如果做不到这一点，忧虑循环还是会卷土重来。因此，第二步就要对这些想法采取批判的立场：可怕的事情真的有可能发生吗？肯定只有一种办法甚至没有办法阻止事情的发生吗？可以采取哪些建设性的措施？一直忧心忡忡真的有用吗？

警觉与合理怀疑主义的共同作用，也许可以对引发低级焦虑的神经激活起到急刹车的作用。主动产生这种想法可以使神经回路做好充分的准备，抑制边缘系统忧虑情绪的驱动；与此同时，积极放松身心，防止情绪脑向全身传递焦虑的信号。

博尔科韦茨指出，这些方法相当于筑起了一道与忧虑不兼容的心理活动的屏障。假如任由忧虑一再重复、不受质疑，忧虑就会产生劝服的力量。想出一系列同样有道理的论点，质疑忧虑的想法，可以防止忧虑的想法被个体信以为真。即使是忧虑严重到需要接受精神病学诊疗的人，也可以通过这种方法改变忧虑的习惯。

另一方面，对于过度忧虑并发展成病态性恐惧、妄想－强迫障碍或者恐慌障碍的人，求助医学打破焦虑循环是明智之举——这其实也是一种自我意识的信号。当然，为了降低药物治疗停止后焦虑障碍复发的可能性，还需要通过治疗对情绪神经回路进行二度训练。[13]

管理忧郁

悲伤通常是人们想尽力摆脱的一种情绪。黛安·泰斯发现，人们逃避忧伤的方法五花八门。当然，不是所有的悲伤都应该逃避，忧郁和其他类型的情绪一样，有其内在的好处。由损失所导致的悲伤具有某种好处：悲伤会降低我们对娱乐和休闲的兴趣，使我们把注意力集中于损失，并削弱开始新尝试的能量——至少暂时如此。简而言之，悲伤相当于碌碌人生中的一种反省性撤退，让我们暂时停止追求，哀悼损失，认真思考其中的意义，最后进行生理调节并展开新的计划，让生活继续下去。

损失有一定的好处，完全的抑郁则没有。威廉·斯泰隆传神地描述了"这种疾病的很多可怕表现"，包括自我憎恶、无用感、"阴郁无趣"——"阴沉沉蜂拥而来包围全身，感到害怕、疏离，最重要的是令人窒息的焦虑"。[14] 理性层面的表现是"疑惑、无法集中精神以及记忆力下降"，而在后期，他的心理"被反常的扭曲占据"，"感觉我的思想过程卷入了难以名状的毒潮，而这股毒潮淹没了人生的一切欢乐"。生理层面的表现是失眠，冷漠得像行尸走肉，"感觉麻木、衰弱，尤其是莫名其妙的虚弱"，伴随着"躁动不安"。然后是失去快感，"就像其他所有感觉一样，食物变得味同嚼蜡"。最后是希望的消失，"绵绵不绝的恐惧"令人绝望，真实得如同身体的疼痛，这疼痛如此难以忍受，自杀似乎是唯一的出路。

在严重抑郁状态下，生活陷于瘫痪，不会出现新的开始。抑郁的种种症状显示了被束缚的人生。对斯泰隆来说，药物或者治疗不能起到任何作用，唯有时间的流逝和医院的庇护能够最终消除绝望。不过对于大部分人，尤其是症状没有那么严重的人，精神疗法可以起到作用，药物也可以奏效——百忧解是当下流行的抗抑郁药物，除此之外还有十多种化学药物可以起到缓解作用，尤其是对于严重抑郁。

我在这里关注的重点是更加常见的悲伤，其上限严格来说是"临床症状不明显的抑郁"，也就是说一般的忧郁。人们可以自行应对这种绝望，前提是内心的恢复能力够强大。可惜的是，人们经常运用的一些策略效果可能适得其反，使人感觉比以前更加糟糕。其中一种策略是独处，人们在情绪低落时往往如此。然而，这种方法在很多时候反而增添了悲伤的孤独感和疏离感。这可以部分解释泰斯的发现——战胜抑郁最流行的方法是社会交往，比如外出就餐、打球或看电影等，总之是和朋友或家人一起从事某项活动。如果社交的净效应可使个体摆脱悲伤心理，那么这种方法就行得通。不过，如果个体在社交场合仍然对不快的事情念念不忘，社交反而会延长他的悲伤情绪。

事实上，决定抑郁情绪持续或者消除的主要因素之一是沉思的程度。对抑郁的忧虑似乎会使我们的抑郁更加严重，持续时间更长。对于抑郁，忧虑表现为多种形式，它们全都关注抑郁本身的某些方面，比如我们感觉多么厌倦，我们多么无力或缺少激励，或者我们的成果多么可怜。这种反思通常不会带来任何可以解决问题的具体行动。研究抑郁者沉思行为的斯坦福大学心理学家苏珊·诺伦－霍克西玛（Susan Nolen-Hoeksma）指出，其他常见的忧虑包括"孤立自己，并想到自己的感觉有多么糟糕，担心配偶可能因为你的抑郁而抛弃你，以及困惑自己今晚是不是会再次失眠"。[15]

抑郁者有时会为沉思行为寻找借口，表示他们在试图"更好地理解自身",但实际上,他们只是沉湎于悲伤的感觉,而没有采取任何可以实际化解悲伤的措施。因此,在治疗中深刻反思抑郁的成因,如果能够由此获得认识或行动,从而改变抑郁的诱发条件,将会产生极佳的效果,但是被动沉湎于悲伤只会让事情更加糟糕。

沉思还会造成更令人抑郁的状况,从而使个体抑郁的程度增强。诺伦-霍克西玛以一个女推销员为例进行说明。该推销员陷入了抑郁,整日为此担心,以致没有时间进行重要的业务拜访。她的销售业绩因此下降了,她感到自己一无是处,这更加重了她的抑郁。不过,假如她以尽量分散注意力的方式来对待抑郁,她也许会尽情投入业务拜访,使自己摆脱抑郁的情绪。这样她的销售业绩就不太可能下滑,完成销售任务的经历也许会让她树立自信心,在一定程度上减缓抑郁。

诺伦-霍克西玛发现,相对于男性,女性在抑郁时更加容易陷入沉思。她认为,这至少可以部分解释为什么被诊断为抑郁的女性数量是男性的两倍。当然还有其他因素在发挥作用,比如女性更加容易向他人诉说自己的抑郁,或者生活中有更多让人郁闷的事情发生。而男性很可能用酒精来掩饰自己的抑郁,酗酒的男性数量大约是女性的两倍。

一些研究发现,旨在改变这种思维模式的认知疗法在治疗轻度临床抑郁方面能够起到与药物同等的效用,而在预防轻度抑郁再次发作方面的效果要优于药物。对抗轻度抑郁有两种特别有效的方法。[16] 一是学会质疑沉思的核心想法,探究这些想法的合理性,并得出更加积极的替代想法;二是有意识地安排愉快的、转移注意力的活动。

转移注意力能够发挥作用的一个原因是抑郁的想法往往不请自来，悄悄潜入个体的心理。尽管抑郁者试图压抑自己的抑郁想法，但他们没有更好的替代想法。一旦抑郁的思绪开始出现，它就会对一连串的联想产生强大的磁力。举个例子，抑郁者在还原被打乱的句子时通常会组合出消极的信息（"未来一片黯淡"），而不是乐观的信息（"未来一片光明"）。[17]

抑郁自我保持的倾向甚至会让人们所选择的消遣方式黯然失色。研究者向抑郁者提供了一系列愉快或沉闷的方式，使其不再想着悲伤的事情，结果抑郁者大多选择了忧伤的活动。这个研究是得克萨斯大学心理学家理查德·温斯拉夫（Richard Wenzlaff）发起的，他发现抑郁者需要通过特别的努力才能把注意力转移到令人愉快的事物上，而且还要注意，不要选择诸如催泪电影、悲情小说等会让情绪再次低落的东西。

情绪提振法

想象在一个大雾天气里，你在一条不熟悉的又陡又弯的路上开车。突然一辆车在你前面几英尺的地方从另一条车道冲出来，距离太近，你无法及时停车。你猛踩刹车，但车还是擦到了那辆车的侧面。就在玻璃破碎、金属拧成一团、火花四溅之前，你看到那辆车上坐满了孩子，那是一辆幼儿园的班车。碰撞之后的突然沉默被一片哭喊声打破了。你奋力跑向那辆车，看到一个个孩子一动不动地躺着。你对悲剧的发生感到万分的懊悔和悲伤。

在温斯拉夫的实验中,他用这个揪心的故事扰乱受测者的情绪。然后,要求受测者尽量不去想这一幕悲剧,并在9分钟之内把自己的思绪记录下来。每当痛苦的场景呈现在脑海中,他们就会记录下来。随着时间的推移,大部分人越来越少回想起悲伤的场景,但容易抑郁的受测者的回想次数会随着时间的推移呈现出显著的上升趋势,他们甚至会在想其他事情的时候间接想起该场景。

此外,抑郁倾向的受测者还会用其他令人困扰的想法来分散注意力。温斯拉夫告诉我:"思想不仅通过内容,还通过情绪与心理发生联系。人们在情绪低落时,更容易产生一系列消极情绪。容易抑郁的人往往会在这些思想之间建立很强的联系,因此某种负面情绪一旦触发,就很难压制负面想法。具有讽刺意味的是,抑郁者似乎喜欢用一个抑郁想法摆脱另一个抑郁想法,而这只会激发更加消极的情绪。"

有理论认为,哭泣也许是降低产生忧伤的大脑化学物质水平的自然方式。哭泣有时候可以终止悲伤,但也会让人一直对绝望的理由念念不忘。所谓"哭也有好处"的想法是错的,哭泣使人们越来越陷入沉思,只会延长悲伤的感觉。转移注意力可以打破持续悲伤的想法。有一种主流理论认为,电休克疗法对最严重的抑郁症有效的原因在于该疗法导致个体失去了短期记忆——病人忘记了伤心的理由是什么,因此感觉好多了。悲伤的种类五花八门,黛安·泰斯发现,为了摆脱悲伤,很多人会从事阅读、看电视和电影、玩电脑游戏和智力游戏、睡觉和做白日梦（比如计划一次奇妙的旅程）等转移注意力的活动。在温斯拉夫看来，转移注意力最有效的活动莫过于能够转变情绪的活动，比如激烈的体育赛事、滑稽的电影以及鼓舞人心的图书。（注意：有些转移注意力的活动反而会延长悲伤。关于过度看电视人群的研究表明，这些人在看完电视之后通常会比看电视之前更加郁闷！）

泰斯发现，有氧运动是摆脱轻度抑郁以及其他消极情绪最有效的方法之一。不过要注意的是，运动提振情绪的方法对很少外出活动的人最为有效。对于平常喜欢运动的人，运动改变情绪的作用在他们开始形成运动习惯时最明显，事实上，他们在停止外出运动时会感到不快。运动有效的原因在于它可以改变情绪激发的生理状态，抑郁是一种低度唤起的状态，而有氧运动能使身体高度唤起。同样的道理，放松活动可以使身体处于低唤起状态，因此对于高度唤起的焦虑效果很好，但它摆脱抑郁的效果就不那么明显了。每种方法都是为了打破抑郁或焦虑的循环，它们产生效果的原因在于改变大脑的活跃水平，阻止大脑活动与此前控制大脑的情绪状态产生呼应。

通过享受或感官愉悦使自己高兴起来是消除抑郁的另一种流行方法。人们在低落时舒缓情绪的常见方法有洗热水澡、吃喜爱的食物、听音乐或做爱等。给自己买礼物或者大吃一顿，这种摆脱坏心情的做法在女性当中尤其流行，购物甚至在商场只逛不买也可以。泰斯对大学生的研究发现，把吃东西作为缓解悲伤的方法的女性数量是男性的3倍；另一方面，情绪低落时借助酒精或毒品的男性数量则是女性的5倍。用过量进食或酗酒的方式缓解悲伤情绪效果很容易适得其反——吃得太多会使人后悔，而酒精是中枢神经的抑制剂，只会令抑郁更加严重。

泰斯认为，改变情绪更为有效的方法是取得小小的胜利或获得简单的成功，比如把堆积已久的家务活儿做完或完成其他有待解决的任务。同样的道理，提升自我形象也能让人快乐起来，即便是外表的改变也可以发挥作用，比如穿衣打扮或者化妆。

除了治疗之外，对抗抑郁最有效的一种方法是从不同的角度看待问题，又称"认知重建"（cognitive reframing）。一段感情关系结束了，自然令人感伤，如果产生类似"我会永远孤单下去"这种顾影自怜的想法，肯定会加深绝望的感觉。不过，回过头来想一想，这段感情并没有那么美好，你和恋人也有格格不入的地方——也就是说，用不同的眼光看待感情的结束，以更加积极的态度坦然面对，这就是缓解悲伤的方法。同样的道理，癌症患者如果能够想到其他患者的情形更加糟糕（"我也不是太糟糕，起码我还可以走路"），那么不管他们自身的情况有多么严重，情绪都会比较高昂；而那些把自己和健康人相比的患者则最为抑郁。[18]这种"比下有余"的想法，对情绪的提振作用非常令人吃惊，突然之间，那些令人沮丧的东西看起来也没有那么糟糕。

另外一种提振情绪的有效方法是帮助有需要的人。抑郁起源于对自身的沉思和关注，因此，如果我们对他人的痛苦感同身受，对他人伸出援助之手，将会使我们摆脱对自身的痴迷。泰斯的研究发现，投身于志愿者工作，比如辅导童子军、充当大哥哥、给无家可归者送食物等，是改变情绪最有效的方法，同时也是最罕见的方法之一。

最后，有些人还可以求助于超然的力量，从悲伤情绪中解脱出来。泰斯告诉我："如果你对宗教很虔诚，不妨进行祈祷。祈祷适用于缓解所有情绪，对抑郁尤其有效。"

压抑者：积极的否定

> "他踢了室友的腹部……"这是句子的开头部分，结束部分是"其实他只不过想开灯"。

尽管有点难以置信，把攻击行为转化为无心之失，这种转换起源于体内的压抑。造句者是一位大学生，他自愿参与压抑者研究，压抑者即习惯并自动阻止自身意识受到情绪干扰的人。在造句实验中，这名学生被要求以"他踢了室友的腹部……"为开头，完成句子的后半部分。其他测试显示，这种心理回避的行为反映了受测者整体的生活模式，即压抑大多数的不安。[19] 研究者最初认为压抑者是无法感知情绪的体现——也许是"述情障碍"的近亲，但最新的理论认为这种人擅长调节情绪。他们似乎擅长缓冲消极情绪，他们看起来甚至没有意识到消极的一面。研究者通常把这种人称为"压抑者"，也许把他们称为"镇定者"更确切一些。

华盛顿天主教大学心理学家丹尼尔·温伯格（Daniel Weinberger）是这项研究的主要参与者。该研究表明，压抑者尽管看起来冷静沉着，但他们有时候会不知不觉地出现生理波动。在造句实验中，研究者对受测者的生理唤起水平进行监控。压抑者表面的平静掩饰了体内的兴奋,在遇到暴力室友之类的句子时,他们表现出了焦虑的全部迹象,比如心跳加快、流汗、血压升高等。但是在被问到时,他们表示感到很平静。

愤怒、焦虑等情绪的持续压抑并不罕见。根据温伯格的研究,6个人当中就有一个呈现出这种特征。从理论上讲,儿童学会处变不惊的方式有很多。其中一种是困境之中的自保策略,比如儿童的父母是酗酒者。另外,有些儿童的父母本身就是压抑者,他们树立了面对困扰情绪保持乐观或沉着的榜样,或者说这种父母把压抑的个性遗传给了孩子。压抑者进入成年期后,在压力之下他们变得冷静沉着,不过研究者迄今还不清楚这种模式是如何形成的。

问题是,这些人实际上有多么镇定和冷静。他们真的意识不到情绪不安的身体信号,还是在故作冷静?温伯格的早期合作伙伴、威斯康星大学心理学家理查德·戴维森(Richard Davidson)通过一项巧妙的研究找到了答案。戴维森向"镇定者"提供一些词语,让他们进行随意联想。大部分词语是中性的,有少数几个词语包含敌对或者性的意味,结果发现几乎所有人都会对此感到焦虑不安。受测者的身体反应显示,他们对这些别有意味的词语出现了困扰的生理信号,尽管他们试图对引起不安的词语进行净化处理,把它们与比较纯洁的词语联系起来。比如当看到"仇恨"这个词语时,他们可能会联想到"爱"。

对于右利手的人,处理消极情绪的关键中枢位于右半脑,而主管语言的中枢位于左半脑。戴维森的研究正是利用了这一点。一旦个体的右半脑识别出令人不安的词语,它就会通过位于大脑两个半球纵裂底部的胼胝体，把信息传递到语言中枢，语言中枢作为回应辨认出该词语。戴维森借助精心设计的透镜，使词语只落在受测者的半边视觉区域。由于视觉系统神经绊网的作用，如果向视觉区域的左半边展示词语，对不安极其敏感的右半脑就会首先识别出来。如果向视觉区域的右半边展示词语，它就不会被理解成不安的信号，而是直接传到左半脑。

如果词语被传递到右半脑，镇定者就需要一个时间差来做出反应——不过只有在词语包含不安意味的情况下才会出现这种现象。他们对中性词语的联想不会存在时间差，只有在词语传递到右半脑而不是左半脑的情况下才会出现时间差。简而言之，他们的镇定似乎是由于某种神经机制在起作用，神经机制延缓或干扰了不安信息的传输。也就是说，他们对不安情绪的无意识并不是假装的，而是他们的大脑把这种信息屏蔽了。说得更准确些，由于左前额叶的作用，愉快的感觉覆盖了不安的感觉。戴维森在测量受测者前额叶活动水平时意外发现，前额叶对"愉快中枢"左半脑的活跃度具有决定性的作用，而对消极情绪中枢右半脑的影响则没有那么明显。

戴维森告诉我，这种人"凡事总是朝好的方向想，乐观向上"，"他们否认受到压力的困扰，而且在坐着休息并联想到积极感觉的时候，出现了左额叶激活的模式。这种大脑的激活也许是他们自我感觉良好的关键，尽管他们基础的生理唤起看起来很紧张"。戴维森认为，大脑激活，即用积极的态度应对令人困扰的现实需要能量。生理水平的不断唤起也许是由于神经回路需要持续努力以保持积极的感受，或者压抑甚至阻止消极的感受。

总之，镇定是一种乐观的否定和积极的分离，而且很可能是在创伤后应激障碍引发的严重分离状态下，神经机制发生作用的一种信号。戴维森指出，在单纯涉及镇定的情况下，"这似乎是情绪自我调节的一种成功策略"，不过要以牺牲自我意识为代价，而且代价几何尚属未知。

第六章
主导性向①

曾经有一次我被吓傻了。那是在大学一年级的微积分考试中,我没有好好学习过这门功课。在那个春日的早晨,我来到教室,好像末日即将降临,心情格外沉重不安。我在那个教室上过很多次课。但是在那个早晨,我透过窗户看不到教室里面的任何东西,甚至看不到教室。我的眼睛只盯着跟前的一块地板,找了一个靠门的位子坐下。我打开蓝色封面的试卷簿,耳边响起心脏"怦怦"狂跳的声音,胸口一阵阵紧张。

我快速地浏览了一遍试题。毫无希望。我盯着试卷足足看了一个小时,想象即将承受的可怕后果。这种想法萦绕在我的脑海,挥之不去,恐惧和颤抖紧紧缠绕着我。我一动不动地坐着,就像中了毒箭的动物在奔跑途中突然僵住了。最让人震惊的是,在那个可怕的时刻,我的大脑一片空白。在那一个小时里,我没有尝试着答题,也没有做白日梦,只是被吓傻了,一心等待痛苦的折磨结束。[1]

这段由恐惧引发的痛苦折磨是我的亲身经历。时至今日,它对我来说仍然是困扰情绪破坏心智最有说服力的证据。现在我认为,这

---

① 性向意为潜在的能力倾向。——译者注

段痛苦经历很有可能是情绪脑压倒思考脑,甚至导致思考脑瘫痪的证明。

教师们对情绪不安干扰心理状况的严重程度并不陌生。焦虑、愤怒或者抑郁的学生无法学习,处于这些情绪状态的人无法有效地接收或处理信息。我们从第五章了解到,强烈的消极情绪使个体过于关注自身,妨碍个体把注意力转移到其他事物。事实上,情绪病态化的表现之一是情绪的侵扰性很强,可以压制其他一切思想,并持续妨碍对当前其他任务的关注。正在经历离婚痛苦的人,或者父母在闹离婚的儿童,他们的思想无法长期集中于相对不那么重要的日常工作或者学习。对于临床诊断为抑郁的患者,自怨自艾、绝望感及无助感压倒了其他一切想法。

如果情绪破坏了注意力的集中,被认知科学家称为"工作记忆"的心理能力——对与当前任务相关的所有信息的记忆能力——就会随之瓦解。消耗工作记忆的因素可能平淡无奇,如电话号码的数字组合,也可能复杂精巧,如小说家构思的故事情节。工作记忆在心理世界发挥着重要的执行功能,使其他智力活动成为可能,比如表述一个句子或辨析高深的逻辑命题。[2] 前额叶皮层执行工作记忆的功能,别忘了,前额叶皮层还是感受和情绪交会之处。[3] 如果在前额叶皮层会合的边缘系统神经回路受到困扰情绪的束缚,后果之一是影响工作记忆的有效性——我们无法保持思路清晰,就像我在可怕的微积分考试中所经历的那样。

另一方面,我们来看看积极动机的作用,比如热情和自信等情绪对于提高成绩的引导作用。对奥林匹克运动员、世界级音乐家以及国际象棋大师的研究发现，他们共同的特质是鼓励自己不断坚持常规训练的能力。[4] 成为世界级选手所需要达到的水平在不断地提高，如今严格的常规训练越来越多地要从童年开始。在 1992 年奥运会上，年仅 12 岁的中国跳水运动员所投入的全部训练时间，相当于美国 20 岁出头的跳水运动员的训练时间——中国的跳水运动员从 4 岁就开始接受严格的训练。同样，20 世纪最出色的小提琴家在 5 岁左右就开始学习乐器；国际象棋世界冠军开始学习下棋的平均年龄是 7 岁，而那些只在国内赛事中获得名次的人，开始下棋的平均年龄是 10 岁。提前起跑意味着终生领先，柏林顶级音乐学院最拔尖的小提琴学生虽然才 20 岁出头，但他们累计的练习时间已经超过一万个小时，而处于第二梯队的学生平均的练习时间只有 7 500 个小时。

一群能力大体相当的人，其中有些人从激烈的竞争中脱颖而出，处于最拔尖的水平，关键在于他们很早就开始年复一年地进行艰苦的常规训练。坚韧不拔的毅力来源于情绪特质——面对挫折满腔热情，持之以恒，这比其他任何东西都重要。

抛开其他内在能力不谈，激励对人生成功的促进作用突出体现为美国亚裔学生在学校和职业领域的出色表现。通过全面的考察，有证据表明美国亚裔儿童的平均智商要比美国白人儿童高 2—3 分。[5] 根据职业划分，比如在法律和医学领域，亚裔美国人的智商还要高得多，其中日裔美国人的平均智商为 110，而华裔美国人的平均智商为 120。[6] 原因很可能在于，亚裔儿童在进入学校之初就比白人儿童用功。

斯坦福大学社会学家桑福德·多恩布什（Sanford Dorenbusch）研究了一万多名美国中学生，发现亚裔学生做功课的时间比其他学生多40%。"大多数美国家长愿意接受孩子的弱点，强调孩子的长处，亚裔家长的观点则不同，他们认为如果你成绩不好，就应该悬梁刺股，一直学到深夜，如果还是不行，就要闻鸡起舞，早早起来学习。他们相信任何人只要足够努力就能取得好成绩。"简而言之，强烈的工作文化伦理转化成高度激励、热忱和坚持不懈的精神——这正是情绪的优势所在。

情绪可以阻碍也可以促进我们的思考、计划、为长远目标坚持训练以及解决问题等诸多能力，情绪确定了我们发挥各种内在心理能力的潜能界限，从而决定了我们的人生表现。我们对所从事的工作充满热情和快乐，甚至感到适当的压力并从中受到激励，这些积极的情绪促使我们获得成功。从这个意义上说，情绪智力是一种处于主导地位的性向或潜能，它从正面或者反面深刻地影响了其他所有能力。

冲动控制：软糖实验

假设你现在只有4岁，有人向你提出一个建议：如果你等他办完事回来，你可以得到两颗软糖作为奖励；如果你不等他回来，就只能得到一颗软糖，不过可以立即得到。这对任何一个4岁的孩子来说无疑都是重大的考验，是冲动与抑制、本我与自我、欲望与自控、满足与延迟进行内部斗争的一个缩影。软糖实验的结果非常明显，不仅可以直观地反映孩子的性格特征，还可以预示孩子日后的人生轨迹。

也许没有比抗拒冲动更基本的心理技能了。抗拒冲动是所有情绪自控力的根源,这是因为情绪的本质决定了所有情绪都会导致某种行动的冲动。别忘了,"情绪"的本意是"移动"。遏制行动的冲动、压抑早期行动的能力,在大脑功能层面可能表现为抑制边缘系统向运动皮层传输信号,不过目前这种转换机制还有待深入研究。

对4岁孩子进行考验的软糖实验,在某种程度上揭示了抑制情绪并延迟冲动的能力的重要性。这项研究始于20世纪60年代,由心理学家沃尔特·米歇尔(Walter Mischel)在斯坦福大学的一所幼儿园发起,参与者主要是斯坦福大学教职工及研究生的孩子。研究从受测者4岁开始追踪到他们高中毕业。[7]

选择等待的孩子,必须等上漫长的15—20分钟,实验人员才会回来。为了压制内心的挣扎,他们用手捂住眼睛,避免面对软糖的诱惑,或者把脑袋贴到手臂上,自言自语,唱歌,动手动脚,玩游戏,甚至睡觉。这些勇敢的小朋友得到了两颗软糖的奖赏。其他那些容易冲动的小朋友,在实验人员假装有事离开房间之后,在几秒钟之内就拿了一颗软糖。

软糖实验的预言作用在12—14年之后变得非常清晰,即在同一批孩子进入青春期的时候。立即兑现的小朋友与延迟满足的小朋友在情绪和社交方面显示出了极大的差异。4岁时就能抗拒诱惑的小朋友进入青春期后更有社交竞争力,做事有效率,坚定自信,更善于应对生活的挫折。他们出现精神崩溃、被排挤,遇到压力退缩不前或惊慌失措的可能性较小;他们勇于接受挑战,面对困难也不会放弃,而是继续坚持；他们自强自信，值得信赖和依靠；他们凡事主动、全心投入。十多年以后，他们在追求目标时仍然能够延迟满足。

大约 1/3 选择立即拿软糖的孩子则较少具备这些品质，反而存在比较多的心理问题。在青春期，他们更有可能被认为害怕社会交往；顽固倔强、优柔寡断，容易气馁；觉得自己"差劲"或者无用；遇到压力就退缩或者停滞不前；爱怀疑，抱怨"得到太少"；容易猜疑和嫉妒；脾气暴躁，过分敏感，容易和他人争吵或打架。在经过这么多年以后，他们还是不会延迟满足。

俗话说"三岁看大"，小时候体现在小事上的特质在个体进入成年期后会演化成各式各样的社交与情绪竞争力。延迟冲动的能力是很多活动的基础，从节制饮食到考取医学学位无不如此。有些孩子年仅 4 岁就掌握了这种基础的能力，他们可以识别延迟会获得回报的社会情景，经受得住眼前的诱惑，转移注意力，同时为了目标——两颗软糖——进行必要的忍耐。

更令人吃惊的是，在受测儿童即将高中毕业的时候，研究者再次对他们进行评估，发现 4 岁时能耐心等待的人与随心所欲的人相比，前者在学校的表现要出色得多。根据受测儿童父母的评估结果，他们学习成绩更优秀，更善于用语言表达自己的想法，做事更理性，注意力更容易集中，更会制订并贯彻计划，并且更有学习的欲望。最令人吃惊的是，他们 SAT 考试的分数要高得多。1/3 在小时候忍不住立即拿软糖的孩子，他们语文的平均分数是 524 分，数学的平均分数是 528 分；而 1/3 等待时间最长的孩子，他们这两门功课的平均分数分别是 610 分和 652 分——总共有 210 分的差异。[8]

对年仅 4 岁的儿童，分别让其接受延迟满足的软糖实验和智商测试，软糖实验对受测儿童日后 SAT 成绩的预测作用是智商测试的两倍。只有在儿童学习识字之后，智商测试对 SAT 成绩的预测作用才会超过软糖实验。[9] 这表明除了智商之外，延迟满足的能力对个体智力潜能的影响非常大。（童年期控制冲动能力差也是个体日后行为不端的一个有效预测手段，其预测作用同样比智商测试显著。）[10] 第五部分将会论述，有人认为智商无法改变，因此智商代表了儿童人生潜能的界限，但我们有大量的证据表明，诸如冲动控制和准确领会社会情景等情绪技能可以通过学习获得。

进行软糖实验研究的沃尔特·米歇尔提出了"目标导向、自我施加的延迟满足"这个蹩脚术语，他想表达的也许是情绪自我调节的本质，即为了达到目标控制冲动，不管目标是发展事业、解方程式还是争夺体育赛事冠军。米歇尔的发现证实了情绪智力作为元能力的作用，情绪智力是我们运用其他心理能力成败与否的决定性因素。

负面情绪，负面思维

> 我很担心我儿子。他刚开始在大学橄榄球队打球，他一定会受伤的。看他打球真让我揪心，我不敢再去看他比赛了。我不去看他打球，他肯定会很失望，不过我实在是受不了。

说这番话的人正在接受针对焦虑的心理治疗。她意识到自己的忧虑影响了正常的生活。[11] 可是在她要做个简单决定的时候，比如是否去看她儿子打球，她就会被可怕的想法包围。她无法决定，过分忧虑压倒了她的理智。

我们知道，忧虑是焦虑对所有心理活动产生破坏效应的核心所在。当然，从某种意义上说，忧虑是一种矫枉过正的反应——对预期威胁进行过度热心的心理准备。如果这种心理预演成为一成不变的常态，牢牢抓住个体的注意力，阻止个体把注意力转移到其他事物上，那么忧虑就会演变成严重的认知障碍。

焦虑会损害智力。比如，空中交通管制员这种工作，任务复杂，智力要求高，压力大，几乎可以肯定患有慢性重度焦虑的人无法胜任工作。对参加空中交通管制岗位培训的 1 790 名学生的研究发现，焦虑的学生更易失败，即使是智力测试成绩非常优异的人也不例外。[12] 焦虑还会影响所有类型的学习表现：对超过 36 000 人进行的 126 项不同的研究发现，越容易焦虑的人，学习成绩越差，不管用什么方法测量结果都一样——比如测试分数、平均学分绩点或者成就测验。[13]

研究者要求有焦虑倾向的人执行一项认知任务，比如把模棱两可的物体划分为两类，然后讲述分类时的心理活动，结果发现负面的想法——比如"我办不到"、"我对这种测试不在行"等——最直接地妨碍了他们的决策。事实上，研究者还要求用于对照研究的一组非焦虑者刻意担忧 15 分钟，结果他们完成同一任务的能力陡然下降。如果在任务开始之前，焦虑者用 15 分钟时间进行放松，降低焦虑水平，他们就不会出现问题。[14]

理查德·阿尔珀特（Richard Alpert）在20世纪60年代首次对考试焦虑进行了科学的研究。他向我坦言，他上学时神经很紧张，考试成绩常常很糟糕，由此引发了他的研究兴趣。不过阿尔珀特的同事拉尔夫·哈伯（Ralph Haber）却发现，考试前的压力可以让他考得更好。[15] 他们的研究以及其他研究显示，有两种焦虑的学生：一种被焦虑影响了考试成绩，另一种在压力之下仍然表现出色，也可以说由于焦虑而表现出色。[16] 考试焦虑的复杂之处在于，担心考试成绩的焦虑在理想状态下可以激励哈伯这样的学生努力复习功课，考出好成绩，但会妨碍另外一些人取得成功。对于阿尔珀特这种过度焦虑的学生，考前焦虑破坏了他们清晰思考和记忆的能力，降低了学习效率，而考试时的焦虑还会扰乱心智、影响发挥。

人们考试时忧虑越多，成绩就会越糟糕。[17] 忧虑是一项认知任务，个体如果把心理资源用于忧虑，就分散了用于处理其他信息的心理资源。也就是说，如果我们一直在担心考试失败，那么我们用于思考和答题的注意力就大大减少了。结果忧虑变成了自我实现的预言，迫使我们朝着它预测的方向越陷越深。

另一方面，善于控制情绪的人可以利用预期的焦虑，比如即将到来的演讲或考试，以此激励自己做好充分准备，从而取得满意的结果。心理学经典文献用倒U型来描述焦虑与表现（包括心理表现）的关系。倒U型的顶点对应着焦虑与表现的最优关系，适度的神经紧张激发了优异的表现。如果焦虑过少，在图形上表现为倒U型的左边，个体就会对考试漠不关心或者没有动力付出足够的努力，如果焦虑过多，在图形上表现为倒 U 型的右边，就会破坏任何努力的尝试。

轻微的情绪高涨——心理学上称之为"轻度躁狂"——似乎对作家及其他要求思路清晰、想象力丰富的创造性职业最为理想，这种状态接近于倒 U 型的顶点。不过假如这种欣快症不加控制，发展成完全躁狂，个体的情绪在躁狂与抑郁之间来回变换，那么这种心理波动就会使思维涣散，影响正常的创作能力——尽管在这种状态下思维能够自由流淌，但由于过于涣散，无法组织出任何作品。

如果能一直保持好心情，个体灵活思考、处理复杂问题的能力就会增强，无论是智力方面还是人际交往方面的问题，都会更容易找到解决方法。这说明启发个体思维的一个途径是给他们讲笑话。大笑和情绪高涨一样，能使人们的思路更加开阔，联想更加自由，甚至能注意到平时可能忽略的人际关系——这种心理技能不仅对创意很重要，对识别复杂的人际关系和预见特定决策的结果也很重要。

在要求用创造性思维解决问题的时候，大笑一场对智力的促进作用最为惊人。有研究表明，刚刚看完喜剧录像带的受测者能够更好地完成心理学家用于测试创意思维的智力游戏。[18] 受测者得到蜡烛、火柴以及一盒大头针，他们的任务是把蜡烛固定在软木墙上，而且燃烧时烛泪不能滴到地板上。大多数接受任务的人犯了"功能性固定"的错误，他们用常规的方法使用那些工具。但是刚刚看完滑稽影片的人——与其他看完关于数学或运动的影片的人相比——更容易发现装大头针的盒子的特殊用法，想出很有创意的解决方法，即把盒子钉到墙上，当烛台使用。

即使是轻微的情绪波动也会影响思维。心情好的人在制订计划或决策时会产生一种认知倾向，使他们的思维更加开阔和积极。部分原因在于记忆总是和特定的情景联系在一起，我们在心情好的时候会想起更多积极的事情。在衡量某种行动的利弊时，如果我们感到很高兴，记忆就会推动我们从积极的角度进行衡量，比如促使我们倾向于从事轻度冒险或者有风险的事情。

同样的道理，心情不好的时候，记忆就会偏向消极的方向，促使我们做出害怕、过度警惕的决定。情绪失控会破坏心智。不过正如第五章所论述的那样，我们可以使失控的情绪重新回到正轨，这种情绪竞争力是一种主导性向，它对其他所有智力的发挥起到促进作用。考虑以下几种情况：希望和乐观的作用，以及人们战胜自我的伟大时刻。

潘多拉的盒子和盲目乐观的人：积极思考的力量

一群大学生遇到了以下假想情景：

> 你对第一次考试成绩设定的目标是B，这次考试成绩占最后总成绩的30%，结果你只得了D。在知道自己得D的一个星期之后，现在你会怎么做？[19]

希望会带来完全不同的结果。仍然满怀希望的学生的反应是更加努力学习，想尽各种方法提高最后的总成绩。希望处于一般水平的学生想了几种提高成绩的办法，但缺少执行的决心。可想而知，觉得希望渺茫的学生这两方面都放弃了，士气受挫。

这并不是理论上的问题。堪萨斯大学心理学家 C. R. 斯奈德（C. R. Snyder）开展了这项研究，他比较了满怀希望和信心不足的大学一年级学生的实际学习成绩，发现相对于他们的 SAT 成绩而言，希望水平的高低能够更加准确地预测他们在第一学期的成绩。SAT 是衡量学生是否具备大学入学资格的标准考试，而且与智商高度相关。在智力水平大体相当的情况下，情绪潜能再次起到了关键的作用。

斯奈德的解释是："满怀希望的学生为自己设立了更高的目标，并且清楚该如何努力实现目标。对于智力水平相当的学生，他们学习成绩出现差异的原因在于希望不同。"[20]

大家熟知的传说人物潘多拉，是古希腊的一位公主。妒忌她美貌的天神送给她一份礼物——一个神秘的盒子。天神告诉她不能打开这个盒子。但有一天，潘多拉按捺不住好奇和诱惑，她打开了盒盖一探究竟，结果把种种苦难释放到了人间——疾病、不安、疯狂。好在有位好心的天神让她及时关上盒子，留住了使悲惨人生变得可以承受的良药，那就是希望。

当代学者发现，希望不仅能给痛苦提供一丝慰藉，而且对人生有着难以置信的作用，无论是在学业还是职业领域，希望都会带来好处。严格地说，希望不仅仅是认为一切都会好起来的乐观看法。斯奈德把希望准确地定义为："无论目标是什么，都相信自己有决心而且有能力实现既定的目标。"

从这个意义上说，人们对希望的感觉各不相同。有些人总是相信自己可以突破困境或找到解决问题的途径，而有些人就是不相信自己有精力、有能力或者有办法实现目标。斯奈德发现，希望处于高水平的人存在某些共同的特质，比如能够自我激励，感到有能力找到实现目标的方法，在紧要关头坚持认为事情会好起来，头脑灵活，能够寻找不同的方法实现目标或者在目标难以达到时及时调整目标，善于把艰巨的任务分解成较小的容易管理的部分。

从情绪智力的角度来看，拥有希望意味着个体不会屈服于难以遏制的焦虑——焦虑是失败主义者的态度，或者在重大挑战或挫折面前也不会沮丧悲观。事实上，有证据表明，心存希望的人追求人生目标时比其他人更少抑郁，总体上较少焦虑，而且情绪困扰也较少。

乐观主义：伟大的驱动器

关注游泳运动的美国人曾对 1988 年美国奥林匹克游泳队成员马特·比昂迪抱有很高的期望，一些体育评论员甚至吹捧比昂迪有可能与在 1972 年奥运会上获得 7 枚金牌的美国运动员马克·斯皮茨比肩。结果比昂迪在奥运会的第一项赛事 200 米自由泳中居然只获得了第三名，令人大跌眼镜。第二项赛事 100 米蝶泳，比昂迪在最后一米被另一位运动员赶超，再次与金牌擦肩而过。

体育评论员认为前面两项赛事的失利肯定会影响比昂迪后面的比赛，但是比昂迪从失败中奋起，在接下来的 5 项赛事中全都夺得了金牌。宾夕法尼亚大学心理学家马丁·塞利格曼（Martin Seligman）对比昂迪的东山再起一点都不感到奇怪，他在当年奥运会之前曾经对比昂迪进行过乐观测试。在塞利格曼的实验中，比昂迪的教练在一项展现比昂迪最佳表现的特别活动期间，故意告诉他一个比真实成绩差的虚假成绩。尽管得到不利的消息，但比昂迪在休息之后再次进行尝试，他的表现本来已经非常出色了，第二次的成绩甚至比原来更好。与此不同的是，如果其他运动员得到虚假的糟糕成绩，乐观测试显示他们很悲观，那么他们第二次尝试的成绩甚至会更加糟糕。[21]

乐观和希望一样，意味着抱有一种强烈的期望，即通常来说，尽管会遇到挫折和阻挠，但事情总会好起来。从情绪智力的角度看，乐观的态度是防止人们遇到困难时失去兴趣、陷入失望或沮丧的缓冲器。乐观和希望一样，能够向生活支付红利（当然前提是现实的乐观主义，盲目的乐观主义则会带来灾难）。[22]

塞利格曼用人们如何解释成功和失败来定义乐观。乐观的人把失败视为可以改变的东西，因此下一次他们就会成功；而悲观的人对失败感到愧疚，将其归结为一成不变、无法抗拒的东西。两种不同的解释深刻反映了人们如何对待生活。举个例子，对于求职失败这样令人失望的事情，乐观主义者的反应往往很积极，充满希望，比如制订行动计划或者寻求帮助和建议，他们把挫折看成是可以弥补的东西。与此相反，悲观主义者面对这种挫折，会认为自己下一次也没有办法把事情做得更好，因此面对困难一筹莫展，他们把挫折看成是个人的缺陷，这些缺陷将会永远困扰着他们。

和希望一样，乐观是学习成绩的风向标。在一项对宾夕法尼亚大学 500 名 1984 年入学的新生的研究中，比起他们的 SAT 成绩或中学成绩，学生的乐观测试分数更能准确地预测他们在大学一年级的学习成绩。从事这项研究的塞利格曼指出："大学入学考试可以衡量才能，而学生的解释模式可以表明谁放弃了。只有把适当的才能与面对失败勇往直前的能力结合起来，才会取得成功。能力测试所不能反映的是激励。要了解一个人，你需要知道他遇到挫折后是否会继续努力。我认为在智力水平一定的前提下，个体实际的成就不仅取决于才能，也取决于经受挫折的能力。"[23]

塞利格曼对联泰大都会人寿保险公司保险推销员的研究结果是乐观的激励作用最明显的体现之一。在所有推销行业，平静地接受拒绝是必不可少的能力，尤其是在推销保险产品的时候，推销员碰钉子的比例高得令人气馁。也正是因为这样，大约 3/4 的保险推销员在三年之内就放弃了这份工作。塞利格曼发现，天性乐观的推销员在工作的前两年卖出的保险产品比悲观的推销员要多 37%。而在工作的头一年，悲观者辞职的比例是乐观者的两倍。

此外，塞利格曼还说服联泰大都会人寿保险公司聘请了一批特殊的应聘者，这些人乐观测试的分数很高，但没有通过常规的遴选考试（该考试将应聘者的反应与成功保险代理提供的标准答案进行比较）。这批特殊的保险推销员在头一年卖出的保险比悲观者多 21%，在第二年多了 57%。

乐观者在推销行业的成功说明了乐观态度是一种情绪智力。推销员受到的每一次拒绝，都是一个小小的挫败。对挫败的情绪反应是调动足够的激励继续努力的关键。随着被拒绝次数的增多,推销员士气低落,再次拨打电话变得越来越困难。对悲观者来说拒绝尤其难以承受,他们会把拒绝解读为"我是一个失败者,我永远也卖不出一份保险"——这种想法不是引发抑郁就是导致冷漠和失败主义。但是乐观者就不同了,他们会告诉自己"我的方法错了",或者"那个人刚好心情很差"。他们把失败的原因归结于具体的情景而不是本人,因此他们再打电话的时候就会改变策略。悲观者的心理暗示引发了绝望情绪,而乐观者的想法却孕育了希望的机会。

积极或消极人生观的一个来源很可能是个体与生俱来的气质,有些人天生就乐观或悲观。不过第十四章将会谈到,气质可以被经验改变。乐观与希望,正如无助与绝望,可以后天学习。它们的基础都是心理学家称之为"自我效能"(self-efficacy)的价值观,即相信自己可以掌握自己的人生,直面挑战。任何类型竞争力的提高都会增强自我效能感,使人更乐于接受风险,寻找更多高难度的挑战。克服挑战反过来也会增强自我效能感。这种态度使人更有可能充分发挥已有的技能,或者从事发展这些技能的活动。

斯坦福大学心理学家阿尔伯特·班杜拉(Albert Bardura)对自我效能进行了大量研究,他将其总结为"人们相信自己有能力,这一点会对这些能力的水平产生深刻的影响。能力不是一种固定资产,能力的发挥有极大的变化空间。有自我效能感的人能从失败中复原,他们对待事情的态度是直接应对,而不是担心会犯错。"[24]

涌流：卓越的神经生物学

一位作曲家这样形容工作达到最佳状态的时刻：

> 你达到了一种如此入迷的境界，以致你感到自己几乎是不存在的。我经常会有这样的体验。我的手好像不属于我，而我和发生的事情一点关系也没有。我只是坐在那里充满敬畏和惊叹地看着，音符自己流淌出来了。[25]

作曲家的描述，和很多不同的男男女女（比如登山者、国际象棋冠军、外科医生、棒球运动员、工程师、经理人员，甚至档案管理员等）讲述自己在喜爱的活动中战胜自我的体验有着惊人的相似之处。芝加哥大学心理学家米哈里·齐克森米哈里（Mikaly Sikszentmihalyi）把这种状态称为"涌流"，他在长达20年的研究中收集了很多关于巅峰表现的描述。[26] 运动员把这种状态称为"地带"，一旦进入了"地带"，就可以不费吹灰之力取得优异的成绩。此刻运动员全神贯注、满心欢喜，观众和其他竞争者似乎在他们眼前消失了。在1994年冬季奥运会上获得速度滑雪金牌的黛安·罗芙-斯坦洛特表示，她在滑完之后什么都不记得了，只觉得一阵轻松，"感觉就像瀑布奔涌而下"。[27]

进入"涌流"状态是情绪智力的至高境界。涌流也许意味着情绪控制在表演和学习的目的之下达到了极致。在涌流状态，情绪不受抑制和牵绊，而是积极的、充满活力的，与当前任务协调一致。个体如果处于抑郁倦怠或者焦躁不安的状态，就无法进入涌流。不过几乎每个人都曾经体验过涌流（或较小的支流）的状态，尤其是在进入巅峰状态或突破以前局限的时候。令人沉醉的做爱，水乳交融、合而为一，也许最能捕捉到涌流的状态。

　　涌流的体验让人非常愉快，涌流的特征是自然流淌的欢乐甚至狂喜。涌流的感觉很美妙，因此它内在的回报也非常丰厚。在涌流状态，人们全神贯注于所从事的活动，心无旁骛，他们的意识与行动融为一体。个体如果过于关注当前发生的事情就会阻断涌流，比如"我干得很棒"的想法可能会破坏涌流的感觉。此时，人们的注意力高度集中，只关注与当前任务有关的狭窄范围，忘掉了时间和空间。举个例子，有位外科医生回忆他在实施一个难度很大的手术时的涌流状态。他做完手术后注意到手术室的地板上有一些碎瓦砾，于是就问别人发生了什么事情。他非常吃惊地听到，原来在他全神贯注做手术的时候，有一块天花板掉了下来，但他完全没有注意到。

　　涌流是一种忘我的状态，与沉思和忧虑正好相反。处于涌流状态的人们并不是在精神紧张地冥思苦想，而是专注于当前的任务，失去所有的自我意识，把心里常常惦记的健康、金钱甚至成功通通抛诸脑后。从这个意义上说，涌流是无我的时刻。看似矛盾的是，处于涌流之中的人们对所从事的活动表现出很强的控制力，他们对不断变化的任务要求反应自如。在涌流之中，人们的表现达到了巅峰状态，但他们其实并不关心自己的表现，想着成功或失败——行为本身的绝对愉悦才是他们的动机。

进入涌流状态有几种途径。一是有意识地把注意力集中于当前的任务。涌流的本质是注意力高度集中。进入涌流的通道似乎存在一个反馈回路：个体需要一定的努力才能平静下来，集中注意力开始执行任务——第一步需要自律。而一旦注意力锁定于目标任务，就会激发出一种内在的力量，不仅能够减缓情绪波动，还使完成任务变得轻而易举。

如果人们发现某项任务属于他们所擅长的领域，但又稍微超出了他们的能力范围，在这种时候也可以进入涌流状态。用齐克森米哈里的话来说："人们似乎在任务要求稍稍高于平常时最能集中精神，而且他们在这个时候的表现也会优于平常。如果对他们的要求过低，人们就会觉得乏味。如果要求过高难以应付，人们就会产生焦虑。涌流存在于乏味和焦虑之间的微妙地带。"[28]

自发的愉悦、优美以及有效性是涌流的特征，涌流与情绪失控导致边缘神经系统汹涌澎湃冲昏大脑是两码事。涌流状态中的注意力是放松而又高度集中的。这种注意力集中，与我们疲劳或乏味时强打精神，或焦虑、愤怒等侵扰性情绪控制注意力的情况完全不同。

除了强烈、高度刺激的轻微入迷的感觉，涌流是一种没有情绪静力的状态。涌流的前提是注意力集中，而入迷似乎是注意力集中的副产品。事实上，冥想传统的经典理论把专注的状态描述为纯粹的极乐：只有注意力高度集中才能引发涌流。

你会觉得处于涌流状态的人做事轻而易举，巅峰表现自然而然，而且是家常便饭。这种印象与人脑的运行机制极为相似，人脑也有类似的重复出现的矛盾现象，即最有挑战性的任务是用最少的心理能量完成的。在涌流状态，人脑处于"冷静"状态，其神经回路的唤起和抑制与当前要求协调一致。如果人们从事不需要努力集中和保持注意力的活动，大脑就会"安静下来"，表现为大脑皮层唤起减少。[29] 由于涌流可以帮助人们在特定领域处理最艰巨的任务，无论是与国际象棋大师对弈还是解决复杂的数学问题，因此这个发现很不寻常。一般认为艰巨的任务会令大脑皮层更加活跃，而不是相反。不过涌流的一个关键是只在能力顶点的范围之内才会出现，此时技能得到很好的预演，神经回路的运行最为有效。

紧张的专注，即由忧虑引发的注意力集中，会引发频繁的大脑皮层活动。不过涌流和最佳表现似乎是大脑皮层效能的一片罕见的绿洲，只消耗极少的心理能量。这也许可以解释熟练的实践可以帮助人们进入涌流状态，只要掌握了任务的步骤，不管是身体活动比如攀岩，还是心理活动比如计算机编程，大脑的运作都会更加高效。相对于刚开始学习或者难度过大的活动，经过良好训练之后的活动，对大脑的消耗要少得多。同样的道理，人脑由于疲劳或紧张导致效率降低，就像紧张工作了一整天之后发生的情况一样，就会出现大脑皮层活动的精确度下降，大量额外的区域被激活——注意力被高度分散的神经状态。[30] 人在觉得乏味的时候也会处于同样的状态。不过，如果在涌流状态，大脑的运行效率达到最高峰，大脑的活跃区域与任务要求的联系就会非常精确。在这种状态下，即使面对艰巨的工作，个体也会感到轻松自如、精神奕奕，而不是筋疲力尽。

学习与涌流：一个教育的新模式

涌流是某项活动促使人们把自身潜能发挥到极致的状态，因此，随着人们技能的提高，需要更大的挑战才能激发人们的涌流状态。如果任务过于简单，就会使人乏味；如果任务过于复杂，就会使人焦虑而无法激发涌流。有人认为，涌流的体验可以激发技艺或技能进入炉火纯青的境界，也就是说，无论是拉小提琴、跳舞还是基因拼接，精益求精的精神至少是进入涌流状态的部分催化剂。齐克森米哈里对200名从艺术学校毕业18年的艺术家进行了研究，发现那些在学生时代享受过绘画本身纯粹乐趣的人成了严肃的画家，而那些在艺术学校为名利所驱使的人，在毕业之后大多数离开了艺术领域。

齐克森米哈里的结论是："画家一定要想着画画，画画高于一切。如果画家对着画布开始考虑他这幅画能卖多少钱，或者评论界会如何评论，他就无法独辟蹊径。创造性的成就取决于一心一意的投入。"[31]

涌流是精通一门技艺、职业或艺术的前提，同时也是学习的前提。除了成就测验所衡量的智力潜能之外，进入涌流状态的学生学习效果会更好。在芝加哥一所特殊的科技高中，挑选数学测验成绩排名在前5%的学生，并由数学老师评估为高成就者或低成就者。研究者对学生如何利用时间进行监测，每位学生携带一个传呼机，在白天传呼机会随机提醒他们记录当前从事的活动以及情绪状态。不出所料，低成就者每周在家学习的时间只有15个小时，比高成就者的27个小时要少得多。低成就者不学习的时候把大部分时间都花在社交上，与朋友或家人出去玩耍。

研究者通过分析学生的情绪状况，得出了一个显著的发现。高成就者和低成就者每周都会把大量时间花在乏味的活动上，比如看电视，这些活动对他们的能力没有造成任何影响。当然大部分青少年都是如此。他们之间主要的差异在于学习的体验。对于高成就者，在40%的学习时间里，他们感受到了愉快、专注的涌流状态。但对于低成就者，他们只在16%的学习时间里出现涌流状态，而且他们在行为要求超出能力水平的时候往往产生焦虑情绪。低成就者从社交活动而不是学习当中获得乐趣和涌流的感受。总之，能够达到并超过自身学业潜力水平的学生，往往更容易被学习吸引，原因在于学习会令他们进入涌流状态。悲哀的是，低成就者无法磨炼可以让自己进入涌流状态的技能，这不仅令他们丧失学习兴趣，还有可能限制他们完成智力任务的水平——也许他们将来会发现这些智力任务很有趣。[32]

提出多元智能理论的哈佛大学心理学家霍华德·加德纳认为，涌流及其积极的心理状态是教导儿童最健康的途径之一。也就是说，不用威胁或奖赏，而是从内在激发儿童的积极性。加德纳提出："我们应该利用孩子们积极的状态，把他们吸引到可以发展自身竞争力的领域进行学习。涌流是一种内在的状态，它意味着孩子从事的是恰当的活动。你必须找到感兴趣的东西，并持之以恒。孩子如果对学校感到厌烦，就会打架闹事；如果对功课感到焦虑，就会害怕挑战。如果你有感兴趣的活动，并从这项活动中获得乐趣，你的学习效果就会很好。"

很多学校把加德纳多元智能模型付诸实践，其制定的教育策略着眼于辨别儿童的专长，使其发挥长处、改正缺点。比如，相对于其他不擅长的领域，有音乐或运动天赋的儿童在这些领域更容易进入涌流状态。了解儿童的特点可以帮助教师调整教育方式，因材施教，提供从补习班到强化班等各种层次的课程，使儿童获得最优化的挑战。通过这种方式，学习会变得更有趣，不再令人厌烦或恐惧。加德纳说，"希望在于，如果孩子们从学习中获得涌流的感觉，他们就会勇于尝试新领域的挑战"，他还补充说经验可以证明这一点。

更有普遍意义的是，涌流模型揭示了掌握任何技能或知识最理想的状态是顺其自然，把孩子吸引到他感兴趣的领域，从本质上说，也就是孩子热爱的领域。最初的激情可能孕育出高水平的造诣，孩子意识到有所追求——无论是在跳舞、数学还是音乐领域——是涌流快感的源泉。由于保持涌流状态要求个体不断突破自身能力界限，因此涌流成为精益求精的主要推动力，也是孩子的快乐源泉。当然，与大多数人在学校接受的教育模式相比，这是一种更加积极的学习和教育模式。谁不会在回忆校园生活的时候，多多少少想起那些枯燥与焦虑相互交织的时光呢？对于以教育为出发点的情绪控制，通过学习获得涌流状态是一种更加人性化、更加自然，而且很有可能更高效的方式。

这从更普遍的意义说明了把情绪导向有利的结果是一种主导性向。不管是控制冲动还是延迟满足，对自身情绪进行调节，使其有助于思考而不是妨碍思考，自我激励，勇于尝试，百折不挠，或者寻找办法进入涌流状态，使表现更为出色，这一切都揭示了情绪对于有效活动的导向性作用。

第七章

同理心的根源

回到我们此前介绍过的加里的案例，那位患有"述情障碍"的出色的外科医生，他不仅对自己的感受毫无察觉，对未婚妻艾伦的感受也无动于衷，这让艾伦饱受困扰。和大多数述情障碍者一样，加里没有同理心，也难以体察他人的心理。艾伦说起自己的情绪很低落，加里却不会产生同情；如果艾伦说起爱，他就改变话题。加里会对艾伦所做的事情进行"有帮助的"评价，但他没有意识到他的评价会让艾伦感觉受到打击，而不是帮助。

同理心的基础是自我意识，我们对自身的情绪越开放，就越善于理解情绪。[1]像加里这种述情障碍者，他们不清楚自身的感受，对于他人的感受更是一无所知。他们是情绪的失聪者。情绪的音调与和弦交织在人们的言语和行动中，比如言之凿凿的声调、姿态的变换、别有深意的沉默或泄露秘密的颤抖，这一切他们浑然不觉。

述情障碍者不仅不清楚自己的感受，如果别人向其表达感受，他同样也会感到困惑。无法接收他人的感受是情绪智力的一个重大缺陷，也是人生的悲惨失败。从根本上说，关怀起源于情绪的协调性，起源于同理心。

同理心，即了解他人感受的能力，在人生的很多竞技场上发挥着重要的作用，从销售和管理到谈情说爱和养儿育女，再到同情关爱和政治行动。没有同理心会产生严重的后果，比如在精神病罪犯、强奸犯和变童犯身上就看不到同理心。

人们用言语表达出来的情绪很少，情绪更多的是体现为其他信号。凭直觉感知他人的感受，关键在于理解非言语信息的能力，比如声调、姿势、面部表情等。哈佛大学心理学家罗伯特·罗森塔尔及其学生对人类非言语信息的理解能力进行了一项大型研究。罗森塔尔设计了旨在测试同理心的非言语敏感性测验（Profile of Nonverbal Sensitivity, PONS），他让人拍下一位年轻女性表达各种感受的系列录像，比如厌恶或母爱等。[2] 后来又增加了妒忌的愤怒、请求原谅、表达感激以及引诱等画面。经过精心剪辑，录像的每一组画面被系统地屏蔽了一种或多种非言语传播渠道，比如把某些画面的声音抹掉，把面部表情之外的其他线索全部去除，或者画面只展现肢体动作等，因此受测者只能根据某一特定的非言语线索来辨别录像中人物的情绪。

研究者测试了美国及其他18个国家的7 000位人士，能够根据非言语线索理解情绪的好处包括：更善于调节情绪，更受人欢迎，更加外向，同时还更加敏感。一般而言，女性的同理心要强于男性。在为时45分钟的测试中表现有所改善的人——说明他们拥有学习同理心的天赋——与异性的关系更加亲密。同理心还能促进爱情生活，这一点也不奇怪。

与情绪智力的其他要素一样，同理心敏感度测试的分数与SAT、智商测试或成绩测试的分数只存在偶然的联系。专为儿童设计的特殊非言语敏感性测验同样证实了同理心独立于学业智力。总共有

1 011 名儿童参加了这项测验，那些具有解读非言语情绪能力的儿童，是学校里最受欢迎的人，同时也是情绪最稳定的人。[3] 尽管他们的平均智商并不比那些不擅长解读非言语信息的儿童高，但他们的学习成绩更出色。这说明掌握同理心技能有助于课堂学习效率的提高（或单纯使老师更加喜欢他们）。

言语是理性脑的模式，而非言语是情绪脑的模式。如果一个人说的话与他表现出来的声调、姿势或其他非言语方式不一致，那么他真实的情绪在于他说话的方式，而不在于他说话的内容。传播学研究的一个经验法则是 90% 或以上的情绪信息是非言语的。非言语信息——声调里的焦虑、快速动作中所包含的怒气，通常会被对方下意识地接受，没有特别留意信息的本质，只是心照不宣地接受并回应。我们在这方面的能力，即同理心的技能，基本上也是心照不宣地学会的。

同理心的发展

9 个月大的侯普看到另一个宝宝摔倒了，侯普的眼泪夺眶而出，爬到妈妈怀里寻求安慰，好像摔疼的是她自己。15 个月大的迈克尔用自己的泰迪熊玩具安慰哭泣的小伙伴保罗。保罗还是哭个不停，迈克尔又找来了保罗的安全毯给他依偎。宝宝们充满同情和关怀的小举动是他们的妈妈观察到的。在一项研究中，妈妈们接受训练，负责记录自己宝宝的同理心行为。[4] 这项研究的结果表明，同理心的根源可追溯到婴儿期。几乎从出生起，婴儿如果听到别的婴儿在哭，他们也会感到不安。有人把婴儿的这种反应看作同理心的萌芽。[5]

发展心理学家发现，婴儿甚至在充分意识到自己相对于他人是独立的个体之前，就会为同情而苦恼。在出生几个月后，婴儿对周围人的不安会做出反应，好像自己遇到不安一样，看到别的婴儿流泪自己也会哭。长到一岁左右，婴儿开始意识到不幸不是发生在自己身上而是发生在他人身上，不过他们对如何反应仍然感到困惑。比如纽约大学的马丁·L. 霍夫曼（Martin L. Hoffman）研究发现，一岁大的婴儿会把自己的妈妈叫过来安慰哭泣的小伙伴，而没有意识到小伙伴的妈妈此刻也在房间里。婴儿的困惑还表现在，年仅一岁的他们还会模仿他人的困扰，这也许是为了更好地理解他人的感受。比如，如果看到别的宝宝手指受伤，他们可能会把自己的手指放进嘴里，看自己是不是也受伤了。有个宝宝看到自己的妈妈在哭就去抹自己的眼睛，尽管他的眼睛里并没有泪水。

婴儿的这种行为被称为"动作模仿"（motor mimicry），"同理心"的原始含义就是"动作模仿"。"同理心"一词由美国心理学家E. B. 蒂奇纳（E. B. Titchener）在20世纪20年代最早使用。同理心现在的意义与其最初从希腊文"empatheia"转化为英文时的原意稍有不同。"empatheia"意为"感受到"，美学理论家最初用它来形容感知他人主观体验的能力。蒂奇纳提出，同理心起源于一种对他人困扰的身体模仿，个体通过模仿引发相同的感受。他用"同理心"与"同情心"进行区分，同情心是指对别人的遭遇感到同情，但并没有体会到和别人一样的感受。

大约两岁半的时候，动作模仿现象从婴儿身上消失了，此时他们意识到他人的痛苦与自己的痛苦是不同的，而且能够更好地安慰他人。一位妈妈的日记中记录了一个典型的事件：

> 邻居家的宝宝哭了……珍妮走过去，想给他一些曲奇饼。她围着他团团转，自己开始哭起来。然后她试图抚摸他的头发，但被他拨开了……他自己慢慢平静下来了，但珍妮仍然很担心。她一直递给他玩具，轻轻拍他的头和肩膀。[6]

在这个阶段，幼儿对他人情绪不安的敏感性开始出现分野，有些孩子像珍妮那样感觉敏锐，有些孩子则迟钝一些。美国国家心理健康研究所的玛丽安·拉德卡-雅罗（Marian Radke-Yarrow）和卡洛琳·赞-韦克斯勒（Carolyn Zahn-Waxler）进行的系列研究发现，同理心出现差异主要与父母如何约束孩子有关。比如父母要求孩子特别注意他们的错误行为对他人造成的困扰，"看看你让她多难受"，而不是"你真淘气"。研究者还发现，观察其他人在面对别人的困扰时如何反应也会影响同理心的塑造。通过模仿自己看到的东西，儿童同理心反应的知识体系得到了发展，尤其是懂得了怎么帮助受到困扰的人。

善于协调的孩子

莎拉在 25 岁那年生下了一对双胞胎儿子马克和弗雷德。她觉得马克更像她，而弗雷德更像爸爸。莎拉的印象也许无形中导致她用不同的方式对待双胞胎，影响既显著又微妙。在双胞胎三个月的时候，莎拉常常让弗雷德盯着她看，如果他转过脸去，莎拉会试图再次抓住他的目光。这时候弗雷德会更加断然地转过脸去。而一旦莎拉看别的地方，弗雷德就会回过头来看她，追逐和躲避的循环再次开始了，这种把戏常常把弗雷德弄哭。但对马克，莎拉几乎从来不像对待弗雷德那样故意进行眼神接触。相反，马克可以随心所欲地中断眼神接触，莎拉从来不追逐他的目光。

这种举动看似无足轻重，但意味深长。一年之后，弗雷德明显比马克更胆怯，依赖性也更强。他表达恐惧的方式是中断与他人的眼神接触，就像他三个月时对待他妈妈那样，低头把脸转过去。但马克会直接看别人的眼睛，如果他想中断眼神接触，他就会微微向上抬起头，然后转到一边，带着胜利的微笑。

这对双胞胎和他们的母亲参与了康奈尔大学医学院心理学家丹尼尔·斯特恩（Daniel Stem）的研究，他对他们的行为进行了细致的观察。[7]斯特恩对父母与孩子之间琐碎、重复的互动非常入迷，他相信情绪生活最基础的经验就是在这种亲密的时刻建立起来的。亲子互动最关键的时刻是让孩子知道他们的情绪会被待之以同理心，会为人所接受并得到回应，斯特恩将这个过程称为"协调"。双胞胎的妈妈与马克协调一致，但与弗雷德的情绪不同步。斯特恩认为，亲子之间无数次重复的协调一致或者不相协调的时刻，塑造了孩子成人以后对亲密的人际关系的情感期望，这种影响也许比童年期重大事件的影响更加深刻。

协调发生在无声无息之际，它是人际关系变奏的组成部分。斯特恩把母婴相处场景拍摄成几个小时的录像，进行了细致入微的研究。他发现，妈妈通过协调让宝宝知道她明白宝宝当前的感受。比如宝宝发出高兴的尖叫，妈妈通过轻轻摇晃、发出咿咿呀呀的声音，或者配合宝宝的叫声发出相应的声调，以此来肯定宝宝的快乐。又如宝宝晃动拨浪鼓，作为回应，妈妈迅速摇晃起来。在母婴互动过程中，来自妈妈的肯定信息与宝宝的兴奋水平不同程度地互相呼应。微妙的协调让婴儿确认他的感受得了情绪回应，斯特恩发现，妈妈与宝宝互动时，大约每分钟就会向宝宝发出回应的信息。

协调与简单的模仿有很大的差异。斯特恩告诉我："如果你只模仿宝宝，仅仅说明你知道他的行为，而不是他的感觉。要让宝宝知道你能够体会他的感受，你必须用另一种方式回应宝宝的内在感受，这时宝宝就会知道他得到了理解。"

在成年人的生活中，与母婴之间亲密的协调最为接近的也许是做爱。斯特恩写道，做爱"包含了感受对方主观状态的体验：共同的欲望，一致的意图，同步转变唤起的相互状态"。爱侣之间反应同步一致，心领神会，和谐融洽。[8]做爱的至高境界是同理心的一种相互行为，而最糟糕的做爱则缺少情绪的相互性。

不协调的代价

斯特恩认为，婴儿从反复的协调开始发展出一种感觉，即他人可以并愿意分享自己的感受。婴儿大约在8个月的时候产生这种意识，他们开始意识到自己与他人是分离的,生活中亲密的人际关系继续塑造他们的认知。父母与孩子不协调的影响非常严重。在一个实验中,斯特恩要求妈妈们故意对宝宝要么过度反应要么毫无反应,而不是与他们协调一致,结果宝宝们立刻变得绝望和困扰。

父母与孩子之间缺少协调的时间如果过长,孩子的情绪就会受到极大的负面影响。如果父母对孩子的特定情绪,比如欢乐、泪水、拥抱的需要等,一直没有表现出同理心,孩子就会开始回避表达,甚至可能不愿意再感受相同的情绪。由此可以推测,孩子将会慢慢停止把这些情绪用于亲密的人际关系,如果孩子在童年期感受一直被忽略的话尤其如此。

同样的道理,儿童可能会养成负面的情绪,这取决于他们获得哪些情绪的回应。即使是婴儿也能"捕捉"情绪,比如三个月大的婴儿,如果妈妈患上抑郁,相对于其他婴儿,他们在与妈妈玩耍时会反映妈妈的情绪,表现出更多的愤怒和悲伤,以及更少自发的好奇心和兴趣。[9]

在斯特恩的研究中,有位妈妈经常对宝宝的活跃水平不做回应,宝宝最终就会变得消极被动。斯特恩指出:"被妈妈这样对待的婴儿明白了,我兴奋的时候不能让妈妈感到同样兴奋,所以我还是不要尝试了。"不过"修复"关系还是有希望的:"生活中的人际关系,比如与亲戚朋友的关系,或在心理治疗过程中产生的关系,会继续塑造个体人际关系的运行模式。一时的不平衡可以在后来得到矫正,这是一个持续一生的过程。"

有多种心理分析理论认为，人际关系治疗的实质是提供情绪矫正，即对协调的修复。一些心理分析理论家用"镜像"一词描述治疗师理解病人的内心状态并对病人进行回应的过程，如同善于协调的母亲与宝宝之间的互动交流。情绪的同步性心照不宣，而且难以为意识所察觉，但病人可能会产生被人深深地认同和理解的感觉。

童年期缺少协调的情绪代价非常大，会对儿童的一生产生影响。对罪行最严重的暴力罪犯的研究表明，与其他罪犯相比，他们早期生活的一个特征是被迫辗转于不同的收养家庭，或者在孤儿院长大——他们的生活经历决定了他们的情绪受到忽略，几乎没有获得协调的机会。[10]

情绪忽略会削弱同理心，而强烈、持续的情绪虐待，比如残忍可怕的威胁、人格侮辱及尖酸刻薄，会导致一种可悲的结果。遭受情绪虐待的儿童对他人的情绪会变得极度戒备，这是受到精神创伤后对预示着威胁的信号的一种警觉。这种对他人感受强迫性的关注常见于心理受虐待的儿童，他们成年之后会情绪紧张，喜怒无常，有时还会被诊断为"边缘型人格障碍"。他们当中的很多人非常善于感知他人的感受，他们在童年期曾遭受情绪虐待的情况很普遍。[11]

同理心的神经病学

和神经病学的情况一样，研究同理心大脑基础的最早线索来自古怪离奇的病例报告。比如1975年的一份研究报告分析了几个额叶右侧区域受到损伤的病人的案例，病人出现了离奇的退化，尽管他们完全明白别人的话，但他们不能根据别人的声调理解情绪的信息。挖苦的"谢谢"、感激的"谢谢"以及愤怒的"谢谢"对他们而言意思完全一样。与此相对的是，1979年的一份报告提到了右半脑其他区域受损的病人，他们在情绪知觉方面存在完全不同的缺陷。这些病人不能用声调或姿态表达自身的情绪。他们知道自己的感觉，但表达不出来。不同的研究者指出，所有这些大脑皮层区域都与边缘系统有着非常密切的关系。

加利福尼亚理工大学精神病学家莱斯利·布拉泽斯（Leslie Brothers）在一篇关于同理心生物学的研讨论文中，对上述研究进行了文献回顾。[12] 布拉泽斯介绍了同理心神经病学的发现以及对动物进行的比较研究，他指出杏仁核及其与视觉皮层的联结区域是形成同理心的关键大脑回路的一部分。

很多相关的神经病学研究以动物尤其是非人灵长类动物为受测者。灵长类动物的同理心（布拉泽斯喜欢把同理心称为"情绪沟通"）不仅是一种趣闻逸事，而且通过实验得到了证实。首先，研究者在恒河猴一听到某种声音的时候就对它们进行电击，训练它们害怕这种声音。然后，教它们学会避免电击，一听到这种声音就推动杠杆。接下来，这些猴子被成对放到独立的笼子里，两只猴子唯一的沟通渠道是闭路电视，它们能通过电视看到对方的脸。研究者只让第一只猴子听到可怕的声音，第一只猴子的脸上出现了害怕的表情。这时第二只猴子通过电视看到了第一只猴子害怕的表情，于是推动杠杆避免电击。猴子的行为如果不是出于利他主义，就是出于同理心。

在证实非人灵长类动物能够根据同伴的面部表情理解其情绪之后，研究者把长而尖的电极棒小心地刺进猴子的大脑。电极棒可以记录大脑视觉皮层和杏仁核单个神经元的活动。结果显示，猴子看到同伴的表情时，有关信息首先激起视觉皮层神经元的反应，然后才是杏仁核的神经元。这条通道正是信息唤起情绪的标准通道。不过令人意外的是，研究者还监测到某些视觉皮层神经元只对特定的面部表情或姿势做出回应，比如带有威胁的血盆大嘴、因为害怕而扭曲的面部或者驯服的蜷缩。这些神经元与同一区域辨别熟悉面孔的其他神经元有所不同。这也许表明造物主从一开始就为大脑设计了对特定的情绪表达做出回应的机制，也就是说，同理心是天生的。

布拉泽斯指出，关于杏仁核和皮层的联系被切断的野生猴子的研究，从另一个方面证实了杏仁核－皮层通道对理解和回应情绪的关键作用。当这些猴子被放生回到猴群之后，它们能够应付一般的任务，比如填饱肚子和爬树。不过这些可怜的猴子完全不知道该如何对同伴做出情绪回应。尽管别的猴子善意地靠近它们，它们还是会逃走，最终独自生活，避免与猴群的联系。

布拉泽斯认为，特定情绪的神经元集中的皮层区域也是与杏仁核联系最为频繁的区域。理解情绪离不开杏仁核－皮层神经回路，它对协调个体做出准确的回应起到关键的作用。布拉泽斯指出，对于非人灵长类动物，"这种机制的保命价值非常重大"。"对其他个体的靠近的觉知，会引发特定的'心理回应'模式，而且根据对方攻击、安静地休息或求偶的来意迅速做出回应。"[13]

加利福尼亚大学伯克利分校心理学家罗伯特·利文森（Robert Levenson）的研究显示，人类同理心的生理基础与此相似。他对已婚夫妇吵架时试图猜测对方心理感受的现象进行了研究。[14] 他的方法很简单：把夫妇俩讨论婚姻家庭的某些问题（比如孩子教育、消费习惯等）的场景拍摄成录像，并测量他们的生理反应。然后让他们看录像并讲述自己当时的感受。最后让他们再看一次录像，并试图理解对方的感受。

与配偶的生理水平同步的丈夫或妻子，同理心的准确度最高。也就是说，当对方不断地冒汗时，他们也会冒汗；当对方心率下降时，他们的心跳也变慢了。简而言之，他们的身体时时刻刻都在模仿配偶微妙的身体反应。在最初的互动期间，如果观看者的生理模式只是不断地自我重复，他们就很难揣测配偶的感受。只有在身体反应同步的情况下才会产生同理心。

这说明在情绪脑以强烈的反应驱动身体时，比如发火的时候，很少或者不会产生同理心。同理心要求个体保持足够的冷静和感受力，以便情绪脑接收和模仿他人微妙的情绪信号。

同理心和道德：利他主义的根源

16世纪英国诗人约翰·多恩的"不要问丧钟为谁而鸣，它就是为你而鸣"是英语文学史上最著名的诗句之一。多恩的诗句说出了同理心与关怀之间关系的核心：他人的痛苦即自身的痛苦。与他人感同身受也就是关怀他人。从这个意义上说，同理心的反面是厌恶。同理心的态度是不断地进行道德判断，因为道德困境会牵涉潜在的受害者：

你该为了不让朋友感情受到伤害而撒谎吗？你该履行诺言去探望生病的朋友，还是接受最后一刻的晚宴邀请？对于没有生命维持系统就会死去的病人，生命维持系统应该运行到什么时候？

上述道德问题是同理心研究专家马丁·L.霍夫曼提出的，他认为道德的根源在于同理心，因为正是与潜在受害者——比如遭受痛苦、威胁或者贫困的人——感同身受，愿意与之分担困苦，才促使人们行动起来帮助他们。[15]霍夫曼认为，同理心除了与人际交往中的利他主义有直接的联系之外，设身处地为他人考虑的力量还促使人们遵循一定的道德准则。

霍夫曼认为，个体从婴儿期开始就自然发展出同理心。我们知道，一岁大的婴儿看见别人摔倒会感到困扰并哭起来。婴儿的感受非常强烈和直接，他会把自己的手指含在嘴里，并把头埋在妈妈的膝盖上，好像自己受伤一样。一岁之后，婴儿对自己与他人的区分有了更多的意识，他们会很积极、很努力地安慰其他哭泣的婴儿，比如把自己的泰迪熊玩具送给小伙伴。在两岁的时候，婴儿开始意识到他人的感受不同于自身的感受，因此他们对他人感受的蛛丝马迹变得更为敏感，比如此时他们会认识到，对于骄纵的婴儿，对付他们眼泪的最好办法是不去过多地关注他们。

同理心的最高水平出现在童年期后期，在这个阶段，儿童能够超越当下的情景来理解困扰，并认识到他人的生活状况或状态也许是其长期困扰的根源。此时他们可以感受到整个群体的困苦，比如穷人、受压迫的人以及被遗弃的人。这种理解到了成年期会演变成以希望减少贫困和不公正为核心的道德信念。

同理心在很多方面构成道德判断和行动的基础。其中一种是"同理心愤怒",19世纪英国古典自由主义思想家约翰·斯图亚特·穆勒将其形容为"报复的自然感受……出于智力以及对伤害的同情心,伤害他人也就是伤害我们"。穆勒还将其称为"正义的捍卫"。同理心导致道德行为的另一个事例是旁观者代表受害者进行干涉行动。有研究表明,旁观者对受害者的同理心越强烈,他进行干涉的可能性就越大。还有证据表明,人们的同理心水平会影响他们的道德判断。比如德国和美国的研究表明,人们的同理心越强,就越赞成资源按需分配的道德准则。[16]

没有同理心的生活:娈童者的心理,反社会分子的道德观

埃里克·埃克卡得卷入了一桩臭名昭著的罪行。身为花样滑冰运动员托尼娅·哈丁的保镖,他参与谋划了对哈丁1994年冬奥会花样滑冰金牌的主要竞争对手南希·克里根的袭击。克里根在袭击中膝盖受伤,在关键的训练期间只能待在场外休息。埃克卡得在电视上看到流泪的克里根,突然感到悔恨,向一位朋友透露了自己的秘密,最后袭击者被绳之以法。这就是同理心的力量。

那些犯下惨无人道罪行的人通常缺乏同理心,因而酿成惨剧。强奸犯、娈童者以及很多家庭暴力罪犯常常存在生理的断层线,缺乏同理心。他们无法感受到受害者的痛苦,因此会为自己的犯罪行为辩解开脱。强奸犯的辩解包括"女人其实希望被强奸",或者"如果她反

抗,她只是在欲迎还拒"。对于变童者,"我没有伤害儿童,只是为了表达爱",或者"这只是爱的另一种形式"。这些自我辩解全部出自因为心理问题而接受治疗的施暴者之口,他们在施暴或者准备施暴的时候就是这样告诉自己的。

这些人在对受害者实施伤害时,同理心完全被蒙蔽了,这通常是加速他们暴行的情绪循环的一部分。我们不妨来见证一下导致儿童性侵犯等性犯罪行为的情绪发展过程。[17]这个循环从变童者情绪低落开始,比如他们在电视上看到快乐的伴侣会感到愤怒、沮丧或寂寞,然后对寂寞感到绝望。于是,变童者通过幻想来寻求慰藉,他们常常幻想与孩子建立温馨的友谊,进而演变成性幻想,最后以手淫告终。变童者的悲伤暂时得到缓解,不过这种缓解的效果很短暂,更强烈的绝望和寂寞会卷土重来。变童者开始考虑把幻想付诸行动,用"只要孩子身体没有受到伤害,我就不会造成真实的伤害"和"如果孩子真的不想和我发生关系,她可以阻止我"等借口来为自己开脱。

此时,变童者透过畸形的幻想看待孩子,而不是带着同理心体会一个真实的孩子在这种情景之下的感受。这种情绪断裂的特征一直体现在后来的整个过程,从为诱使孩子独自一人制订周密计划,到对即将发生的事情进行精心预演,再到实施计划。在此过程中,变童者好像认为孩子没有自己的感受,相反,他幻想孩子的态度很合作。孩子的情绪——厌恶、恐惧、讨厌被忽略了。一旦变童者注意到孩子的情绪,对他来说就会"破坏"一切。

变童者或类似侵犯者对受害者完全缺乏同理心,这是为其设计的新治疗方法的主要关注点之一。在一个最有希望的治疗项目中，侵犯者要阅读与自身罪行类似的犯罪描述，材料从受害者的角度展开叙述，令人心痛动容。他们还要看录像，观看受害者泪流满面地诉说被侵犯的感觉。然后侵犯者要从受害者的角度写下他们的罪行，想象受害者的感受。他们在治疗小组里把自己写的东西朗读出来，然后试图从受害者的角度回答关于侵犯的问题。最后，侵犯者要重新模拟一次犯罪行为，不过这次他们扮演的是受害者的角色。

这种治疗方法叫作"观点采择"，设计者是佛蒙特州犯罪心理学家威廉·皮瑟斯。他告诉我，"对受害者的同理心改变了侵犯者的认知，侵犯者即使在幻想中也很难否定受害者的痛苦"，从而激发侵犯者与其邪恶的性欲进行抗争。在狱中接受治疗项目的性侵犯者与没有接受该项目的性侵犯者相比，他们刑满释放后继续实施侵犯行为的概率只有后者的一半。如果没有同理心的激发，其他的治疗不会起到任何作用。

对像娈童者这种性侵犯者培养同理心的希望不大，对于另一类犯罪者，即精神错乱的侵犯者（这种人近年在精神病诊断里又被称为"反社会分子"），更是难上加难。声名狼藉的反社会分子对最残忍最无情的行为没有丝毫悔恨之意。精神错乱，即无法感受到任何同理心或同情心，或者不会受到任何良心的责备，是最复杂的情绪缺陷之一。精神错乱者冷漠的根源可能在于他们无法进行哪怕是最浅层次的情绪联系。最残忍的罪犯——比如施虐成狂的连环杀手——会从受害者临死前的痛苦中得到极大的快乐，这些人是精神错乱者的典型代表。[18]

精神错乱者还善于撒谎，他们为了得到想要的东西可以信口开河,还会操控受害者的情绪,极尽讥讽挖苦之能事。洛杉矶黑帮分子、年仅 17 岁的法罗曾经在驾车时随意开枪,将一位母亲和她的孩子致残。他在描述自己的行为时骄傲多于悔恨。当时法罗和里昂·炳坐在车上,后者正在写作一本关于洛杉矶黑帮"瘸子帮"和"血帮"的书,法罗想向他炫耀一番。法罗告诉炳,他准备给另外一辆车里的"两个伙计一点颜色看看"。炳是这样描述当时情景的:

> 开车的人感到有人在看他,向我的车瞥了一眼。他和法罗对望了一眼,眼睛突然睁大了。然后他避开了法罗的目光,向下看,看向别处。我在他眼里非常清楚地看到了恐惧。

法罗又向炳展示了他对下一辆车里的人流露的神情:

> 他直直地看着我,脸色陡然一变,好像在玩延迟摄影的把戏。他的脸会让人做噩梦,惨不忍睹。他的脸告诉你,如果你迎着他的目光对视,如果你敢挑战他,你最好能坚持到底。他的表情分明写着,他根本什么都不在乎,不管是你的性命还是他的性命。[19]

当然,对于犯罪这种复杂的行为,有很多看似合理的解释并没有涉及生物基础。其中一种解释是情绪技能的反常类型——恐吓他人——在暴力社区可以用来自保,当然也可能引发犯罪。在这些情况下,同理心泛滥反而不利。事实上,有选择地舍弃同理心在很多时候是一种"美德",从刑讯逼供的"坏警察"到恶意收购公司股票的"黑武士"无不如此。比如,为恐怖国家服务的施暴者讲述了为完成"任务",他们怎样学会与受害者的感受相剥离。操控的方法有很多种。

缺乏同理心更有害的一面是在对严重虐妻犯的研究中被偶然发现的。该研究显示很多有暴力倾向的丈夫出现了生理异常,他们经常殴打自己的妻子,或者用刀或枪威胁她们。丈夫施暴时并没有被怒火冲昏头脑,而是处于一种冷酷无情、老谋深算的状态。[20]他们心跳放慢而不是加速——心跳加速通常是愤怒不断累积的表现。这说明他们生理上变得更加平静,与此同时更加好斗和残忍。他们的施暴更多的是一种精心策划的恐怖行为,用恐怖的方法迫使妻子就范。

冷漠残忍的丈夫有别于其他虐妻犯。首先,他们在婚姻生活之外更有可能表现出暴力,容易卷入酒吧纷争,与同事和其他家庭成员吵架等。大部分虐妻者是在冲动之下对妻子实施暴力的,他们感到被拒绝或嫉妒,或者是出于被遗弃的恐惧才会怒火中烧,而老谋深算的虐妻者会在毫无理由的情况下对妻子实施暴力,一旦他们开始,不管妻子做什么——包括逃跑——都会被视为对他们的反抗。

有研究精神错乱罪犯的专家推测,这种人冷酷无情、控制欲强,缺少同理心或关怀,其根源有时是神经缺陷①。对于冷酷无情的精神

---

① 即使某种犯罪行为中存在生物模式的作用,比如同理心存在神经方面的缺陷,这也并不意味着所有的罪犯都存在生物缺陷,或者犯罪行为存在某种生物标记。这个问题的争议非常大,一致公认的观点是犯罪行为不存在生物标记,当然也没有"犯罪基因"。即使在某些例子中缺乏同理心存在生物基础,这也不意味着有此特征的人会犯罪,其他人不会犯罪,应该把缺乏同理心与引发犯罪的其他生理、经济和社会因素综合起来加以考虑。

错乱者,他们的生理基础可能表现为两种形式,都与通往边缘脑的神经通道有关。在一个实验中,研究者让受测者辨认快速闪过的词语,同时测量其脑波。词语闪现的速度非常快,大约是 1/10 秒。大多数人对诸如"杀"这种情绪性词语的反应明显不同于诸如"椅子"这种中性词。如果情绪性词语闪过,受测者的判断会更迅速,其大脑对情绪性词语表现出一种独特的脑波模式,而对于中性词就不会出现这种现象。但对精神错乱者的研究发现,他们不会出现这些反应,他们的大脑不仅对情绪性词语没有显示出独特的脑波模式,而且反应速度也没有加快,这说明他们辨认词语的言语皮层与对词语赋予感受的边缘脑之间的神经回路遭到了破坏。

从事此项研究的不列颠哥伦比亚大学心理学家罗伯特·哈尔(Robert Hare)认为,研究结果表明精神错乱者对情绪性词语的理解很肤浅,这是他们情感世界较为浅薄的一种反映。哈尔指出,精神错乱者的麻木不仁部分原因在于他在早期研究中发现的另一种生理模式,这种生理模式同时显示了这种人的杏仁核与相关神经回路运行不规则的现象。他发现,准备接受电击的精神错乱者没有显示出任何准备经受痛苦的人身上常见的恐惧反应。[21] 哈尔认为,由于痛苦的预期没有激发精神错乱者的焦虑情绪,他们对自己的行为在未来将会受到的惩罚毫不关心。同时,由于他们本身不会感到恐惧,他们对受害者的恐惧和痛苦不会产生同理心或同情心。

第八章

社交艺术

这是 5 岁的孩子与年纪更小的孩子相处时经常发生的一幕。莱恩对两岁半的小弟弟杰伊完全失去了耐心,杰伊把他们玩的积木弄得一团糟。莱恩怒火中烧,咬了杰伊一口,杰伊哇哇大哭起来。他们的妈妈听到杰伊痛苦的哭声,过来责骂莱恩,命令他把引起纷争的积木收起来。莱恩觉得妈妈的裁断不公平,也大哭起来。妈妈仍然很生气,拒绝安慰他。

令人意外的是,莱恩却得到了杰伊的安慰。虽然他是最初的肇事者,但哥哥的哭声引起了他的关注,他试图让莱恩冷静下来。他们之间的交流是这样的:[1]

"莱恩,不要这样,"杰伊恳求道,"不要哭,哥哥,不要哭了。"

可是莱恩还在哭。杰伊直接的恳求没有奏效,他转而为莱恩向妈妈求情:"莱恩哭了,妈妈!莱恩哭了。看。我指给你看,莱恩哭了。"

接着杰伊对着莱恩扮演起妈妈的角色,他一边轻轻拍打哭泣的哥哥,一边温柔地说:"看,莱恩。不要再哭啦。"

莱恩不理会杰伊的安慰,还在继续抽泣。于是杰伊又换了一种方法,他帮莱恩把积木放到袋子里,友好地说:"啊,莱恩。我给莱恩放好了,嘿?"

莱恩依然在哭。机灵的杰伊采取了另一个策略,即转移注意力。杰伊把一辆玩具车拿给他哥哥,试图让他忘记之前发生的小摩擦。"这里有个人。莱恩,这是什么?莱恩,这是什么?"

莱恩对此毫无兴趣。什么也安慰不了他,他哭个没完。妈妈对他失去了耐心,转而用父母惯用的手段来威胁他:"你想让我揍你吗?"莱恩战战兢兢地回答:"不想。"

"那就不要再哭了,求你了。"妈妈严厉地说,带着一丝愠怒。

莱恩一边抽泣一边可怜兮兮地喘着气说:"我尽量。"

杰伊受到启发想出了最后一招。他模仿妈妈严厉而权威的口吻,威胁莱恩:"不许哭,莱恩。再哭打你屁屁!"

这段小插曲充分展示了30个月的幼儿为调节他人情绪所表现出的非常老到的情绪技巧。杰伊为了安慰哥哥,运用了好几种策略,从简单的恳求,到向妈妈寻求结盟(可惜她拒绝帮忙),再到用行动安慰哥哥,帮哥哥收拾积木,转移哥哥的注意力,最后还用到了威胁和命令。毫无疑问,杰伊所用的这一套办法,正是自己情绪困扰时别人对待他的方式。不管怎样,最重要的是杰伊小小年纪就能够自如地运用这些技巧。

当然,父母们都知道,杰伊表现出来的同理心和安慰本领并不是所有孩子都具有的。别的像他这个年龄的孩子很可能会把哥哥的不快视为报复的机会，想方设法让他更难受。同样的技巧还可以用来戏弄或折磨自己的兄弟姐妹。不过即使是出于恶意，行为本身也显示了一种关键情绪潜能的萌芽，即了解他人的感受，并采取相应行动进一步塑造这些感受的能力。调节他人情绪的能力是人际关系艺术的核心。

为了展现这种人际关系的力量，首先幼儿的自控力必须达到一定的水平，自控是减轻自身的愤怒与困扰、控制冲动与兴奋的能力的开端——尽管幼儿的自控力通常还不太稳定。与他人协调一致意味着自身保持平静。在同一时期，还可以观察到幼儿控制自身情绪的暂时性迹象。幼儿开始学会静静地等待，用辩论或哄骗的手段达到目的，而不是简单地使用暴力——尽管他们不会总是选择运用这种能力。他们开始不乱发脾气，变得有耐心，至少有时候如此。幼儿大约在两岁时出现同理心的迹象。正是杰伊的同理心，即同情心的根源，促使他想出很多花招来讨好莱恩哥哥。因此，调节他人的情绪属于人际关系的艺术，必须以自我管理和同理心这两种情绪技巧的成熟为前提。

在此基础上，"人事技巧"才会臻于成熟。人事技巧是有效处理人际关系的社交竞争力，如果没有这些技巧，个体就难以适应社会，人际关系就会一团糟。正是由于缺少这些技巧，导致智商最高的人在处理人际关系方面四处碰壁，他们常常傲慢无礼、面目可憎或者麻木冷漠。这些社交能力可以改善人际关系，动员和鼓舞他人，并且容易劝服、影响和安慰别人。

展示情绪

社交竞争力的一个关键是人们表达自身感受的能力大小。保罗·艾克曼用"展示规则"一词概括关于在什么时候恰当表现何种情绪的社会共识。在这一点上，文化之间的差异有时非常大。比如，艾克曼及其在日本的研究伙伴让当地学生观看土著居民的青少年进行割礼的录像，研究其面部反应。看录像时如果有权威人物在场，日本学生的面部只能观测到最轻微的反应。但当他们以为自己在独自看录像的时候（他们被暗中监控），他们的面部出现了明显的痛苦、悲伤、恐惧和厌恶的混合表情。

展示规则有几种基本的类型。[2]第一种是情绪表达最小化，即日本学生在权威人物在场时表达困扰情绪的模式，他们用毫无表情的脸来掩饰内心的不安。第二种是放大情绪表达，夸大自身感受，比如一位6岁的小女孩跑到妈妈那里抱怨哥哥捉弄她，她眉头紧蹙，嘴唇颤抖，面部夸张地扭曲，装出悲惨的样子。第三种是情绪替换，用一种情绪代替另一种情绪，比如在某些亚洲文化中，直接拒绝被视为不礼貌的行为，因此人们反而会给出积极的（但错误的）肯定。个体如何运用这些技巧，以及是否清楚何时做出反应，是情绪智力的体现之一。

我们很早就开始学习情绪的展示规则，其中有一部分来自明确的教导。比如爷爷出于好心，却送了一份糟糕的生日礼物，我们会教导孩子不能流露出失望的情绪，而是要微笑着向爷爷道谢。不过展示规则的教导更多地表现为潜移默化的示范：儿童通过观察学会行为。在情绪教育中，情绪既是媒介又是信息。比如父母要求孩子"微笑着说谢谢"，如果他们当时非常严厉冷酷，以命令式的口吻而不是亲切地悄悄提醒，孩子就有可能获得截然相反的经验，他们会皱着眉头，随口对爷爷说"谢谢"。两种情绪表达对爷爷的效果完全不同，在第一种情况下，他会很高兴（虽然被误导了）；在第二种情况下，他会由于自相矛盾的信息而感到伤心。

情绪表达肯定会对情绪的接收方产生直接的影响。儿童学到的规则类似于："如果会伤害你爱的人，那么最好把真实的感情隐藏起来，代之以伤害没有那么大的虚情假意。"这些情绪表达的规则不仅是社交礼仪的一个方面，它还决定了我们自身的感受怎样影响他人。得体地运用和遵循情绪表达的规则，会产生最佳的效果，反之就会陷入情绪混乱。

演员是情绪表达的专家，他们的表现力在观众当中激起了强烈的反响。我们当中的一些人无疑也是天生的演员。不过我们情绪表达的熟练程度差异很大，部分原因在于我们学到的展示规则由于不同的榜样示范而大相径庭。

表现力与情绪感染

在越南战争初期，美军某排士兵趴在稻田里，与越南军队展开激战。突然有 6 个和尚沿着稻田的田埂列队走来，他们面无惧色，坦然自若，径直朝着双方交火的地方走去。

"他们既没有向左看，也没有向右看，而是一直往前走。"当时在场的一位美军士兵戴维·布什回忆道,"真是奇怪,居然没人朝他们开枪。他们走过田埂之后,突然之间我完全失去斗志。我不想再打下去了,起码那天的想法是这样。大家的想法肯定都是这样的,因为大家都停了下来。我们停止了战斗。"³

那6个和尚"泰山崩于前而色不改",他们的镇定自若感染了正在激战的双方战士,这种力量表明了社会生活的一个基本准则:情绪可以感染别人。当然越南和尚的故事是一个极端的例子。情绪感染在大多数时候是非常微妙的,是一种无声无息、无处不在的人际交流。我们彼此传达和接收情绪,在这条心理的暗涌之中,有些是有害的,有些是有益的。情绪交流通常很微妙,难以觉察,比如推销员向我们道谢的方式可能会令我们感到被忽略、怨恨或者真诚的欢迎和赞赏。我们相互捕捉彼此的感受,它们如同某种社会病毒在我们当中传播。

我们在每次社会交往中所发出的情绪信号会对周围的人产生影响。我们的社交技巧越熟练,控制情绪信号的能力就越出色。在礼仪社会中,含蓄是确保不安情绪的流露不会影响对方的一种手段(不过这个社会规则如果用于亲密的人际关系就会令人不自在)。情绪智力包括管理情绪表达的能力。我们用"受欢迎"和"有魅力"来形容我们喜欢与之相处的人,他们的情绪技巧使我们感到舒服。能够帮助他人舒缓情绪的人具有很高的社会价值,他们是有强烈情绪需求的人求助的对象。我们互相充当情绪转变的工具,正面或反面的作用都有。

不妨来看看情绪微妙地从一方传染给另一方的例子。在一个简单的实验中,两位受测者填写了一份关于当前情绪的问卷,他们面对面安静地坐着，等待实验助手返回房间。两分钟之后，实验助手回来了，让他们再次填写情绪问卷。在这对受测者当中，研究者有意安排其中一位具有很强的情绪表现力，另一位则面无表情。无一例外，情绪表现力较强一方的情绪传递到了较为被动的另一方。[4]

这种神奇的传递是怎么发生的？答案很有可能在于，我们会无意识地模仿他人所表现出的情绪，也就是说，我们对他人的面部表情、姿势、声调以及其他非言语的情绪形式进行无意识的机械模仿。通过模仿，人们将他人的情绪在自己身上进行再创作，这可以说是前苏联戏剧家斯坦尼斯拉夫斯基提出的演技方法——演员通过重温过去某种强烈情绪引发的各种姿势、动作以及其他情绪表达形式再次激发这些情绪——的低级版。

日常的情绪模仿通常很微妙。瑞典乌普萨拉大学研究人员乌尔夫·丁伯格（Ulf Dimberg）发现，当人们看到微笑或生气的脸时，他们的面部肌肉会发生细微的变化，表明他们也出现了相同的情绪。他们面部肌肉的变化可以通过电子感应器观测到，但肉眼通常难以觉察。

两个人进行互动交流的时候，情绪传递的方向是从情绪表达更有力的一方传到较为被动的一方。不过有些人特别容易受到情绪的感染，他们内心非常敏感，体内的自主神经系统（情绪活跃度的标记）更易受到激发。这种生理倾向使他们的情绪容易受到影响，他们会为煽情的电视广告落泪，而和一个心情很好的人随便聊几句，又会很快高兴起来（由于他们较易被他人的感受打动，他们会更有同理心）。

俄亥俄州立大学社会精神生理学家约翰·卡乔波（John Cacioppo）对微妙的情绪交流进行研究后发现："不管你是否意识到你在模仿对方的面部表情，仅仅看到别人表达情绪就会引发你同样的感受。人们之间的情绪总是在不停地传递，步调一致，好像在翩翩起舞。情绪的同步性决定了你对人际互动感到舒服或者不适。"

人们在人际互动中感到情绪一致的程度体现为交谈时双方身体动作的协调性，这是无意识的亲密的衡量指标。一方发表观点，另一方点头，或者双方同时变换坐姿，或者一方向后退，另一方向前倾。这种协调性的微妙之处还体现为双方以相同的节奏摇晃旋转椅。正如丹尼尔·斯特恩观察母婴之间同步性时所发现的那样，相同的交互性使情绪一致的人表现出行为的一致。

情绪的同步性有助于情绪的传递和接收，尽管有些情绪可能是负面的。比如在一项身体同步性的研究中，抑郁的女性及其伴侣来到实验室，讨论他们感情关系出现的问题。这些情侣在非言语层面的同步性越强，[5] 抑郁女性的伴侣讨论后的感觉越糟糕——他们受到女方消极情绪的感染。简而言之，不管人们感到高兴还是难过，他们与他人的身体协调性越强，双方的情绪就越相似。

师生之间的同步性显示了他们的融洽程度，关于课堂的研究表明，师生之间的动作协调程度越高，他们在互动时就越感到友好、快乐，充满热情和兴趣，容易相处。一般而言，人际互动的同步性处于高水平，意味着人们互相喜欢。俄勒冈州立大学心理学家弗兰克·伯尼利（Frank Bernieri）告诉我："你与他人相处得好不好可以体现在身体层面。你需要掌握彼此合适的时机，使身体动作协调一致，感觉舒适。同步性反映了双方投入的程度，如果你高度投入，你的情绪就会开始与对方相互配合，不管是积极的还是消极的情绪。"

简而言之，情绪调和是融洽的精髓，是母婴之间协调性的成年版。卡乔波认为，有效的人际交流的一个决定因素是人们运用情绪同步性的熟练程度。如果他们善于与别人的情绪协调一致，或者很容易让别人的情绪跟着自己的情绪走，那么这些人的人际互动在情绪层面就会顺利得多。有影响力的领导者或表演者，其特征是能够以这种方式影响数千名观众。卡乔波指出，同样的道理，不善于接收和发送情绪信息的人容易遇到人际关系的问题，原因在于别人与他们相处时常常感觉不舒服，但是他们自己也说不清楚为什么会这样。

从某种意义上说，确立人际互动的情绪基调是个体在深入和亲密的层面处于主导地位的象征，即个体可以驱动他人的情绪状态。这种决定情绪的力量类似于生物学的术语"授时因子"（zeitgeber，字面意思是"时间抓取者"），即确立生物节奏的过程（如日夜循环、每个月的月相等）。比如一对男女在跳舞，音乐就是身体动作的授时因子。在人际互动过程中，情绪表现力更强或更有影响力的一方通常会"夹带"另一方的情绪。处于主导地位的一方说的较多，而处于从属地位的一方更多的是在观察另一方的脸庞——为情绪传递进行设置。同样的道理，一位雄辩的演讲者，比如政治家或者传教士，总是致力于影响观众的情绪。[6]这就是我们所说的"他把观众牢牢抓在手心里"。情绪夹带是影响力的核心。

社会智力的基本原理

现在是幼儿园的休息时间，一群小男孩在草地上奔跑。雷吉跌倒了，膝盖受了伤，于是开始大哭起来，但其他男孩还是继续向前跑，只有罗杰停了下来。雷吉慢慢不哭了，罗杰弯腰擦擦自己的膝盖，大叫道："我的膝盖也受伤了！"

心理学家托马斯·哈奇（Thomas Hatch）把罗杰的行为称为人际智能的典范。哈奇与霍华德·加德纳共事于光谱学校，一家致力于研究多元化智能的学校。[7] 罗杰似乎特别善于捕捉小伙伴的感受，并与之产生迅速通畅的联系。只有罗杰注意到雷吉的困境和痛苦，也只有罗杰尝试安慰他，尽管他所做的只是擦擦自己的膝盖。这个小小的举动显示了罗杰亲善融洽的天赋，这是维持密切的人际关系——比如婚姻、友谊或商业合作等——所必不可少的情绪技能。幼儿园小朋友身上的这些技能还处于萌芽阶段，将会日臻成熟完善。

哈奇和加德纳把人际智能的组成要素细分为四种单独的能力，罗杰身上体现的正是其中一种能力。

- 组织团队——领导者的基本技能，发动并协调群体努力开展工作。这种才能常见于戏剧导演或制片人、军官以及所有组织团体中的优秀领导者。在游戏场上，具有这种能力的小朋友能够决定玩什么游戏，或者成为团队首领。

- 协商解决办法——调停的才能，防止冲突或解决突发危机。具有这种能力的人擅长谈判、仲裁或调停争端；可以从事外交、仲裁、法律、中介及收购管理等工作。具有这种能力的小朋友可以平息游戏过程中的争端。

• 人际联系——即罗杰所体现出来的才能，同理心和联系的能力。具有这种能力的人很容易与别人打成一片，容易识别和恰当回应别人的感受和关切——也就是人际关系的艺术。这种人会成为称职的团队合作伙伴、值得信赖的配偶、好朋友或者生意伙伴；在职场上，他们可以成为推销员、经理人或者出色的教师。像罗杰这样的小朋友几乎可以和所有人相处得很好，容易和大家玩成一片，而且很乐于如此。这种小朋友往往能从别人的面部表情中破译情绪，很受同学们的欢迎。

• 社会分析——能够体察和领悟他人的感受、动机和关切。了解他人感受的本领可以使人很容易地与他人建立亲密关系或融洽感。这种人的能力如果得到充分发挥，他们可以成为很有竞争力的治疗师或辅导员；如果除此之外还拥有文学天赋，他们可以成为天才型小说家或戏剧大师。

总的来说，这些技能是人际关系的润滑油，非凡魅力的添加剂，也是成为成功人士的基本要素。社会智力出色的人很容易和别人打交道，善于领会他人的反应和感受，善于领导和组织团队以及解决人际活动中突然爆发的争端。他们是天生的领袖，能把未被言明的群体性情绪准确地表达出来，引导群体向特定目标前进。他们受到大家的欢迎，因为他们总是能使人保持高昂的情绪——他们会让大家感到心情愉快，并且得到这样的评价："和这种人相处真是太愉快了。"

这些人际能力建立在其他情绪智力的基础之上。比如，社会形象特别好的人往往善于调节自身的情绪表达，与他人的反应方式非常协调，而且能够持续地改善自己的社会表现，确保得到他们想要的效果。从这个意义上说，他们就像老练的演员。

不过，如果个体无法平衡人际能力与了解自身需要和感受及其实现途径之间的关系，这些人际能力只会导致空洞的社会成功——以牺牲个体真实的满足感为代价，成为人人欢迎的"交际花"。这是明尼苏达大学心理学家马克·斯奈德（Mark Snyder）提出的观点，他对八面玲珑的社交变色龙进行了研究。[8]这种人的心理信条可以用英国诗人 W. H. 奥登的话来概括，他说他本人私下的形象"与他试图在公众面前树立的形象完全不同，他这样做是为了赢得大家的爱戴"。假如社交技能超过了解并尊重自身感受的能力，那么就必须进行权衡和取舍。为了赢得别人的爱慕或者好感，社交变色龙会按照别人的意愿行事。斯奈德发现，判断某人陷入这种模式的标准是他们给别人的印象非常棒，但私底下几乎没有稳定或满意的亲密关系。当然更健康的模式应该是，在忠于自己与社交技能之间取得平衡，诚实正直地行事。

不过社交变色龙为了获得社会认同，毫不介意说一套做一套。他们处于公共面具与私人现实的分裂状态。心理分析师海伦娜·多伊施（Helena Deutsch）把这种人称为"假想人格"，他们接收到外界的信号后可以任意切换伪装。斯奈德告诉我："对某些人来说，公共形象和私人形象比较匹配,但对另一些人来说,他们改变外表简单得如同转动一个万花筒。他们就像伍迪·艾伦电影里的泽里格,疯狂地想和周围每个人打成一片。"

这种人努力从他人身上寻找蛛丝马迹,在行动之前了解他人对自己的期望,而不是直接地把自己的真实感受表达出来。为了与他人融洽相处,赢得好感,变色龙愿意让自己不喜欢的人也觉得他们很友好。他们运用社交能力,根据不同社会情景的要求塑造自身的行为,因此他们可以在不同的人面前表现出不同的样子,比如从八面玲珑的社交能手转变成保守人士。当然,这些特质在某种程度上可以进行有效的印象管理,在某些职业领域,比如演戏、法律、销售、外交和政治等领域,这些特质会受到高度赞扬。

随波逐流的社交变色龙试图给每个人留下深刻的印象,而另一种人运用社交润滑剂更多的是为了忠于自己的真实感受,这两者的区别在于另一种更关键的自我监测能力。这种保持真我的能力,用莎士比亚的话说就是"对自己忠实",即不管产生什么样的社会后果,行动与自己内心最深处的感受和价值观都要保持一致。对情绪保持忠实很可能会导致为了防止欺骗或否认而故意进行对质,而社交变色龙永远不敢这样澄清事实。

缺乏社交竞争力的表现

塞西无疑是一个聪明人,他是一位受过高等教育的外语专家,精通翻译。不过对于某些关键的东西他却完全无能为力。塞西似乎连最简单的社交技能都不具备。喝咖啡时他不知道怎么和别人闲谈，与别人一起消磨时间时总是笨嘴拙舌，总之，他连日常的社会交往都不会。缺乏社交魅力在他与女性打交道时影响最深刻，于是他求助于心理治疗，他怀疑自己"本质中隐含着同性恋的倾向"——这是他的原话，其实他根本没有这方面的问题。

根据塞西对心理治疗师的描述，他真正的问题是害怕没有人对他说的话感兴趣。隐含的恐惧使他越发缺乏社交魅力。他在和别人交往时感到紧张，总是在最尴尬的时刻不合时宜地窃喜或大笑起来，但别人讲真正有趣的事情时，他不会笑。塞西告诉治疗师，他小时候就很笨拙，只有和哥哥在一起时才会感到轻松自在，他哥哥总会对他伸出援助之手。但塞西离家以后就束手无策了，他无法进行正常的社会交往。

华盛顿大学心理学家拉金·菲利普讲述了塞西的故事，他认为塞西困扰的根源在于童年期没有学会社会交往最基本的知识。

>应该在塞西小时候教会他什么？别人和他说话，要直接应答；要主动与别人交往，不要总是等待别人；要使谈话继续下去，不要简单地用"是"或"不"或者其他单个词语来回答问题；要对别人表示感谢，进门时要礼让；等菜上齐了再开始吃……学会说"谢谢"和"请"，学会分享等，以及其他我们在孩子两岁之后就开始教导他们的基本社交礼仪。[9]

塞西的问题源自他人教导无方还是本人缺乏学习能力，目前还不清楚。不过无论根源是什么，塞西的故事很有代表意义，表明儿童通过社会互动的同步以及社会和谐的潜规则获得了数不清的经验，这些经验非常关键。不遵守社交礼仪就会引起不快，让周围的人感到不舒服。社交礼仪的作用是让每个参与社会交往的人感到轻松自在，笨拙会引起焦虑。缺乏社交技能的人不仅没有社交的分寸感，而且不善于调节他人的情绪，他们所到之处都会引起混乱。

我们都认识塞西这样的人，他们毫无社交魅力，让人讨厌，他们似乎不知道什么时候结束谈话或电话，他们会一直滔滔不绝，完全没有意识到对方想说"再见"的暗示。他们总是以自我为中心，对其他人没有表现出丝毫的兴趣，而且无视别人转移话题的试探，他们还喜欢包打听。这种人破坏了正常有效的社会交往，他们连社会互动最基本的要领都没有掌握。

心理学家用"非言语信息障碍"（dyssemia，在希腊语中，"dys"意为"障碍"，"semes"意为"信号"）来描述缺乏学习非言语信息能力的现象。大约有1/10的儿童在这方面存在一个或多个问题。[10] 比如缺乏人际交往的空间感，跟人说话或向人递东西时靠得过近；理解或运用身体语言的能力差；无法理解或正确运用面部表情，比如无法进行眼神交流；缺乏节奏感，即对演讲的情绪特质没有认识，说话不是过于尖锐就是过于平淡。

很多研究的关注焦点是把具有社交缺陷特征的儿童甄别出来，这些儿童由于笨拙被玩伴忽视或嫌弃。除了那些由于恃强凌弱而遭人唾弃的儿童之外，其他不受欢迎的儿童全部是因为缺乏面对面互动的基本技巧，尤其是协调对方的技能。如果儿童不擅长表达，人们会认为他们不聪明或者缺乏教育；如果儿童不擅长人际互动的非言语规则，人们尤其是玩伴们就会认为他们很"奇怪"，并嫌弃他们。这些儿童不知道如何得体地参与游戏，他们触摸别人的方式会让人不舒服，简而言之，他们很"逊"。他们无法掌握情绪无声的语言，还会在不经意间发送引发不安的信息。

从事儿童非言语能力研究的埃默里大学心理学家史蒂芬·诺维奇（Stephen Nowicki）指出："不能很好地理解或表达情绪的儿童常常会感到沮丧。他们其实无法理解究竟发生了什么事情。非言语传播通常是你所做一切的潜台词。你无法停止流露表情或摆出姿势，或者隐藏声调。如果你发送了错误的情绪信息，你会感觉到人们用很滑稽的方式来回应你——你被人断然拒绝，而且不知道原因。如果你以为自己在表现快乐，但实际上看起来兴奋过度或生气，你就会发现其他孩子反过来对你感到生气，而你意识不到原因何在。这样的孩子最后会感到无法控制其他人对待他们的方式，他们的行为对发生在自己身上的一切毫无影响。这会让他们产生无力感，又沮丧又冷漠。"

除了被社会孤立之外，这些儿童的学习也会受到影响。课堂的学习环境实际上也是一个"小社会"，不擅长社交的儿童对待老师的方式与他们对待其他小朋友的方式一样，他们会误解老师的意思，并做出错误的回应。由此引发的焦虑和困惑本身就会影响他们学习的有效性。儿童非言语敏感性测验显示，相对于他们由智商测试所反映出来的学业潜能而言，误读情绪信号的儿童往往在学校表现不佳。[11]

"我们讨厌你"：团体边缘人

对于年幼的孩子来说，人生中最危险的时刻莫过于，你希望加入一个游戏团体，却被人排除在外。社交不适的惨状在此时表露无遗。在这种危险的时刻，被人喜欢或讨厌，合群或孤僻，一切都是公之于众的。因此，这种关键时刻已经成为研究儿童发展的学者密切关注的主题，他们的研究表明，受欢迎的学生和被遗弃者的接近策略形成鲜明的对照。研究发现凸显了关注、理解以及回应情绪和人际暗示的社交竞争力的关键作用。看到一个孩子徘徊在其他孩子游戏圈子的边缘，希望加入却被拒之门外，这既令人叹息，同时也是一个普遍存在的困局。即使是最受欢迎的孩子有时也会遭到拒绝。针对小学二年级和三年级学生的一项研究发现，最受人喜爱的孩子在试图加入已经开始游戏的团体时被断然拒绝的比例是26%。

这种拒绝暗示着年幼孩子的情绪性判断直率得残忍。让我们看看幼儿园里4岁孩子之间的对话。[12] 芭芭拉、南希和比尔正在玩动物玩具和堆积木，琳达想加入他们的游戏。琳达观望了一分钟，然后接近他们，她坐在芭芭拉旁边，开始玩起玩具动物来。芭芭拉转过头对琳达说："你不能玩！"

"我可以，"琳达答道，"我也可以拥有动物。"

"不，你不行，"芭芭拉直率地说，"今天我们不喜欢你。"

比尔代表琳达提出抗议，南希加入了攻击的行列："今天我们讨厌她。"

由于要冒着被公然或暗中声明"我们恨你"的危险，可想而知，所有孩子在接近小团体的时候都会显得小心翼翼。孩子们的焦虑也许与成年人在全是陌生人的鸡尾酒舞会上的感觉没有什么两样，你面对正在谈笑风生的小团体畏缩不前，他们似乎都是亲密的朋友。由于这种处于小团体边缘的时刻对孩子来说意义非常重大，用一位研究人员的话来说，它还"具有高度的诊断性，能够很快反映出孩子们在社交技能方面的差异"。[13]

通常来说，新来者先观察一段时间，然后再试探性地加入，小心翼翼地试探几步之后才会更加自信。新来者能否被接受最关键的是他能否很好地适应小团体的规则，明白他们正在玩什么游戏，什么是不合时宜的行为。

急于成为主导者，以及不符合小团体的规则，这两种错误行为几乎一定会遭到拒绝。这正是不受欢迎的孩子容易犯的错误：他们强硬地加入小团体，过于突然或过快地试图改变游戏主题，或者提出自己的观点，或者立刻反对其他人的看法——很明显是想把关注焦点吸引到自己身上。可惜弄巧成拙，他们不是被忽视就是被拒绝。相反，受欢迎的孩子会花时间观察小团体，在加入之前搞清楚当前的状况，然后用行动表明他们接受小团体的规则，等到自己在小团体的地位确立之后，才主动建议小团体该做什么。

我们再回过头来看看4岁的罗杰，心理学家托马斯·哈奇认为他的行为显示了高水平的人际智能。[14] 罗杰加入小团体的策略首先是观察，然后模仿另一个孩子的做法，最后和他说话并完全参与了这个活动——这是一种成功的策略。罗杰的社交才能还体现在他和沃伦玩扔"炸弹"（实际上是鹅卵石）游戏的过程中。沃伦问罗杰他想坐直升机还是飞机，罗杰在回答之前问道："你在直升机上吗？"[15]

这表明了罗杰关注他人的敏感性，以及根据这种认识做出相应反应、保持联系的能力。哈奇这样评价罗杰："他向玩伴'报到'，确保他们和游戏保持联系。我观察到其他很多孩子径直坐上了自己的直升机或飞机，独自'飞走'了。"

情绪感染：案例研究

如果说社交技能的衡量标准是使他人从困扰情绪中恢复平静的能力，那么处理别人愤怒到极点的情绪也许是大师级的终极标准。自我调节愤怒和情绪感染的研究数据显示，一个有效的方法是分散愤怒者的注意力，以同理心对待其感受和立场，将其注意力转移到其他事物上，激发出积极情绪。这种方法叫作情绪柔道。

我的一位已故的老朋友泰瑞·道森讲的故事也许最能体现情绪影响艺术的精妙技巧。泰瑞是 20 世纪 50 年代最早在日本学习合气道的美国人之一。一天下午他乘坐东京郊区列车回家，一位高大好斗、醉醺醺、脏兮兮的工人上了车。那醉汉步履蹒跚，开始恐吓其他乘客，他大声咒骂着，挥拳打向一个抱着婴儿的妇女，那位妇女仰身摔倒在一对老夫妇的脚下，老夫妇连忙站起来，躲到车厢的另一头。醉汉又挥出了好几拳（由于他过于愤怒，打空了），他怒吼着抓住车厢中间的金属柱子，试图把它拔出底座。

泰瑞每天练习合气道8个小时,身体非常棒。此刻他觉得自己应该出面阻止醉汉闹事,以免其他人受到伤害。但他想起了师傅的教导:"合气道是和解的艺术,心里想着搏斗的人,自身已经失去了与宇宙的联系。如果你试图征服别人,那么你已经落败了。我们学习如何解决纷争,而不是挑起纷争。"

泰瑞同意师傅关于不要挑起争斗的教导,他只在自卫的时候使用武术。现在很明显,他处于正当的立场,他终于有机会在现实世界中检验他的合气道水平了。因此,在其他乘客吓得呆坐在座位上的时候,泰瑞从容不迫,慢慢站了起来。

醉汉看到他,号叫着:"啊哈!外国人!你该尝尝日本人的厉害!"然后开始靠近他,准备与他一较高低。

正当醉汉开始移动的时候,有人发出了震耳欲聋、欣喜若狂的声音:"嘿!"

那语调欢快得如同突然遇见老朋友一般。醉汉感到很奇怪,环顾四周,发现这声音发自一位70多岁穿着和服的瘦小的日本老头。那老头很高兴地对醉汉笑着,轻轻挥手向醉汉示意,轻快地说:"过来。"

醉汉怒气冲冲地大步跨过去:"我为什么要跟你说话?"与此同时,泰瑞已经准备就绪,只要醉汉一有攻击行为就立刻把他拿下。

"你喝了什么?"老头笑吟吟地问醉汉。

"我喝了米酒,关你屁事啊。"醉汉怒吼道。

"啊,太好了,真是太好了。"老头温和地说,"瞧,我也喜欢米酒。每天晚上我和太太——她 67 岁了,我们把一小瓶米酒温热,然后拿到花园,我们坐在一条古老的木凳上……"老头一直说到他家院子里的柿子树,花园里的景致,以及在晚上享用米酒。

醉汉听到老头的话,脸开始变得柔和起来,紧握着的拳头也松开了。"对,我也喜欢柿子……"他的声音渐渐变小了。

"没错,"老头轻松地回答,"我肯定你有一位好太太。"

"不,"醉汉说,"她死了……"他边流泪边诉说起自己失去妻子、家庭和工作的经历,他为自己感到羞愧。

这时候泰瑞到站了,他下车时听到那老头让醉汉坐在他旁边,把他的故事讲完,泰瑞看到醉汉躺在座位上,头伏在老头的膝盖上。

这就是情绪感染。

Part
- 3 -

第三部分
情商的运用

第九章

亲密敌人

西格蒙德·弗洛伊德曾经对他的学生爱利克·埃里克森（Erik Erikson）说，爱与工作是标志着人全面成熟的双重能力。如果此话不假，那么成熟也许是人生中即将消失的驿站——当今结婚和离婚的趋势使情绪智力的作用比以往任何时候都要突出。

让我们看看离婚率。美国每年的离婚率大体处于稳定的水平。但统计离婚率还有另外一种方法，即考察一对新婚夫妇以离婚收场的概率，这种统计方法显示离婚率在危险地攀升。尽管总体离婚率没有上升，但离婚的风险已经转移到新婚夫妇。

在将各个不同年份结婚的夫妇的离婚率进行比较之后，这种趋势表现得更为明显。在美国，1890年结婚的夫妇，大约10%以离婚收场；1920年结婚的夫妇，离婚率是18%；1950年结婚的夫妇，离婚率是30%；1970年结婚的夫妇，离婚的概率是50%；而1990年结婚的夫妇，离婚的概率徘徊在67%左右！[1]如果这个数字可靠的话，这意味着近年只有30%的新婚夫妇可以维持婚姻关系。

可以说，离婚率的上升很大程度上并不是因为情绪智力的下降，而是因为社会压力的逐步消解。离婚的坏名声、妻子对丈夫的经济依赖等，这些以往在维系婚姻关系甚至是最不幸的婚姻关系中发挥重要作用的因素逐步消失了。假如社会压力不再是维持婚姻关系的黏合剂，那么夫妇之间的情绪力量对于婚姻的存亡就变得更为关键了。

近年来，学者们对维系夫妇关系的情绪纽带以及破坏夫妇关系的情绪断层进行了研究，其精确程度前所未有。在对婚姻关系维系或者破裂的决定因素的研究中，最大的突破是应用成熟的生理学测量方法，时刻监测夫妇之间的情绪差异。科学家现在能够检测丈夫肾上腺素升高和血压下降的水平，观察妻子脸上转瞬即逝而又很有说服力的细微表情。生理测量揭示了夫妇关系紧张隐含着生物层面的潜台词，这种关键的情绪状况通常是夫妇本身察觉不到或者不以为然的。生理水平的测量还揭示了维系或破坏感情关系的影响因素。婚姻断裂层最早萌芽于夫妇童年期情绪世界之间的差异。

他与她的婚姻：童年根源

前不久的一个晚上，我正要走进一家饭店，只见一个年轻男子大步走出门口，板着一张阴沉的脸。一个年轻女子紧跟在他后面跑着，她一边绝望地用拳头捶打男子的背部，一边尖叫道："挨千刀的！回来，对我好点！"女子苦苦哀求男子回头，她言行的自相矛盾令人难以置信，这是很多关系不好的夫妇的常见相处模式的缩影：女方渴望参与，男方退却。婚姻咨询师常常注意到，夫妇双方来咨询室之前就处于"参与－退却"的模式，丈夫抱怨妻子"不可理喻"的要求和情绪爆发，而妻子则哭诉丈夫对她说的话麻木不仁。

婚姻破裂的最后阶段反映了夫妇双方实际上分别存在两种情绪现实：他的和她的。夫妇之间出现情绪差异的根源，有一部分来自生物层面，另一部分则可以追溯到他们的童年，夫妇双方在成长期处于不同的情绪世界。科学家对此进行了大量研究，发现由于男孩和女孩偏好的游戏不同，加上年幼的孩子害怕被起哄说有"女朋友"或"男朋友"，情绪世界的界限由此被加强了。[2] 一项关于儿童友谊的研究发现，3岁的孩子表示他们有一半的朋友是异性；5岁的孩子有20%的朋友是异性；而到了7岁，几乎没有男孩或女孩表示拥有一位异性好朋友。[3] 这种男女分离的社会圈子，直到他们进入青春期开始与异性约会，才会出现交集。

与此同时，男孩和女孩被教导以完全不同的方式处理情绪问题。父母一般较多地与女儿而不是儿子讨论情绪问题——愤怒情绪例外。[4] 女孩获得情绪信息的机会多于男孩。父母在给上幼儿园的孩子讲故事时，他们对女儿使用的情绪词语要多于对儿子的；妈妈与婴儿玩耍的时候，她们对女儿展示的情绪范围比对儿子展示的要广泛；妈妈会和女儿谈论情绪，母女之间会讨论关于情绪状态本身的细节，而对于儿子，她们更多的是讨论愤怒等情绪的前因后果（目的也许是为了起到警戒作用）。

莱斯理·布拉迪（Leslie Brody）和朱迪思·霍尔（Judith Hall）总结了不同性别的情绪差异研究，他们指出，由于女孩的语言能力发展快于男孩，因此女孩能更加熟练地讲述自身的感受，女孩比男孩更擅长使用语言探索情绪，用情绪反应替代打架。与此相反，"对于男孩来说，情绪语言化的效果没有得到强调，因此他们对情绪状态多半没有意识，不管是自身的还是他人的"。[5]

对于 10 岁的孩子,生气时具有明显攻击性、倾向于公开对抗的女孩和男孩的比例大体相同。但到了 13 岁,开始出现非常显著的性别差异:女孩比男孩更善于运用巧妙的攻击策略,比如排挤、恶意中伤以及间接报复等。总体来说,男孩被惹恼后会继续针锋相对,不懂得采用更加隐蔽的策略。[6]这只是男孩——长大之后就是男性——相对于异性在情绪生活方面不成熟的表现之一。

女孩在一起玩耍时往往会结成亲密的小团体,强调减少敌对、扩大合作;而男孩玩耍时会结成较大的团体,强调竞争。如果男孩或女孩一起玩耍时有人受伤,他们的不同反应可以反映这种主要的差异。如果受伤的是男孩,他感到难受,别的男孩就会希望他走开或停止哭泣,好让游戏继续进行。如果一群女孩在玩耍时有人受伤,她们就会停止游戏,大家一起安慰受伤哭泣的女孩。男女游戏中的差异体现了哈佛大学心理学家卡罗尔·吉利根提出的两性之间的主要差异:男孩为独立自主感到骄傲,而女孩认为自己是关系网的一部分。因此,男孩对任何妨碍他们独立的事情都会感到威胁,而女孩更容易对关系网的破裂感到威胁。德博拉·坦嫩(Deborah Tannen)在其著作《你就是不明白》中指出,这种视角的差异意味着男人和女人对于谈话有不同的要求和期望,男人喜欢谈论"事情",女人则寻求情绪的关联。

简而言之,情绪教育的差别造就了男女不同的技能,女孩变得"善于理解语言和非言语情绪信号,善于表达和交流感受",男孩变得善于"使与脆弱、内疚、恐惧和伤害有关的情绪最小化"。[7]科学研究充分印证了两性之间的不同立场。比如,成百上千项研究发现,一般来说女人比男人更有同理心,至少在根据面部表情、声调和其他非言语线索理解他人未说出来的感受方面,经测试女人的能力要强于男人。同样,根据女性的面部表情了解其感受一般比较容易。但在幼年时期,男女的面部情绪表达不存在差异,到孩子上小学后,男孩的表情变得收敛了,而女孩的表情则更有表现力。这也许在一定程度上反映了男女之间的另一种主要差异:女性情绪体验的强度和活跃度通常高于男性。从这种意义上说,女性比男性更加"情绪化"。[8]

所有这些性别差异表明,女性一般在婚姻关系中担任情绪管理者的角色,而男性对于维系感情关系这项任务看得没有女性那么重要。在一项针对264对夫妇的调查中发现,对于女性而言(而不是男性),婚姻满意的最重要因素是夫妇之间有"良好的沟通"。[9]从事夫妇关系深度研究的得克萨斯大学心理学家特德·休斯顿(Ted Huston)认为:"对妻子来说,亲密关系意味着谈论事情,尤其是谈论感情关系本身。而男人一般难以理解妻子对他们的期望。他们说:'我想和她一起做事,而她想做的就是说话。'"特德发现,在恋爱阶段,为了与未来妻子建立亲密关系,男人更愿意花时间按照女人喜欢的方式谈话。一旦结婚之后,随着时间的流逝,男人——尤其是传统婚姻中的丈夫——以这种方式和妻子谈话的时间越来越少,他们认为像夫妇两人一起种花这种事情也比谈论个没完没了更能增强亲密感。

如果要说原因,丈夫渐渐沉默的部分原因也许在于男人对婚姻状态有点盲目乐观,而妻子却习惯于关注出现问题的地方。在一项关于婚姻关系的研究中,男人对婚姻关系中的一切问题,比如做爱、财务、婆媳关系、彼此听取意见的程度，以及彼此缺点的影响程度等，都抱有比妻子更加乐观的态度。[10] 妻子一般会比丈夫更多地抱怨，相处不愉快的夫妇尤其会出现这种情况。把男人对婚姻关系的乐观以及对情绪冲突的厌恶联系起来，妻子经常抱怨丈夫对婚姻关系中出现的问题避而不谈的原因就非常明显了。（当然，这种性别差异是概括性的，不是在所有情况下都如此。我的一位精神病学家朋友抱怨他的太太不愿意谈论他们之间的情绪问题，他是发起讨论的那一方。）

男人对婚姻问题表现迟钝的原因，毫无疑问要部分归结于男人相对女人而言缺乏根据面部表情理解情绪的技能。比如，女人对男人的悲伤表情——相对于男人对女人的悲伤表情——要敏感得多。[11] 因此，女人总是因为男人注意不到她的感受而悲伤，更不要指望男人会问她为什么悲伤了。

我们不妨考虑一下，两性的情绪差异在他们处理亲密关系中不可避免的抱怨和分歧时意味着什么。实际上，做爱次数、孩子教育或者家庭借债和储蓄的比例等具体问题并不是婚姻关系维系或破裂的原因。相反，夫妇双方如何讨论这些问题对于婚姻走向的意义更为重大。能否求同存异、达成一致意见，是婚姻关系存续的关键。男人和女人要处理困难的情绪问题，必须克服天生的性别差异。如果无法做到这一点，就容易出现裂痕，最终导致关系破裂。我们下文中将会介绍，如果夫妇当中有一方或双方的情绪智力存在某种缺陷，婚姻的裂痕很有可能会越来越大。

婚姻断裂层

弗雷德：你帮我取了干洗衣服没有？

英格丽德：（嘲弄的口吻）"你帮我取了干洗衣服没有？"你不会自己去取啊，我是谁，你的女佣吗？

弗雷德：当然不是。如果你是女佣，你至少应该会做饭。

如果上述对话出自情景喜剧，听起来还挺好笑的。不过这是一对夫妇既苦楚又刻薄的真实对话（也许一点也不奇怪），他们在几年后离了婚。[12]他们的针锋相对发生在华盛顿大学心理学家约翰·戈特曼（John Gottman）主持的实验室内，戈特曼对维系夫妇关系的情绪黏合剂以及破坏婚姻关系的情绪腐蚀剂进行了细致的分析。[13]在他的实验室里，夫妇间的对话被拍摄成录像，研究者根据录像进行几个小时的细致分析，以揭示影响婚姻关系的情绪潜流。研究人员对导致夫妇离婚的情绪断裂层进行分析，充分证实了情绪智力对维系婚姻关系的关键作用。

戈特曼在过去20年间追踪了200多对夫妇的情感起伏，他们有些刚刚结婚，有些已经结婚几十年。戈特曼能够精确地描绘婚姻关系的情绪生态，在一项研究中，他预测出现在他实验室里的夫妇（比如弗雷德和英格丽德）在三年内会离婚，其预测准确率高达94%，精确度之高在婚姻研究中前所未闻！

戈特曼分析的准确性源于其苦心孤诣的方法以及全面细致的探究。受测夫妇对话时，感应器会记录他们最细微的生理水平变化；同时（运用保罗·艾克曼设计的理解情绪系统）对他们的面部表情进行逐秒分析，检测最短暂微妙的情绪差异。对话环节结束后，夫妇双方分别单独来到实验室，观看对话录像，并讲述自己争吵时的内心想法。所得结果类似于婚姻的情绪 X 光检查。

戈特曼发现，婚姻出现危机的一个初期预警信号是尖锐的批评。在健康的婚姻关系中，丈夫和妻子可以自由地表达抱怨。不过在怒气冲冲的时候，抱怨经常会以破坏性的方式表达出来，比如攻击配偶的人格。例如，帕米拉和女儿去买鞋，她丈夫汤姆去逛书店。他们相约一个小时以后在电影院售票处会合，然后去看电影。"他在哪里？电影 10 分钟后就开始了。"帕米拉对她女儿抱怨道，"你爸爸只要有机会搞破坏，他就绝对不会放过。"

汤姆 10 分钟之后出现了，他很高兴地说自己遇到了一个朋友，并为迟到感到抱歉。这时帕米拉的讽刺脱口而出："好吧，正好让我们有机会讨论你那破坏我们每个计划的特异功能。你怎么这么自私又自我！"

帕米拉不仅在抱怨丈夫迟到，而且发起了人身攻击，这是对人而不是对事的批评。汤姆实际上已经道歉了，可是帕米拉却给他的过失贴上了"自私和自我"的标签。大多数夫妇经常会出现这种情况，对伴侣行为的抱怨最终演变成对人不对事的人身攻击。比起理性的抱怨，尖锐的人身攻击会产生破坏性更强的情绪冲击。人身攻击，尽管可以理解，却有可能让丈夫或妻子越发感到配偶对他们的抱怨充耳不闻或者置之不理。

抱怨与人身攻击的区别很简单。正常的抱怨是，妻子就事论事，具体地说出自己的不快，批评丈夫的行为而不是他本人，表明她对丈夫行为的感受。比如，"你忘记到干洗店帮我取衣服，这让我感到你不关心我"。这是基本情绪智力的表达方式，直言不讳，但并不挑衅或消极。如果是人身攻击，妻子就会借题发挥，对丈夫进行全面攻击："你总是这么自私，不关心别人。这正好证明了我不能指望你好好地做成一件事。"这种批判会让对方感到耻辱、厌恶、羞愧和有过失，很有可能激发自我辩解，而不是改善做法。

充满轻蔑的批评还会使事情雪上加霜。轻蔑是一种破坏性特别强的情绪。轻蔑很容易伴随愤怒而来，通常轻蔑不仅体现在用语上，还体现在声调以及愤怒的表情上。轻蔑最明显的形式是嘲弄或侮辱，比如"白痴"、"贱人"、"懦夫"。此外，传递轻蔑情绪的身体语言造成的伤害同样严重，尤其是冷笑和撇嘴，这是表示厌恶最普遍的面部信号，翻白眼也是一种信号，这好像是在说："噢，有什么了不起的！"

轻蔑的面部特征与酒窝正好相反，轻蔑是面部肌肉将嘴角向两边拉伸（通常向左边），同时眼睛向上翻。在无声无息的情绪交流中，如果配偶一方闪现轻蔑的表情，另一方会被检测到每分钟心跳比平时增加两三次。戈特曼发现，这种隐性对话会造成严重的后果，如果丈夫经常对妻子表示轻蔑，妻子比较容易出现一系列健康问题，比如频繁感冒、膀胱发炎和酵母菌感染，或者出现肠胃系统症状等。如果在15分钟的对话中妻子出现4次或以上厌恶（与轻蔑类似）的表情，这种迹象表明这对夫妇可能会在4年之内分手。

当然，偶尔轻蔑或厌恶的表示不会对婚姻造成破坏。负面情绪的攻击作用类似于心脏病的风险因素——吸烟和高胆固醇，强度越大，时间越长，危险就越大。在通向离婚的道路上，可以从一个风险因素预测另一个因素，而且不幸的程度逐渐升级。习惯性批判和轻蔑或厌恶是危险的信号，表明丈夫或妻子在对配偶进行变本加厉的无声评判。他们把配偶当成经常谴责的对象。消极和敌对的想法自然会引发人身攻击，导致对方抗辩，或者准备以其人之道还治其人之身。

"战斗-或逃跑"反应模式适用于配偶对人身攻击的反应。最明显的方式是还击，把怒火发泄出来。这种方式通常以毫无结果的骂战告终。不过，另一种方式——逃跑——可能更加致命，尤其是当"逃跑"演化成顽固的沉默时。

消极作对是最后的防守。消极作对的一方毫不理睬，拒绝对话，取而代之的是冷漠或沉默。消极作对所传达的信息既强烈又可怕，有点像冷冰冰的疏远态度、优越感和厌恶感的混合体。消极作对主要出现在走向危机的婚姻关系中。在85%的个案中，丈夫属于消极作对的一方，他们面对妻子的批判和轻蔑采取了这种策略。[14] 如果消极作对演变为习惯性的回应方式，婚姻关系的健康将会受到极大的破坏——消极作对切断了解决分歧的所有可能性。

有害的想法

孩子们正闹成一团，他们的父亲马丁感到很厌烦。他用刺耳的声调对妻子梅兰妮说："亲爱的，你不认为孩子们应该安静下来吗？"

他实际的想法是:"她太宠爱孩子了。"

梅兰妮对丈夫的愤懑感到生气。她紧绷着脸,皱着眉头回答:"孩子们正玩得开心,反正他们很快就要上床睡觉了。"

她的想法是:"他又来了,总是抱怨个不停。"

马丁显然被激怒了。他身体向前倾,拳头紧握,样子很吓人,他不耐烦地说:"我现在应该让他们睡觉吗?"

他的想法是:"她事事都反对我,我不发威不行。"

梅兰妮突然被愤怒的马丁吓住了,她温顺地说:"不用,我马上让他们上床。"

她的想法是:"他要失控了,他会伤害孩子的,我最好屈服。"

这些夫妻之间的对话,不管是有声的还是无声的,被认知疗法的创始人艾伦·贝克写入报告,以此为例说明危害婚姻关系的各种想法。[15]梅兰妮和马丁之间真实的情绪交流由他们的想法决定,这些想法反过来由另外一些更深层次的想法——贝克称之为"自动想法"——所决定。"自动想法"是对自身以及他人转瞬即逝的基本假设,反映了我们最深层的情绪态度。梅兰妮的主要想法类似于"他总是发怒来吓唬我"。马丁的主要想法是"她没有权利这样对待我"。梅兰妮在这段婚姻中感到自己是无辜的受害者,而马丁则对自己受到不公正的对待感到义愤。

成为无辜受害者或感到义愤的想法常见于婚姻出现问题的伴侣,这种想法会继续助长怒火并加深伤害。一旦义愤填膺的想法变成无意识的自发行为，它们就会自我确证。感到受害的一方会不停地检查对方所做的一切，以此证实对方伤害自己的想法，忽视或怀疑对方任何善意的行为，而这些行为原本可以质疑或者推翻自己受迫害的观点。

这种想法会激活神经警报系统，威力很大。[16] 一旦丈夫受害的想法触发了神经失控，他就会不断回想起女方伤害他的种种行为，怀恨在心，完全忘记了女方在婚姻关系中所做的能够打消其受害者想法的其他行为。这样，对方永远翻不了身，即使是女方出于善意的行为，男方也会用负面的态度来看待，并认为这是女方企图否认自己是施害者的行为而加以唾弃。

伴侣之间如果没有这种触发困扰的想法，在相同的处境之下他们对当前状况的理解就会善意得多，因此相对来说不太可能引发情绪失控，即使出现情绪失控，往往也能比较轻易地恢复正常。至于维持或缓解困扰情绪的想法，其一般模式遵循心理学家马丁·塞利格曼所概括的悲观和乐观的人生观（参见第六章）。悲观的看法是对方天生卑劣，无法改变，因此注定了婚姻关系的不幸："他又自私又自我。他从小就这样，以后还会一直这样。他希望我全心全意地服侍他，却完全不顾我的感受。"与此相反，乐观的看法类似于："他现在在发号施令，但他过去一直很体贴。也许他只是心情不好，不知是不是工作上出了问题。"这种看法不会把丈夫（或婚姻）一笔勾销，认为他已经无可救药、毫无希望。相反，它把当前的糟糕状况归结于环境的因素，而环境是可以改变的。第一种态度会引发持续的困扰，第二种态度则可以减轻困扰。

悲观的伴侣非常容易情绪失控，他们对配偶的所作所为感到愤怒、受伤或者困扰，而且负面情绪一旦发作，就会使他们困扰不已。因此，他们内心的困扰和悲观态度使他们在与伴侣发生冲突时更有可能诉诸批判和轻蔑，反过来又增加了对方自我辩护和消极作对的可能性。

有害想法最恶劣的结果是导致丈夫对妻子使用身体暴力。印第安纳大学心理学家关于暴力丈夫的研究发现，他们的想法和校园流氓一样，他们无中生有，把妻子的中立行为视为恶意行为，并把这种误解当成他们使用暴力的借口（实施约会强暴的男性，其行为有相似之处，他们用猜疑的眼光看待女人，因此完全不理会女人的反抗）。[17] 我们在第七章已经知道，这种男人对妻子的轻蔑、拒绝或公开的为难尤其感到威胁。虐妻者暴力合理化的想法起源于这种典型的情节："你参加社交聚会，你注意到妻子一直在和一个迷人的男士谈笑风生，足足有半个小时。那家伙似乎在和她调情。"这种男人如果认为妻子对他们表现出拒绝或嫌弃，他们就会怒火中烧。不难想象的是，类似"她准备离开我"的想法促使丈夫情绪失控，他们在冲动之下实施家庭暴力，用研究人员的话说就是"无能的行为反应"。[18]

泛滥：窒息的婚姻

令人困扰的态度常常会触发情绪失控，而且使个体很难从伤害和愤怒当中复原，因此它的直接后果是制造了永无休止的危机。戈特曼用"泛滥"一词贴切地形容经常性情绪困扰的易感性。情绪"泛滥"

的丈夫或妻子被配偶的否定和自身对此的反应压倒了,他们被失控的恐惧淹没。这种人无法正常地听取意见或头脑清晰地进行回应,难以组织思路,只能以原始反应行事。他们只希望事情停止,或者想逃跑,有时候还想反击。"泛滥"是一种自我保持的情绪失控。

有些人不容易进入泛滥状态,他们对愤怒和轻蔑的承受力比较强,而有些人只要配偶提出轻微的批评就可能触发情绪泛滥。泛滥的生理特征是心率高于平静时的水平。[19] 在静止状态,女性的心跳大约是每分钟 82 次,男性大约是 72 次(具体的心率因个人体型的不同而有较大差异)。如果每分钟心跳比静止状态增加 10 次左右,就表明泛滥开始了。如果心跳达到每分钟 100 次(愤怒和哭泣的时候很容易达到这种水平),身体就会分泌肾上腺素和其他激素,在一段时间内保持高度困扰。心率水平可以明显地反映出情绪失控:心跳比正常状态每分钟增加了 10 次、20 次,乃至 30 次。肌肉紧张,呼吸变得困难。有害情绪泛滥成灾,恐惧和愤怒席卷而来,让人无处可逃,个体感到"永远"都无法复原。在情绪完全失控的时候,个体的情绪太强烈,观点太狭隘,思维太混乱,根本无法听进他人的意见或理性地解决问题。

当然,大多数夫妇在争吵中经常会出现这种剑拔弩张的时刻。婚姻关系的问题始于某一方的情绪持续泛滥。如果有一方对情绪攻击或不公正待遇总是处于防卫状态,对任何攻击、侮辱或怨恨的迹象过于警觉,肯定会小题大做、反应过度。如果丈夫处于这种状态,妻子只要说"亲爱的,我们需要谈谈",丈夫就会想"她又准备挑起战争了",

从而触发情绪泛滥。从生理唤起中复原会变得越来越困难，这反过来又使个体更容易把原本没有恶意的交流视为用心险恶，并再次引发情绪泛滥。

这也许是婚姻关系中最危险的转折点，感情关系开始恶化。情绪泛滥的一方无时无刻不在想着对方最恶劣的一面，消极地看待对方所做的一切。琐事可以引发激烈的争吵，感情持续受到伤害。由于情绪泛滥本身破坏了解决问题的所有尝试，渐渐地，情绪泛滥的一方开始把婚姻中所有的问题都看得过于严重、无法修复。这种情况如果持续下去，对话将变得无济于事，夫妇双方只好依靠自己的力量舒缓困扰的情绪。他们开始过着没有交集的生活，彼此隔绝，孤单寂寞。戈特曼发现，下一步通常就是离婚。

在滑向离婚深渊的过程中，缺乏情绪竞争力导致的悲剧是不言而喻的。一旦夫妇双方陷入批判与轻蔑、辩护与消极作对、情绪困扰与情绪泛滥的恶性循环，循环本身就会瓦解个体情绪自我意识和自控的能力，同理心以及舒缓自身或对方情绪的能力也荡然无存。

其实男人更需要关怀

情绪生活中的性别差异是导致婚姻瓦解的潜在因素。有研究发现，即使夫妇已经结婚 35 年甚至更长时间，丈夫和妻子如何看待彼此的情绪冲突仍然存在根本的区别。相对于男性而言，女性一般不介意为夫妻吵架感到不快。这一结论是加利福尼亚大学伯克利分校的罗伯特·利文森提出的。他对 151 对婚姻维持多年的夫妇进行了调查，发现丈夫们一致认为为夫妻吵架感到不安是不愉快甚至令人厌恶的，但他们的妻子不太介意。[20]

对于较轻微的否定，丈夫比他们的妻子更容易出现情绪泛滥，被配偶批评后情绪泛滥的男性要多于女性。一旦出现情绪泛滥，丈夫会分泌更多的肾上腺素，妻子轻微的否定触发了丈夫的肾上腺素流动，他们生理上从情绪泛滥中复原所需的时间也比较长。[21]这说明男人坚忍克己很可能是为了防止情绪崩溃。

戈特曼认为，男性消极作对通常是为了保护自己免受情绪泛滥的危害。他的研究显示，一旦男性开始消极作对，他们的心跳每分钟大约减少10次，主观上感到有所解脱。不过，一旦男性开始消极作对，妻子的心跳就会突然加速，这是情绪极度困扰的信号。两性之间寻求慰藉的方式正好相反，这种"情绪探戈"导致了他们对情绪对抗的不同立场：丈夫希望摆脱情绪对抗的热切程度与妻子主动寻求情绪对抗的程度是一样的。

正如男人更容易消极作对一样，女人更容易批判她们的丈夫。[22]妻子倾向于谋求情绪管理者的角色，从而导致了这种不对称性。妻子试图直接面对并解决分歧和不满，她们的丈夫却不愿意参与注定会越演越烈的讨论。妻子看到丈夫不愿意参与讨论，就会变本加厉地抱怨，开始批判丈夫。如果丈夫对此进行辩护或消极作对，妻子就会感到沮丧和愤怒，为了减轻沮丧，她就会表现出轻蔑。一旦丈夫发现自己受到妻子的批判和蔑视，就会开始产生无辜受害者或者愤慨的想法，很容易触发情绪泛滥。为了保护自身免于泛滥，丈夫的防卫心理越来越强,或者对一切都采取消极作对的态度。不过请记住,丈夫消极作对的时候,妻子就会产生情绪泛滥,陷入困境。夫妻争执的循环不断升级,最后局面很容易失控。

对两性的婚姻忠告

由于男人和女人处理婚姻关系中的困扰情绪的方式存在重大差异,而这种差异很可能会导致严重的后果,那么他们应该怎样维系彼此之间的爱和感情呢?也就是说,应该如何维系婚姻关系?婚姻研究专家对婚姻维持多年的夫妇的互动模式进行了研究,以此为基础分别对男性和女性提出了特别的忠告,还有一些建议适用于男女双方。

男人和女人通常需要不同的情绪调节。对于男人,建议不要回避冲突,当妻子发泄不满或者提出分歧时,应该意识到她这样做也许是爱的表现,是为了维护婚姻的健康,使其不偏离正轨(当然妻子的敌意还会有其他动机)。如果牢骚一直引而不发,强度就会渐渐增大,直至剧烈爆发。如果牢骚得到发泄或解决,就不会酿成严重的后果。不过丈夫必须意识到,愤怒或不满并不等于人身攻击——妻子闹情绪只是为了突出她对问题的强烈感受。

男人还要注意避免太早提出实际的解决方法,导致双方讨论出现"短路"。对妻子来说,感到丈夫愿意听她发牢骚,并对她的感受产生同理心(尽管他不需要赞同她),这种感觉更加重要。妻子也许会把丈夫提出的建议看成是他对她的感受不够重视。丈夫如果能够与怒气冲冲的妻子保持交流,而不是把她的牢骚看得无足轻重,那么妻子就会感到丈夫愿意听她的话，愿意尊重她。尤其重要的是，妻子希望自己的感受得到认同和尊重，即便丈夫不赞同，它也是有价值的。如果妻子感到丈夫愿意听她的话，愿意了解她的感受，她往往就会平静下来。

对女人的建议与对男人的建议刚好相反。男人的主要烦恼是妻子牢骚太盛，因此妻子要特别注意不要攻击丈夫——可以抱怨他们的行为，但不要进行人身攻击或者表达轻蔑。抱怨不是为了人身攻击，而是为了清楚地表达丈夫的某个特定行为让妻子感到困扰。愤怒的人身攻击通常会导致丈夫的自我辩护或者消极作对，让事情更加糟糕，使争吵不断升级。如果妻子的抱怨能放置在更广泛的背景之下，使丈夫确信妻子对他的爱，也会很有帮助。

吵吵更健康

新闻晨报提供了一则关于如何解决婚姻分歧的反面教材。玛琳·兰尼克与丈夫迈克尔发生争执，迈克尔想看达拉斯牛仔队与费城鹰队的比赛，玛琳想看新闻节目。迈克尔坐下来看比赛，这时玛琳告诉他，她"受够了橄榄球"，然后到卧室拿出一支点38手枪，对窝在沙发上看比赛的丈夫开了两枪。玛琳被控故意伤害罪。兰尼克先生腹部中了两枪，子弹从他的左肩胛骨和脖子穿出，据报道他正在康复之中，情况良好。[23]

当然，夫妇争执很少会演变成如此惨烈的暴力事件，不过，这正好为情绪智力引入婚姻提供了大好机会。比如，婚姻持久的夫妇往往就事论事，双方都有机会表达各自的观点。[24] 而且这些夫妇还会更进一步，他们会互相听取意见。受委屈的一方真正想要的通常是聆听和认同，因此，对配偶的情绪产生同理心是缓和冲突的法宝。

离婚收场的夫妇最显著的过失是：在争吵时双方都没有尝试减少冲突。是否采取措施修补裂痕，是婚姻关系健康的夫妇与离婚收场的夫妇在争执时的主要区别。[25] 防止争吵升级为可怕冲突的修复机制，其实只是很简单的举动，比如就事论事、同理心以及减少冲突。这些基本的举动如同情绪恒温器，防止情绪表达不断升温，从而导致夫妇双方丧失就事论事的理性。

保持婚姻健康的一个基本原则是不要把注意力集中在夫妇争吵的具体问题上，比如孩子教育、性爱、金钱、家务等，而要培养双方共同的情绪智力，提高解决问题的可能性。一系列情绪竞争力——使双方保持冷静、同理心以及善于倾听等，能使夫妇有效地解决争端，还可以促成健康的分歧，即"有益的争吵"，确保婚姻健康发展，克服种种负面因素。如果任由负面因素发展下去，就会摧毁婚姻。[26]

当然，没有哪一种情绪习惯可以在一夜之间发生改变，这需要坚持不懈、提高警惕。夫妇双方能否发生关键的变化与其努力程度紧密相关。我们在婚姻中容易引发的很多或大部分情绪反应是从童年期开始形成的，首先通过我们最亲密的关系或者以父母为榜样习得，然后被带入婚姻，全面成形。尽管我们发誓不会重复父母的老路，但我们总是会受到某种情绪习惯先入为主的影响，比如对轻蔑过度敏感和过度反应，或者一遇到争执就立刻回避等。

保持冷静

每一种强烈的情绪从根源上来说就是一种行为的冲动,对冲动加以调节是基本的情绪智力。对于爱情关系,由于涉及切身利益,控制冲动尤为困难。由此引发的反应触及我们最深层次的需要——被爱和被尊重,害怕被抛弃或者情绪被剥夺。难怪夫妇争执时表现得如同生存受到威胁一样。

即便如此,如果丈夫或妻子一方出现情绪失控,就很难用积极的方式解决问题。婚姻竞争力的一个关键是夫妇双方必须学会舒缓自身的困扰情绪。这就意味着掌握从情绪失控引发的情绪泛滥当中迅速复原的能力。在情绪失控时,个体失去了清醒地聆听、思考以及说话的能力,因此保持冷静是非常重要的一步,如果个体无法保持冷静,就无法进一步解决当前的问题。

有决心的夫妇在发生激烈冲突时,可以学会大约每隔 5 分钟测量自己的脉搏,即感受颈动脉的脉搏(经常进行有氧运动的人很容易学会这个方法)。[27]测量 15 秒内脉搏跳动的次数,然后乘以 4,得到每分钟脉搏跳动的次数。以心平气和时测得的脉搏作为基准,如果每分钟脉搏跳动次数比基准多了 10 次,这就是情绪泛滥开始的信号。如果脉搏升高到这个水平,夫妇双方需要暂停 20 分钟,在继续讨论之前恢复冷静。尽管暂停 5 分钟已经感觉够漫长的了,但实际的生理复原更缓慢。我们从第五章了解到,残留的愤怒会触发更多的愤怒,等待时间越长,身体就越有足够的时间从先前的唤起当中恢复正常。

当然，有些夫妇可能会觉得吵架的时候测量自己的脉搏有点尴尬，较为简单的做法是进行事先声明，在任何一方首次出现情绪泛滥迹象时暂停讨论。在暂停期间，进行放松活动或做有氧运动（或者参照我们在第五章介绍的方法）有助于从情绪失控中复原，恢复冷静。

自我释放

由于对配偶的负面想法会触发情绪泛滥，因此，如果为此感到不快的丈夫或妻子直接面对并加以解决，也能阻止情绪泛滥。类似"我不能再忍受了"或"我不该受到这种对待"的情绪是无辜受害者或易怒者的口头禅。认知治疗师艾伦·贝克指出，如果捕捉并质疑这些想法，而不是简单地被这些想法激怒或者感到受伤，那么丈夫或妻子就开始摆脱它们的控制了。[28]

我们需要对负面的想法进行监控，意识到我们不一定要相信这些想法，并有意识地努力寻找质疑这些想法的证据或者角度。比如妻子在气头上也许会想到"他不关心我的需要，他总是这么自私"，此时她可以回忆丈夫以前的体贴行为，以此质疑这种负面的想法。这样妻子也许会换一种想法："他有时候还是挺关心我的，尽管他刚才的表现不够体贴，让我生气。"后面这种想法为改变和积极的解决方法提供了可能性，而最初的那种想法只会激起妻子的愤怒和伤害行为。

非辩护性的倾听和交谈

他："你吼什么！"

她:"我吼又怎么样,我说的话你一个字也没听进去,你就是不听我讲!"

倾听是一种维系夫妇感情的技巧。夫妇俩即使吵得不可开交,情绪都失控了,其中一方或双方也可以努力做到在怒火过去之后进行倾听,理解并回应对方补救性的姿态。即将离婚的夫妇内心往往充满了怒火,陷入当前具体问题的纷争而不能自拔,根本无法做到倾听,更别提回应对方缔结和平的暗示了。一方处于防卫状态的表现是忽略或立即反驳配偶的抱怨,将其视为一种攻击而不是改变行为的努力。当然,夫妇俩吵架时,一方说的话经常会表现为攻击的形式,或者语气中充满强烈的否定,除了攻击之外再没有别的意思。

即使到了最糟糕的地步,夫妇双方也可以有选择地接收所听到的话,忽略争执当中恶意及负面的部分,比如厌恶的语调、人格侮辱、轻蔑的批判等,只听取主要的信息。如果能把配偶的否定看作重视的表现,即要求对有关问题进行关注,这将会有助于问题的解决。假如妻子大喊:"你不要打断我的话好吗,看在老天的分上!"在这种情况下,丈夫对妻子的愤怒可以不做过度反应,而是说:"好吧,你继续说。"

非辩护性倾听最有效的形式当然是同理心,即真正倾听和领会对方的言外之意。第七章谈到,在夫妇关系中,一方要对另一方真正产生同理心,其自身的情绪反应必须保持冷静,提高接收能力,自身生理才能达到反映配偶感受的水平。如果没有这种生理协调，一方对另一方感受的知觉可能会完全错误。如果自身情绪过于强烈，凌驾于一切之上，破坏生理和谐，个体的同理心就会受到破坏。

有效倾听情绪的一个方法叫作"镜像"，常见于婚姻治疗。比如妻子对丈夫抱怨时，丈夫对妻子重复同样的话，其目的不仅在于了解妻子的想法，还在于努力领会妻子的感受。夫妇双方在实施镜像疗法的时候，要注意复述的准确性，如果不准确，就要再次复述，直至准确。镜像疗法看起来很简单，但操作之困难令人意外。[29] 准确反映配偶的感受，其效果不仅在于理解配偶的感受，还能够增强彼此情绪协调的意识。镜像本身有时能够瓦解潜在的人身攻击，而且能有效防止发牢骚升级为争执。

夫妇之间非辩护性交谈的艺术，其核心是交谈必须围绕特定的问题，不能升级为人身攻击。有效传播项目的创始人、心理学家海穆·吉诺特向我们推荐了抱怨的最佳法则"XYZ"："当你做了 X，我感到 Y，我希望你转而做 Z。"比如应该这样抱怨："你没有打电话告诉我晚餐约会你会晚点来，我感到不受尊重和生气。我希望你打电话告诉我你会晚点到。"而不是这样抱怨："你是个自私的家伙！"——这是夫妇吵架常见的情形。总之，开诚布公地交流，不能恐吓、威胁和侮辱对方，也不能想方设法为自己辩护，比如找借口、推卸责任、批评对方等。此时同理心再次扮演了重要的角色。

最后，和人生的其他领域一样，尊重和爱可以瓦解婚姻中的敌意。防止争执升级的一个有效手段是：让对方知道你还可以从其他角度看问题，尽管你本身并不赞同，但这种观点也许有一定的合理性。另外，如果你认为自己有错，就要承担责任并且道歉。认可至少可以传递出你在倾听并认同对方感受的信息，尽管你并不赞同对方的看法，比如"我知道你不高兴"。有时候，如果夫妇没有吵架，认可还可以表现为赞美的形式，比如发现对方的优点，并做出赞扬。认可是舒缓配偶情绪或培育积极情绪的一种有效途径。

练　习

以上介绍的一些方法派上用场之时正是夫妇双方剑拔弩张、情绪高度唤起之际，因此，要在平时充分练习这些技巧，以便在需要的时候运用自如。这是因为情绪脑会按照过去愤怒和伤害时所获得的经验进行回应，过去的情绪经验具有主导作用。如果不熟悉积极有效的情绪回应，或者没有很好地练习，个体在情绪不安时要做出这种回应就会极为困难。如果经常练习，这种情绪回应就会逐渐变成自动反应，在出现情绪危机时就有可能发挥出来。因此，我们要对这些策略进行练习和预演，不仅用在压力没有那么大的时候，还要用在激烈争吵的时候，使其有机会成为情绪神经回路指令系统后天习得的第一反应（或者至少是第二反应）。从根本上来说，这些婚姻的黏合剂是情绪智力提供的一项小小的补救性教育。

第十章

用心管理

墨尔本·麦克布鲁姆是一位喜欢发号施令的上司，他的脾气让跟他一起工作的人都感到害怕。如果麦克布鲁姆在办公室或工厂上班，那么这一点还不算什么，但是他是一名飞行员。

1978年的一天，麦克布鲁姆驾驶的飞机即将降落在俄勒冈的波特兰，但他突然发现飞机起落架出现了问题。因此，麦克布鲁姆把飞行设置为等待航线模式，飞机在机场附近的高空盘旋，而他则在拨弄飞机的机械装置。

在麦克布鲁姆专心研究起落架的时候，飞机燃料读数渐渐接近于零。副驾驶员们害怕麦克布鲁姆发怒，在灾难即将降临之际居然什么都没说。最后飞机坠毁了，造成10人死亡。

这次飞机失事在飞行员安全培训中已经成为反面教材。[1] 80%的飞机失事是因为飞行员犯了本来可以避免的错误，如果机组人员工作更加协调，这些错误根本不会发生。团队合作、开明沟通、协调配合、注意倾听以及表达真实想法，这些社会智力的基本要素和驾驶技术一样需要在飞行员训练中得到加强。

飞机驾驶舱是工作组织的一个缩影。如果不是发生了飞机失事这种让人警醒的重大事件，低落的士气、战战兢兢的员工、颐指气使的老板，以及工作环境中其他形形色色的情绪缺陷，其破坏性后果通常会被不在场的人忽略。但它们往往会导致工作效率降低，无法如期完成任务的情况增多，错漏百出，大批员工跳槽到工作环境更好的企业。这是工作环境情绪智力水平过低导致的必然恶果。如果情况继续恶化，企业有可能倒闭。

情绪智力的成本效率对企业来说是一个相对较新的概念，有些经理人也许难以接受。一项面向250名企业执行官的调查显示，大多数被调查者认为他们的工作需要他们"用脑而不是用心"。很多被调查者表示，他们担心对同事抱有同理心或同情心会使他们与组织的目标产生冲突。其中有一位认为"感知员工情绪"这种想法是荒谬的，他表示，如果这样，"就没法管理他们了"。其他被调查者则认为如果他们不铁石心肠，他们就无法做出企业所要求的"困难"决定，不过他们向员工宣布决定时可能会选择较为人道的方式。[2]

这项调查是在20世纪70年代进行的，当时的企业环境和现在差别很大。我认为，他们这种态度已经过时了。在新的竞争环境下，情绪智力对职场和市场的作用越来越突出。哈佛商学院心理学家肖沙娜·朱伯夫（Shoshona Zuboff）指出："20世纪以来，企业经历了急剧的变化，情绪景观也随之出现了改变。在企业的等级制度下，经理人阶层曾经长期处于统治地位，手腕强硬的铁血老板得到回报。但在全球化和信息技术的双重压力之下，企业僵化的等级制度在20世纪80年代开始瓦解。铁血战士代表企业的过去，而人际关系的大师代表企业的未来。"[3]

原因很明显——想象一下，在一个工作团队中，有人无法控制自己的怒火，或者对同事的感受麻木不仁的后果是什么。我们在第六章介绍过的思维波动的负面影响同样适用于工作环境。如果情绪低落，人们就无法聚精会神，思路清晰地记忆、学习或决策。按照一位管理咨询师的说法，"压力之下必有愚夫"。

我们还可以正面考察一下提高基本情绪竞争力（与他人的情绪协调一致，防止分歧升级，工作进入"涌流"状态）对工作的益处。领导力不是支配和控制，而是说服人们向共同目标努力的艺术。此外，在对自己职业的管理中，最关键的是识别自身对工作最深刻的感受，了解什么样的改变能使我们对工作更为满意。

情绪潜能逐渐成为重要的业务技能，这也反映了工作环境的急剧变化。下面我将介绍情绪智力的三种不同应用：一是把发牢骚转化为有用的批评；二是营造推崇多样性的氛围，而不是将其视为摩擦的根源；三是建立有效的关系网。

批评是第一要务

他是一位经验丰富的工程师，负责一个软件开发项目。他正在向公司的产品开发副总裁汇报几个月以来的工作成果。他的团队在他的带领下夜以继日地工作，他们对自己艰苦工作所取得的成果感到自豪。然而，工程师汇报完毕之后，副总裁挖苦地问道："你从研究所毕业多长时间了？这些技术标准太荒唐了，过不了我这关。"

工程师感到非常尴尬和沮丧,他在会议剩余时间里闷闷不乐地坐着,一言不发。他的团队成员为捍卫他们的成果不断辩解,但都说不到点子上,而且态度有点抵触。副总裁此时被叫走,会议突然中断,于是大家不欢而散。

在接下来的两个星期里,工程师一直对副总裁的评价耿耿于怀。他无精打采,绝望透顶,他觉得自己在公司再也不会被委以重任了,尽管他很喜欢这份工作,但他还是打算辞职不干了。

最后工程师去见副总裁,跟他说起那次会议,说到副总裁的批评令他的团队士气低落。然后他字斟句酌地问:"我不太明白你的用意。你应该不只是想让我难堪,你当时还有别的想法吗?"

副总裁很吃惊,他根本没有想到他当时的话会有这么严重的影响,他只是随口说说而已。实际上,他认为这个软件开发项目很有前途,但还需要付出更多的努力,他并不是要把它贬得一无是处。副总裁说,他根本没有意识到自己的反应方式这么糟糕,他也不是想伤害别人的感情。于是副总裁向工程师送上迟来的道歉。[4]

这个故事讲的其实是反馈问题,即人们获取关键的信息,以确保工作不会偏离正轨。系统论中的"反馈",原意是关于系统的一部分运作情况的数据交换,系统的一部分会影响其他部分,因此任何阻碍进程的部分都应得到改善。在企业中,每个人都是系统的一部分,因此反馈——也就是信息交流——相当于组织的血液,人们据此了解他们所做的工作是否符合要求，或是否需要调整、升级甚至彻底转向。没有反馈，人们就会一头雾水，不知道怎么与上司、同事相处，也不知道别人对他们的期望，随着时间流逝，这些问题会越来越严重。

从某种意义上说，批评是经理人最重要的任务之一，同时也是他们最害怕、最想逃避的事情之一。和前文那位挖苦下属的副总裁一样，很多经理人的反馈方法很糟糕。这种欠缺会造成巨大的损失，正如夫妇的情绪健康取决于他们表达不满的技巧，公司员工的工作效率、满意度以及产出也取决于上司向他们指出问题的方式。事实上，如何提出批评和接受批评，对员工的工作满意度、同事满意度以及上司满意度有着非常重要的影响。

最糟糕的激励方式

婚姻中常见的情绪问题同样适用于工作环境，两者的表现形式很相似。比如批评表现为人身攻击而不是恰当的抱怨，或者单纯从个人喜好出发进行指责，充满厌恶、挖苦和轻蔑。这些行为会导致员工采取守势，并推诿责任，最后由于感觉受到不公正对待，进一步演变成消极作对或心怀怨恨的被动抵抗。有些企业咨询顾问认为，在工作场所，恶意批评常常表现为以偏概全或者一棍子打死，比如"你糟透了"；批评的语调尖酸刻薄、怒气冲冲，让人根本无法回应，也不知道如何改正。恶意批评让被批评者感到无助和愤怒。从情绪智力的角度看，恶意批评显示了批判者的无知，他们不知道这种批评会触发被批评者的负面情绪，也不知道负面情绪会影响被批评者工作的动机、能量以及信心。

一项关于经理人的调查揭示了恶意批评的情绪机制。研究者要求经理人回顾对员工发脾气以及愤怒到极点时进行人身攻击的情形。[5]结果发现攻击所产生的效果与夫妇之间的攻击类似,受攻击员工的常见回应是为自己辩护、寻找借口、逃避责任,或者消极作对,尽量避免与发脾气的经理人的一切接触。如果将约翰·戈特曼分析夫妇之间情绪问题的方法用于受批评员工,他们肯定会和自认为受到不公正对待的丈夫或妻子一样,产生无辜受害者或义愤的想法。如果对员工的生理状态进行检测,他们很可能也会出现情绪泛滥的迹象,而情绪泛滥会使他们的想法进一步加强。经理人则会对员工的这种回应感到更加不满和气愤,于是恶意批评的循环最后就会以员工辞职或被解雇告终——相当于与企业离婚。

一项面对108名经理人和白领员工的调查显示,不当批评的影响超过了猜疑、性格不合以及权力斗争,成为工作冲突的一个主要成因。[6]伦斯勒理工学院开展的一项实验显示了刻薄的批评对职业人际关系的危害。受测者被要求给一种新型洗发水制作广告,一名实验助手对广告提案进行评论,他的评语有两种,均是预先安排好的。受测者会收到其中一种评语。第一种评语友善而且具体,第二种评语则包含了威胁以及对受测者的人身攻击,比如"想也不要想,好像没有一件事是做对的",以及"也许缺乏天赋,我得找其他人来做"。

可以想象得到,受到攻击的受测者变得紧张、愤怒和抵触,并拒绝与批评者在接下来的项目中进行协作或合作。很多人表示他们希望不再与批评者来往，也就是消极作对。刻薄的批评使被批评者士气低落，不再努力工作，最严重的后果是，他们自认为不能胜任这项工作。人身攻击打击了他们的士气。

很多经理人动不动就批评下属，对赞扬却非常吝啬，员工感到他们只有在犯错时才会听到上司对他们工作表现的评价。除了批评的偏向性之外，还有很多经理人习惯于长时间推迟对员工进行反馈。伊利诺伊大学厄本那分校心理学家 J. R. 拉森认为："员工表现出来的大多数问题都不是突然出现的，它们慢慢地与日俱增。如果上司无法让员工及时了解他的感受，上司就会越来越沮丧。然后有一天，他就会发作出来。如果他及早提出批评，员工就会改正错误。但人们常常在事情不可收拾的时候提出批评，此时他们往往过于愤怒，无法控制自己的情绪。这时候他们就会以最糟糕的方式提出批评，回想起长久以来积压在内心的种种不满，语气充满了挖苦和嘲讽，甚至发出威胁。这种攻击效果往往适得其反，被批评者将其视为侮辱，因此也会感到愤怒。这是激励员工最糟糕的方式。"

批评的艺术

我们还有另一种批评的方式。

有技巧的批评也许是经理人传递的最有用的信息之一。比如，那位轻蔑的副总裁可以这样对软件工程师说："目前阶段的主要问题是你们的计划时间太长了，增加了成本。我希望你再仔细考虑一下这个提议，尤其是软件开发的设计标准，看看能不能在更短的时间内完成这项工作。"与恶意的批评相比,这种信息传递方式的效果截然不同。前者制造无助、愤怒和反抗,后者传递了改进的希望,并提出了相关建议。

有技巧的批评,关注的是个人的行为以及日后改善的可能性,而不是把工作质量差归结为人格方面的原因。正如拉森指出的:"批评某人愚蠢或无能,这种人格攻击并没有批评到点子上。你一下子把他置于防守的地位,他再也听不进你让他改进的意见。"拉森的建议显然和我们对已婚夫妇表达不满的建议是一致的。

对于激励,如果人们认为失败是由自身无法改变的缺陷引起的,他们就会失去希望,不再努力。请记住,激发乐观主义的基本信念是:挫折或失败是由客观条件引起的,而我们可以改变这些条件,把工作做得更好。

批评的艺术与赞扬的艺术有着千丝万缕的联系。由精神分析师转为企业咨询顾问的哈里·莱文森对批评的方法提出了如下建议:

- **具体**。选择有意义的事件,即能够显示需要改变的关键问题或缺陷模式的事件,比如无法顺利完成一项工作的某些部分。如果员工只听到他们"做错了",但不知道具体错在哪里,也就无法改进,这样会打击员工的士气。关注具体的细节,明确员工哪些地方做得好,哪些地方做得不好,以及应该怎样加以改进。不要旁敲侧击或拐弯抹角、回避问题,混淆真正有用的信息。类似于夫妇之间发牢骚的"XYZ"法则,批评员工时要指明问题是什么,具体错在哪里,你对问题的态度,以及应该如何改进。

- 莱文森指出:"对于赞扬,具体同样重要。当然,含糊的赞扬不是一点儿效果都没有,但是效果不大,而且你无法从中学习。"[7]

- 提供解决方法。和所有有用的反馈一样,批评应当指明改正问题的方法。否则被批评者会感到沮丧,士气低落,或失去动力。通过批评,被批评者了解到此前没有意识到的可能性或者替代方法,或者意识到需要注意某些不足。批评还应该包含关于如何处理这些问题的建议。

- 当面表达。批评和赞扬一样,在面对面和私下场合效果最明显。不习惯提出批评或表扬的人也许会为了减轻心理负担,选择远距离表达批评或赞扬,比如写备忘录。不过这种方式太缺乏人情味了,而且对方也没有机会进行回应或澄清。

- 保持敏感。这需要同理心,与自己所说的话以及说话方式对接收方产生的影响协调一致。莱文森指出,没有同理心的经理人在反馈时最容易伤害别人,比如使人无地自容的奚落。这种批评的后果非常严重,被批评者没有机会改进,反而为此心生怨恨和痛苦,处于防守和疏离的立场。

莱文森还对被批评者提供了一些情绪方面的建议。首先,把批评看成是改进工作的有用信息,而不是人身攻击。其次,警惕自我辩护而不是承担责任的冲动。如果批评实在难以接受,可以要求暂停谈话,给自己留出一些时间进行消化,使情绪冷静下来。最后,他建议人们把批评看成是与批评者进行合作、共同解决问题的机会，而不是采取敌对立场。所有明智的建议都可以作为已婚夫妇正确处理抱怨、避免对婚姻关系造成永久性伤害的建议，既适用于婚姻，也适用于工作。

处理多样性

三十多岁的前美军上尉西尔维娅·斯基特在南加利福尼亚哥伦比亚市丹尼饭店担任值班经理。在一个百无聊赖的下午，一群黑人顾客到饭店就餐，其中一位是牧师，一位是牧师助理，还有两位是来访的福音歌手。但饭店服务员没有理会他们，他们只好干坐着。斯基特回忆说，饭店服务员"面面相觑，把手叉在腰间，然后又继续聊起天来，就好像离他们 5 英尺之外的黑人顾客不存在似的"。

斯基特愤愤不平地质问服务员，并且向经理投诉，然而经理却为服务员的行为进行开脱，他说："他们从小就是这样，我一点办法都没有。"斯基特当场就辞职了，她也是位黑人。

如果这是一个孤立的事件，这种公然的种族歧视也许就这样过去了。但是西尔维娅·斯基特和其他数以百计的人一样，参加了反对丹尼饭店歧视黑人的大规模集体诉讼，在丹尼饭店受到歧视的黑人顾客一方最后获得了高达 5 400 万美元的赔偿。

诉讼的原告包括 7 名美国非裔特工人员的代表，他们在丹尼饭店为了吃早餐足足等了一个小时，而邻座的白人同事却很快就受到招待——这批特工正在准备为克林顿总统访问位于安纳波利斯的美国海军学院提供安保服务。原告还包括一位来自佛罗里达州坦帕市、双腿瘫痪的黑人女孩,她在舞会之后的深夜,在轮椅上等待了两个小时才等到她的晚餐。集体诉讼认为,这种歧视源于丹尼饭店(尤其是地区和分店经理层)的普遍观念,他们认为黑人顾客会影响饭店的生意。现在,由于集体诉讼以及媒体的曝光,丹尼饭店正在努力对黑人社区进行弥补。每一位员工,尤其是经理人员,都必须参加关于多种族顾客的优势的培训班。

这种培训已经成为美国所有公司入职培训的常规内容,经理层逐渐意识到,即使他们对有色种族存在偏见,他们也必须学会不带偏见地行事。除了社交礼仪方面的原因,还有实用主义的考虑。其中一个原因是工作场所人口结构的变化,过去白人男性是公司的主要群体,但现在他们已经沦为少数群体了。一项针对几百家美国公司的调查显示,超过3/4的新雇员是有色人口。人口结构的变化还反映在顾客群体的大规模变迁上。[8] 另一个原因是跨国公司越来越迫切地需要员工消除偏见,学会欣赏来自不同文化(和市场)的人群,而且要把这种欣赏转化为竞争优势。第三个原因是多样性的潜在效果,它可以提高集体的创造力和创新的动力。

这一切都意味着组织文化必须做出相应的改变,提倡宽容,尽管个人偏见仍然存在。公司应该怎么做呢?为期一天或一个周末,或者看一场录像了事的"多样性培训"课程似乎很难改变员工根深蒂固的偏见,比如白人歧视黑人、黑人歧视亚裔人口,或者亚裔人口歧视西班牙裔人口。很多多样性课程效果并不理想,不是承诺太多,引发错误的期望，就是制造对抗而不是理解的氛围，这种课程很可能加剧工作场所不同族群之间的紧张关系，使他们更加关注种族之间的差异。要知道应该怎么做，首先就要了解偏见的本质是什么。

偏见的根源

弗吉尼亚大学精神病学家瓦米克·沃尔坎（Vamik Volkan）博士回忆了他在塞浦路斯一个土耳其家庭长大的经历，当时土耳其人和希腊人的冲突非常激烈。沃尔坎小时候曾听到谣言，说当地希腊神父的腰带打着结，每一个结代表他勒死了一个土耳其儿童。他还记得别人告诉他希腊邻居吃猪肉时那种不可思议的语调，对他本人所属的土耳其文化来说，猪肉是不能吃的。现在，作为研究种族冲突的专业人士，沃尔坎指出，宣扬不同种族仇恨的童年记忆会持续很多年，每一个新生代都会处于这种敌对的偏见之中。[9] 对本族群保持忠诚的心理成本是对其他族群感到反感，尤其是在有着长期敌对历史的族群之间。

偏见是个体在早期学到的一种情绪经验，因此偏见反应很难完全消除，对于认为偏见不对的成年人也是如此。从事偏见研究几十年的加利福尼亚大学圣克鲁兹分校社会心理学家托马斯·佩蒂格鲁（Thomas Pettigrew）指出："偏见的情绪在童年期形成，但支持偏见的信念到后来才出现。也许你后来想改变偏见，但改变内心感受比改变理性信念要难得多。比如很多美国南方人向我承认，虽然他们心里对黑人不再存有偏见，但他们和黑人握手时总是感到不舒服。这种感觉来源于童年期家庭对他们的影响。"[10]

偏见受到刻板印象的支持，而刻板印象部分源于较为中立的心理神经机制，这种心理机制使刻板印象带有自我验证的倾向。[11] 人们倾向于记住符合刻板印象的事件，而不重视质疑刻板印象的事件。比如在聚会上，一位英国人情绪外露、热情亲切，这与通常冷漠保守的英国人形象截然不同，于是人们就会告诉自己，这个英国人不同寻常，或者"他喝醉了"。

微妙的偏见很难根除，这也许可以解释为什么过去 40 年美国白人对黑人的态度虽然已经越来越宽容，但表现形式更微妙的偏见依然存在。人们口头上否认种族歧视，但行动上依然带有隐秘的偏见。[12] 很多人表示他们没有种族偏见的恶习，但在模棱两可的情境中，他们会做出带有偏见的行为，尽管他们认为自己很理智，没有偏见。偏见的形式也许会表现为，自认为没有偏见的白人高级经理拒绝了一位黑人求职者，表面上不是出于种族原因，而是他的教育背景和经验"难以胜任"这项工作，而他却聘请了教育背景完全相同的白人求职者。或者表现为，他教给白人推销员一些简单有用的打电话技巧，但对黑人或西班牙裔推销员没有这样做。

对不宽容的不宽容

如果说长期形成的偏见无法轻易消除，那么可以改变的是人们对待偏见的态度。比如丹尼饭店的例子，服务员或分店经理公然歧视黑人的行为如果受到质疑，那么这种现象就会减少。但是，一些经理人似乎在鼓励歧视行为,至少是心照不宣,甚至要求黑人必须先付钱后用餐,拒绝为黑人提供餐馆广为宣传的免费生日餐,或者在一群黑人来就餐时把大门锁上,宣称营业时间结束。正如代表黑人特工人员起诉丹尼饭店的律师约翰·P. 雷尔曼指出的那样,"丹尼饭店的管理层对下属员工的所作所为视而不见,这传递了某种信息……助长了当地经理种族歧视的冲动。"[13]

从偏见的根源以及如何有效消除偏见来看,正是对偏见行为视而不见的姑息态度助长了歧视的发展。在这种情况下,不作为本质上就是容忍偏见的病毒肆意扩散。比多样性培训课程更有意义,或者使这种课程发挥实际效果的做法是,从管理层到基层员工都积极地反对所有歧视行为,由此彻底改变一个群体的规范。如果整体的氛围出现变化,尽管也许很难消除偏见,但至少可以消除带有偏见的行为。按照IBM 一位执行官的说法,"我们不容忍任何形式的歧视或侮辱,尊重个人是 IBM 文化的核心"。[14]

偏见研究对于提高企业文化宽容度提出了一些建设性意见,那就是鼓励员工公开反对隐蔽的歧视或攻击行为,比如无礼的笑话或者张贴侮辱女员工的裸体人像挂历。有研究发现,在一群人中如果有人发表种族歧视的侮辱言论,其他人也会跟着这样做。如果当场指出这种歧视行为或者提出反对,这种简单的行为可以创造减少歧视的社会氛围,什么都不说就相当于宽恕这种行为。[15] 因此,处于权威地位的人能起到关键的作用,如果他们不谴责偏见行为,无形中等于传递了这种行为没有问题的信号。对此进行谴责可以传递出强烈的信号,表明偏见不是小事，而是会产生真正的负面影响。

情绪智力的技能，尤其是不仅知道在什么时候、还知道如何有效地反对偏见的社交技巧，在这种情况下再次发挥作用。这种反馈技巧应当与其他有效批评的技巧一起使用，确保被批评者不会产生逆反心理。如果经理人和员工能够自然而然地做到这一点，或对此加以学习，那么偏见现象就会逐渐消失。

有效的多样性培训课程应当在组织内部建立新的基本准则，防止任何形式的偏见行为，鼓励员工不再充当沉默的证人和旁观者，而要明确表达他们的反感和反对意见。多样性课程的另一个积极因素是观点采择，即提倡同理心和宽容的立场。只要员工逐渐意识到被歧视者的痛苦，他们就有可能公开反对歧视行为。

简而言之，禁止偏见行为的发生比从根本上消除偏见态度的可能性要大得多。刻板印象即使可以改变，也会非常缓慢。只是简单地让不同种族的人待在一起，不会或者很难减少不宽容的现象，正如废除种族隔离学校所发生的情况，不同种族之间的敌意不仅没有消除，反而增强了。既然多样性培训项目遍及所有公司，那么现实的目标应当是借此改变带有偏见或攻击色彩的群体规范。提高集体意识，不接受和容忍偏执或攻击行为，培训项目在这些方面可以大有作为。不过期望这些项目从根本上消除偏见是不现实的。

既然偏见是情绪学习的结果，那么再度学习肯定是有可能的——当然需要时间，而且不能指望达到一次性的多样性培训课程那样的效果。要实现改变，就需要持续的友爱之情，需要不同背景的人向着共同的目标不断努力。废除种族隔离学校的教训是，如果种族之间无法融合，反而形成彼此对立的小集团，那么负面的刻板印象就会被强化。如果学生们为了实现共同的目标平等地开展合作，比如在运动队或者乐队中，他们的刻板印象就会被打破。在工作环境，员工一起共事多年，自然也会出现这种现象。[16]

不过，如果停止与工作环境中的偏见现象进行斗争，就会错失更好的机会，无法利用工作群体多样化可能带来的创造力和创新精神。接下来我们会了解到，一个工作团队内的成员，其优势和视角各有千秋，如果他们能够协调一致，相对于同一批人各自独立工作，可能会实现更出色、更有创造性、更有效的解决方案。

组织智慧与群体智商

20世纪末，美国职业大军当中的第三大力量是"知识工人"，比如市场分析师、作家或电脑程序员等，他们的生产力体现在为信息提供附加值。发明"知识工人"一词的著名管理学大师彼得·德鲁克指出，知识工人的技能高度专业化，其生产力取决于他们作为组织一分子与组织团队的协调能力：作家不是出版商，电脑程序员不是软件发布者。德鲁克说，人们总是要协同工作，而对于知识化的工作，"团队而不是个人成为工作的单元"。[17]这也说明情绪智力，即有助于人们协调一致的技能，在未来的工作环境中将会变得越来越有价值。

组织化团队工作最基本的形式也许是开会，比如董事会会议、电话会议以及其他普通会议等，这是执行官难以避免的一部分任务。面对面的会议是最明显但又略显过时的样板,可以据此判断一个团队是如何分工合作的。电子网络、电子邮件、电视电话会议、工作团队、非正式网络等都是组织内新出现的功能实体。从某种程度上说,组织结构图所揭示的明确的等级制度代表了组织的骨骼,而这些人际接触点就代表着组织的神经系统。

人们在进行协作的时候,不管是召开执行计划的会议,还是成立团队共同开发产品,都会体现出所谓的群体智商,即群体成员才能和技能的总和。团队完成任务质量的高低取决于群体智商的高低。据研究,群体智力最重要的一个因素并不是群体成员学业意义上的平均智商,而是群体的情绪智力。高群体智商的关键是社会和谐。在其他要素相同的情况下,团队协调一致的能力是激发团队才能、提高效率和取得成功的保证。在团队成员才能和技能相同的情况下,团队如果无法协调一致就无法出色地完成任务。

提出"群体智力"概念的是耶鲁大学心理学家罗伯特·斯腾伯格,以及从事群体效率研究的研究生温迪·威廉姆斯。[18] 人们为了完成一项任务组建团队,团队中的每个人都具备一定的才能,比如语言流利、创造性强、富有同理心或者拥有其他技术专长。群体智力不一定大于所有群体成员特定才能的总和,如果群体成员无法共享各自的聪明才智,群体智力还有可能小于成员才能的总和。斯腾伯格和威廉姆斯通过研究证实了两者之间的差异。他们召集一群受测者分成小组进行合作,受测者的任务是为一款有望成为糖果替代品的虚拟的甜味剂策划有效的广告宣传活动。

这项研究的一个惊人发现是，过于急切而不愿合作的人拖了整个团队的后腿，影响了团队的整体表现。这些野心勃勃的人过于喜欢控制或命令别人。他们缺乏一种基本的社会智力，无法识别在合作交流过程中什么行为合适、什么行为不合适。成员不愿意参与，是团队表现的一个负面因素。

团队成果最优化的一个重要因素是团队成员保持内部和谐的程度，团队和谐有助于成员充分发挥才能。对于一个和谐团队来说，拥有一位天分极高的成员可以提高团队的整体表现，而摩擦较多的团队则难以充分利用能力出众的成员。在有高度情绪或社交障碍的团队，无论这些障碍是恐惧或愤怒引起的，还是敌对或怨恨引起的，成员的才能都无法得到最好的发挥。和谐可以使团队最大限度地利用成员的创造性和天赋。

该研究对工作团队的启发非常明显，同时对每一个在组织中工作的人都具有普遍的意义。很多工作的完成需要依赖于人们号召合作者组成松散网络的能力，不同的任务需要合作网络中不同的合作者。各种特设的工作团队由此应运而生，并对成员的才能、专长和岗位进行最优化安排。人们对合作网络的组织能力，即建立临时性特设团队的能力，是事业成功的一个关键因素。

贝尔实验室位于普林斯顿附近，是世界知名的科学智囊机构。让我们来看看关于贝尔实验室明星员工的研究。在贝尔实验室工作的都是高智商的工程师和科学家。但在实验室里，有些人表现异常杰出，而有些人仅仅处于平均水平。明星员工与普通员工的差异不在于他们的学业智商，而在于他们的情商。明星员工更善于自我激励，更善于召集自己所在的非正式网络，组建特设工作团队。

研究者选择了贝尔实验室的一个部门对明星员工进行研究，该部门的任务是研发和设计控制电话系统的电子开关。电子开关是电子工程中非常复杂、要求很高的一部分。[19]这项工作单枪匹马无法胜任，必须由诸多团队共同完成，这些团队的规模从5名至150名工程师不等。没有哪一位工程师具备单独完成任务所需要的全部技能，必须借助其他人的专业技能才能完成任务。为了找到高效率的明星工程师与普通工程师之间差异的决定因素，罗伯特·凯利和珍妮特·卡普兰让经理人和员工提名10%—15%的工程师作为明星工程师。

研究者在明星工程师与其他工程师之间进行比较，最惊人的发现是两个群体只存在很细微的差别。凯利和卡普兰发表在《哈佛商业评论》上的文章写道："根据一系列认知和社会方面的测量方法，比如智商的标准测试和性格测试，这些人的能力没有显著的差异。随着个体的发展，根据学业才能无法准确地预测工作成果，智商也是如此。"

研究者通过访谈发现，关键的差异在于明星工程师为了完成任务所运用的内在策略和人际策略。最重要的策略之一是与一群关键人物保持融洽的关系。明星工程师工作顺利的原因在于，他们花时间与关键人物发展良好的人际关系，而关键人物在临时性特设团队中能为解决问题或处理危机提供关键的服务。根据凯利和卡普兰的观察，"贝尔实验室的一个中层员工谈起他被一个技术问题难住了，他不辞劳苦召集了不同的技术高手，可是他的号召没有得到回应，电子邮件没人回复，他白白浪费了宝贵的等待时间。而明星工程师很少遇到这种情况，他们在需要别人帮忙之前就已经建立了可靠的关系网。一旦他们需要别人的建议，明星工程师总是能够获得较快的回应"。

非正式网络对于处理意想不到的问题尤为关键。一项关于非正式网络的研究显示，"正式组织是为处理可预期的问题而设置的。假如出现了无法预期的问题，非正式网络就开始发挥作用了。这种复杂的社会关系网在同事之间每一次交流的时候形成，随着时间的流逝逐渐加强，最后发展成为异常稳定的关系网。非正式网络具有高度的适应性，可以随意变化，能够跳过整体，直接完成任务"。[20]

对非正式网络的分析显示，由于人们天天在一起工作，他们不需要向所有人透露敏感的信息（比如想换工作，对某个经理或同事的行为感到不满），遇到困难时也不需要向所有人求助。事实上，更加成熟的观点是非正式网络至少有三种形式：一是沟通网，即互相交谈的圈子；二是专业网，由可以提供建议的人组成；三是信任网。如果在专业网担任骨干，说明此人拥有专业技能杰出的声望，专业技能通常是晋升的决定因素。不过，被视为专家，与被视为值得交换秘密、疑问和弱点的人，两者毫无关系。一位狭隘的办公室暴君或者吹毛求疵的领导者也许具有过硬的专业才能，但如果得不到别人的信任，就会削弱他们的管理能力，并被排除在非正式网络之外。组织里的明星通常与所有关系网都有着紧密的联系，无论是沟通网、专业网还是信任网。

除了掌握必不可少的关系网之外，贝尔实验室明星工程师具备的组织智慧还包括：有效地协调团队工作；在达成一致意见时起到领导作用；从他人的角度看待问题，比如顾客或对立面的角度；善于说服他人；促进合作、避免冲突。所有这些技巧都取决于社交技能，除此之外，明星工程师还有其他的本领：一是积极主动，能够自我激励，勇于承担本职工作之外的责任；二是善于自我管理，在时间和工作承诺之间取得平衡。所有这些技能都是情绪智力的组成部分。

我们有充分的证据相信，从贝尔实验室观察到的结果预示了所有企业发展的未来，情绪智力的基本技能在团队合作以及帮助人们共同学习如何有效工作方面会显示出越来越重要的作用。随着以知识为基础的服务和知识资本成为企业的重心，改进员工合作方式将是提升知识资本、发挥关键竞争优势的一个主要途径。企业为了进一步发展壮大，而不是仅仅为了生存，将会努力提升整体的情绪智力。

第十一章
心与药

"医生,这一切都是谁教会你的?"

回答很快:

"痛苦。"

——阿尔伯特·卡缪,《瘟疫》

我的下体隐隐作痛,于是去看医生。本来一切都很平常,直到医生看到我的尿检报告。我有尿血的迹象。

医生用公事公办的口吻说:"你要到医院做些检查……肾功能检查、细胞检查……"

我不知道他后来说了些什么,一听到"细胞检查"就蒙了。癌症。

我记不清医生让我什么时候、到什么地方进行诊断检查。本来这是最简单不过的要求,我居然让他重复了三四次。"细胞检查",我的脑海里一直萦绕着这个词。感觉就像刚刚在自家门口被人打劫了。

我的反应为什么这么强烈?我的医生学识渊博、医术精湛,他正在根据诊断决策树检查我的四肢。我患上癌症的可能性很小。不过理性分析在当时无关紧要。面对疾病,情绪高于一切,恐惧难以避免。我们在生病时情绪会变得非常脆弱,原因在于我们的心理健康有一部分源于"刀枪不入"的幻觉。疾病,尤其是严重的疾病,打破了这种幻觉,"我们的个人世界很安全"的信念受到了动摇。突然之间,我们感到虚弱、无助和脆弱。

问题是医务人员在治疗时忽略了病人的情绪反应。这说明医务人员没有注意到,有越来越多的证据表明,人们的情绪状态对患病和康复的过程会产生显著的影响。现代医学护理常常缺乏情绪智力。

病人也许可以从护士或医生的一言一行中获得有用的信息和心理安慰,但如果医务人员处理不当,就会导致病人绝望。医务人员总是对病人的困扰表现出不耐烦或者漠不关心。当然也有些富有同情心的护士或医生在治疗病人时愿意耐心地安慰病人,提供病情信息。不过专业领域的趋势是,组织的强制性要求使医务人员忽视病人的脆弱心理,或者由于医疗压力过大而无法采取措施。由于医疗系统日益重视经济效益,情况变得越来越糟糕了。

我们要求医务人员在治疗的同时关怀病人,充分考虑病人的生理和社会现实因素,而不是将其排除在治疗之外,这不仅是出于人道主义方面的原因,还有其他更加迫切的理由。目前科学已经证实,无论是预防疾病还是治疗疾病,在治疗病人的同时调节病人的情绪状态,可以获得额外的医疗效果。当然不是所有情况下都会这样。不过根据成百上千的病例数据,平均来看,这些额外的医疗效果足以表明情绪干预应当成为严重疾病治疗标准的一部分。

现代社会历来把医学的使命定位为治疗疾患,即医治身体的不适,而忽视了病态,即病人患病的体验。病人受其影响,也在无形中忽略了自己对身体疾病的情绪反应，或认为情绪反应与疾病毫不相干。目前的治疗模式完全忽视了心理会显著影响身体的观点，从而进一步强化了这种态度。

另一个极端则是同样无益的观点，即认为人们通过保持愉快心情或乐观态度就可以治疗最严重的疾病，或者病人对疾病负有首要的责任。"态度治疗一切"这种花言巧语只能制造混乱和误解，夸大心理对疾病的影响程度，也许更糟糕的是有时还会让人们对患病感到内疚，好像疾病是道德败坏或精神无价值的标志。

真相处于两个极端之间。通过归纳科学数据，笔者旨在澄清这些矛盾的观点，更加清晰地理解情绪以及情绪智力对健康和疾病的影响程度，消除无稽之谈。

身体的心理：情绪对健康的影响

1974年，罗彻斯特大学医学与牙科学院实验室的一项发现改写了人体的生物学地图。心理学家罗伯特·阿德（Robert Ader）发现，人体的免疫系统像人脑一样具有学习能力。这一发现震惊了医学界，当时医学界普遍认为只有大脑和中枢神经系统才会根据经验改变反应方式。阿德的发现引发了科学界对中枢神经系统与免疫系统之间大量沟通渠道的探究，也就是对把心理、情绪和身体紧密联结起来的生物通道的研究。

在阿德的实验中，研究者给小白鼠喂食一种药物，用人工方法抑制其血液中对抗疾病的T细胞数量。每次给小白鼠喂食时用含有糖精的水伴服。阿德发现，不给小白鼠喂食抑制性药物，只喂食糖水，依然得到小白鼠 T 细胞数量减少的结果，甚至有些小白鼠出现了生病和死亡的现象。作为对糖水的回应，小白鼠的免疫系统学会了抑制 T 细胞。根据当时最先进的科学认识，不应该出现这种情况。

巴黎理工学校神经学家弗朗西斯科·瓦雷拉（Francisco Varela）指出，免疫系统是身体的大脑，决定身体对自身的感觉，即判断什么是属于身体的，什么是不属于身体的。[1] 免疫细胞随着血液流遍全身，几乎与其他所有细胞进行接触。免疫细胞能识别出来的细胞就会安然无事，识别不出来的细胞就会遭到攻击。免疫细胞的攻击可以帮助人体对抗病毒、细菌和癌细胞，但假如免疫细胞无法识别人体的一些正常细胞，就会引起过敏症或狼疮等免疫性疾病。在阿德的发现问世之前，每一位解剖学家、内科医生和生物学家都认为人脑（及其通过神经中枢系统遍布全身的外围系统）和免疫系统是两套独立的系统，不会对彼此的运行产生影响。控制小白鼠味觉的大脑中枢与产生 T 细胞的骨髓区域之间没有联结通道，这种想法持续了大约一个世纪。

阿德的发现促使科学家重新研究免疫系统和中枢神经系统之间的关联。专门研究这一领域的心理神经免疫学（Psychoneuroimmunology），现在已经成为一门前沿医学。"Psycho"意为"心理"，"neuro"意为"神经内分泌系统"（包含神经系统和荷尔蒙系统），"immunology"意为"免疫系统"，该学科的名称正好揭示了心理、神经以及免疫系统之间的联系。

有科学家发现，在大脑和免疫系统活动最广泛的化学信使

(chemical messengers),在调节情绪的神经领域分布也最为密集。[2]情绪通过一条直接的物理通道影响免疫系统,关于这一点,阿德的研究伙伴戴维·费尔腾(David Felten)发现了极为有力的证据。费尔腾注意到情绪对自主神经系统有着非常显著的作用,从胰岛素的分泌水平到血压无一不是由情绪调节的。费尔腾与他的妻子苏珊娜以及其他同事共同发现了自主神经系统与免疫系统淋巴细胞和巨噬细胞直接对话的交会点。[3]

借助电子显微镜,他们发现自主系统神经末端有突触状的触点与免疫细胞直接接触。这种物理的接触点促使神经细胞释放神经递质,以此调节免疫细胞。事实上,神经细胞与免疫细胞互相释放信号。这一发现具有划时代的意义,在此之前没有人知道免疫细胞居然能够接收神经系统所传递的信息。

为了检验神经末梢对免疫系统的作用,费尔腾进一步用动物进行了实验,他切除了动物淋巴腺和脾脏(免疫细胞储存或产生的场所)的部分神经,然后用病毒来检验其免疫系统。结果发现动物对病毒的免疫反应大为下降。费尔腾由此认为,没有这种神经末梢,免疫系统就无法像以前那样抵御入侵的病毒或细菌。简而言之,神经系统不仅与免疫系统存在联结关系,而且对正常的免疫功能有着至关重要的作用。

联结情绪与免疫系统的另一个关键通道是通过应激释放的荷尔蒙的影响实现的。儿茶酚胺(即肾上腺素和去甲肾上腺素)、皮质醇和催乳素,以及有天然镇静作用的内啡肽和脑啡肽在个体应激唤起时会全部释放出来。每一种激素都会对免疫细胞产生影响。虽然其中的影响机制很复杂，不过主要的影响是，如果全身荷尔蒙水平升高，免疫细胞的功能就会受阻，应激抑制了免疫抵抗，至少暂时如此，这样做的目的可能是为了保存能量，在更加迫切的生死关头优先使用。假如应激持续不断，而且非常强烈，荷尔蒙的抑制效果会持续更长时间。[4]

微生物学家和其他科学家越来越多地发现大脑与心血管系统以及免疫系统之间存在诸如此类的联系，他们不得不接受曾经是不可思议的科学观点。[5]

有害的情绪：临床数据

尽管存在科学的证据，但是大多数医生仍然对情绪影响病人的临床表现感到怀疑。其中一个原因在于，尽管很多研究发现应激和负面情绪会降低各种免疫细胞的有效性，但这种变化是否足以影响医疗效果还没有完全搞清楚。

尽管如此，已经有越来越多的医生开始认识到情绪对医疗的作用。比如，斯坦福大学著名的妇科腹腔镜外科医生卡姆伦·尼扎特（Camran Nezhat）博士说："如果预约做手术的病人当天告诉我她非常害怕，不想做手术了，我就会取消手术。"尼扎特这样解释："每一位外科医生都知道，极度恐慌的病人手术结果通常很糟糕，这些病人会流血过多，更容易发生感染和并发症。他们的康复也会比较困难。如果他们的情绪能保持平静，治疗效果就会好得多。"

原因很简单，恐慌和焦虑会导致人体血压升高，外科医生动刀的时候，血压扩张的静脉就会流血更多。失血过多是最可怕的外科手术并发症之一，有时还会致命。

除了这种病例，关于情绪对临床重要性的证据越来越多，其中最有力的数据来自一项综合分析研究，这项研究综合了101项小型研究以及一项涉及几千人的大型单项研究的成果。研究证实，在一定程度上，情绪不稳定会危害健康。[6]慢性焦虑、长期抑郁和悲观、持续紧张或不满、愤世嫉俗或多疑的人，经研究患病风险是常人的两倍，包括哮喘、关节炎、头痛、胃溃疡以及心脏病（每种疾病代表主要、广泛的疾病分类）。因此，困扰情绪是疾病的风险因素，其有害性相当于吸烟、高胆固醇对心脏病的危害，也就是说，成为健康主要的威胁。

当然，这是一种广泛的统计学意义上的联系，并不是说有慢性负面情绪的人就一定更容易患病。不过，情绪对疾病潜在影响的证据比这项综合分析研究的结果要广泛得多。对特定情绪——尤其是三大负面情绪：愤怒、焦虑和抑郁——进行更加细致的研究，可以探明情绪医疗意义的特殊途径，尽管我们尚未完全了解这些情绪发挥作用的生物学机制。[7]

自毁性愤怒

一名男子说，前不久他的汽车被撞，整个旅程泡了汤。保险公司给汽车贴上数不清的红色胶带，汽车维修厂对汽车的破坏则更加严重，而他还要为此支付800美元。这甚至不是他的错。他受够了，每当坐上这辆车，他就感到无尽的厌恶。最后他无可奈何地把车卖掉了。几年过去了，这段回忆仍然让他感到愤怒，就像刚刚发生一样历历在目。

这是斯坦福大学医学院对心脏病病人愤怒情绪研究的一部分，研究者有意激起病人的痛苦回忆。和上面这位痛苦的男子一样，所有受测病人均发作过一次心脏病。研究的目的是考察愤怒对病人心脏某些功能的显著影响。结果非常惊人，当病人叙述让他们发怒的事情时，他们心脏的泵效下降了5%，[8] 有些病人的心脏泵效下降了7%甚至更多——达到了心脏病学家认为是出现心肌缺血迹象的范围，心肌缺血是指流向心脏的血液减少，这是非常危险的信号。

诸如焦虑等其他困扰情绪不会导致泵效下降，身体用力的时候也不会。愤怒似乎是对心脏危害最大的一种情绪。病人在回忆不愉快的往事时表示当前愤怒的程度只有事情发生时的一半，这说明如果真正遇到非常气愤的事情，他们心脏受损的程度会更严重。

这一发现和其他相关研究一起揭示了愤怒情绪对心脏的重大危害。[9] 传统观点认为冲动、高压的A型人格具有患心脏病的高风险，但这个观点现在已经站不住脚，最近科学界又有新的发现，敌意才是最重要的心脏病风险因素。

杜克大学雷德福·威廉姆斯博士对敌意进行了大量研究。[10] 威廉姆斯发现，在医学院读书时敌意测试分数最高的医生，相对于敌意测试得分低的医生，他们在50岁左右死亡的概率是后者的7倍。也就是说，易怒较之吸烟、高血压、高胆固醇等其他风险因素，对过早死亡的预测作用更强。威廉姆斯的同事、北卡罗来纳大学的约翰·巴富特博士研究发现,接受血管造影检查(即用试管插入其冠状动脉以检测病变程度)的心脏病病人,其敌意测试的分数与其冠状动脉疾病的影响范围和严重程度存在关联。

当然,并不是说愤怒本身就会引起冠状动脉疾病,愤怒只是众多的影响因素之一。美国国家心肺血液研究所行为医学分所的代理所长彼得·考夫曼解释:"我们尚未完全弄清楚,愤怒和敌意仅仅在冠状动脉疾病的早期发展中起到随机的作用,还是在心脏病出现后加剧问题的严重性,还是以上两种情况都存在。我们以一位经常生气的20岁年轻人为例。每次生气,他就会心跳加速、血压升高,给心脏增加额外的压力。如果这种情况反复出现,就会产生危害,"特别是由于每次心跳时流经冠状动脉的血液会出现不稳定的湍流,"这会导致血管出现微小损伤,形成斑块。如果习惯性生气导致心跳加速和血压升高,那么30年之后也许会加快斑块的形成,最终引发冠状动脉疾病。"[11]

心脏病一旦出现,愤怒激发的生理机制就会影响心脏的泵血功能,这一点在关于心脏病病人愤怒回忆的研究当中得到证实。已经患有心脏病的人发怒尤其危险。比如,斯坦福大学医学院对1 012名心脏病首次发作的病人进行了长达8年的追踪研究,发现当初最好斗和最有敌意的男性患者心脏病第二次发作的概率最高。[12] 耶鲁大学医学院对929名心脏病发后的病人进行了10年的追踪研究,也得出了相似的结论。[13] 容易被激怒的人较之脾气平和的人,前者心搏停止的概率是后者的三倍。如果他们还有高胆固醇的问题,愤怒引发的额外风险将是常人的 5 倍。

耶鲁大学研究人员指出,除了愤怒之外,其他任何频繁引发全身应激荷尔蒙升高的强烈负面情绪也会增加心脏病发死亡的风险。不过总的来说,愤怒在所有情绪当中与心脏病的关联最密切,哈佛大学医学院进行的一项研究调查了超过 1 500 名发作过心脏病的病人,请患者描述心脏病发之前一个小时的情绪状态。对于患有心脏病的人,愤怒引发心搏停止的风险将增加一倍;愤怒激发后,心搏停止的风险将会持续大约两个小时。[14]

这些发现并不意味着在该生气的时候要压抑愤怒。有证据表明,在非常生气的时候试图完全压制愤怒会使身体更加激动不安,血压升高。另一方面,我们从第五章了解到,一生气就发泄出来只会火上浇油,使个体对不安的处境反应更加强烈。[15] 为了解决这个矛盾,威廉姆斯指出,是否发泄愤怒其实并不重要,重要的是愤怒是否是慢性的。敌对情绪的偶然释放对健康没有危害,但如果敌对情绪持续下去,乃至演变成对立人格模式,问题就产生了。对立人格的特征是持续感到不信任和恶意,以及口头或行动上奚落贬低对方的倾向,同时还表现为脾气反复无常,说翻脸就翻脸。[16]

值得庆幸的是,慢性愤怒并不意味着死亡宣判。敌对是一种可以改变的习惯。斯坦福大学医学院招募了一批心脏病病人,参与一个缓和暴躁脾气的项目。在接受控制愤怒的培训后,他们心脏病第二次发作的概率比其他没有尝试改变敌对情绪的病人降低了 44%。[17] 威廉姆斯设计的另一个项目也有着类似的良好效果。[18] 和斯坦福大学的项目一样,威廉姆斯的项目向参与者传授情绪智力的基本要素,尤其是培养对愤怒的警觉性,以及愤怒出现后的调节能力和同理心。研究人员要求病人一觉察到自身有恶意或敌对的想法,就把它们写下来。如果持续有这些想法,就要对自己说(或者心里想)"停止",打消这些想法。研究人员还鼓励他们有意识地尝试用理性想法代替恶意、怀疑的想法。比如电梯迟迟不来,尽量往善意的方面想,而不要想象这是某个自私的家伙在捣乱,从而生出怨气。碰到不愉快的事情,学会从他人角度看待问题的能力——同理心是治愈愤怒的良药。

用威廉姆斯的话来说,"化解敌意的方法是培养信任感,所需要的只是正确的动机。如果人们认识到敌意会导致早死,他们就会愿意改变"。

应激:过度和不当的焦虑

> 我总是感到焦虑和紧张。从高中时代就开始这样。我是全优生,我常常担心成绩好不好,同学或老师是不是喜欢我,课堂反应是不是迅速等,诸如此类的问题。父母给我的压力很大,要求我学习成绩好,做个好榜样……我想我承受不了压力,因为我高二那年胃部出了毛病。从那时开始,我就对咖啡因或辛辣的东西很小心。我注意到每当我感到担心或紧张时,就会突然胃痛,因为我老是担心,我常常有作呕的感觉。[19]

焦虑是生活压力引起的困扰情绪，在众多情绪之中，焦虑与发病和康复过程之间的联系，在科学上得到了最确切的论证。焦虑促使我们对危险做好准备（大概是进化过程中发展出来的功能），这是焦虑良性的一面。但是在现代生活中，焦虑常常表现为过度而且不当——我们的困扰来自生存环境的压力或者我们的幻想，而不是来自我们必须面对的真正危险。焦虑反复发作表明应激水平过高。前文提到的由于经常忧虑引发肠胃问题的病人，正是焦虑和压力使身体状况恶化的典型例子。

耶鲁大学心理学家布鲁斯·麦克尤恩（Bruce McEwen）1993年在《内科医学档案》（Archives of Internal Medieine）上综述了关于应激与疾病关系的大量研究。他广泛描述了应激对疾病的影响：削弱免疫功能，使癌细胞加速转移；增加病毒感染风险；加速斑块形成，导致动脉硬化和血凝固，最后引发心肌梗塞；容易引发 I 型糖尿病，并加速 II 型糖尿病的发展过程；导致哮喘发作恶化或激化。[20] 应激还会导致胃肠道溃疡，激化溃疡性结肠炎和炎性肠病的症状。大脑本身也容易受到持续性应激长期效果的影响，包括海马体受损、记忆力下降。麦克尤恩总结道："有越来越多的证据表明神经系统由于应激体验受到损害。"[21]

风寒、感冒和疱疹等传染性疾病的研究为困扰情绪的医疗影响提供了特别有力的证据。我们一直处于病毒的环境，人体的免疫系统通常可以消灭病毒。如果情绪受到压力，人体的防御功能就会失效。直接测试免疫力的实验显示，应激和焦虑会削弱免疫力，不过大多数研究结果还未能证实免疫力的削弱程度是否具有临床意义,也就是说,免疫力是否被削弱到使疾病有机可乘的程度。[22] 因此,应激和焦虑与身体免疫力之间更明显的科学联系来自前瞻性研究,即对健康的人进行研究,提高他们的压力水平,结果发现受测者的免疫系统被削弱,并出现了疾病症状。

卡内基－梅隆大学心理学家谢尔登·科恩(Shelden Cohen)与英格兰谢尔菲德研究特殊类型感冒的专家团队共同进行的研究,为以上结论提供了最有力的科学证据。他们仔细评估了受测者在生活中感到的压力水平,然后系统地让他们暴露在感冒病毒的环境中。最后不是所有人都患上了感冒,健全的免疫系统可以(而且总是如此)抵抗感冒病毒。科恩发现,受测者感到的压力越大,他们患上感冒的概率就越大。压力较小的人群暴露在病毒环境中,只有 27% 的人患上感冒;压力较大的人群中则有 47% 的人患上感冒。[23] 这直接表明了压力本身可以削弱人体免疫系统。(这一科学研究使人们长期以来的观察或怀疑得到了证实,由于其严谨的科学性,此项研究被认为具有里程碑的意义。)

同样的道理,如果夫妇之间连续三个月每天都要经历不愉快的事情,比如吵架,他们就会表现出一种强烈的模式:在特别不愉快的事情发生之后的 3—4 天,他们会患上感冒或上呼吸道感染。这个时间差正好是很多普通感冒病毒潜伏的时间,这说明他们在最忧虑和悲伤的时候,更加容易被病毒感染。[24]

应激－感染模式同样也适用于疱疹病毒,唇疱疹和生殖器疱疹都是如此。一旦人体暴露在疱疹病毒环境里，病毒就会潜伏在体内，时不时发作出来。疱疹病毒的活跃度可以通过血液中病毒抗体的水平检测出来。研究人员通过检测发现，参加期末考试的医学院学生、独身的妇女，以及被迫照顾患有老年痴呆症家人的人，他们体内的疱疹病毒重新激活了。[25]

焦虑的危害不仅在于降低免疫反应，其他研究发现，焦虑还会对心血管系统产生不良影响。慢性敌意和经常生气导致男性患心脏病的风险升至最大，焦虑和恐惧对女性的危害则更为致命。斯坦福大学医学院对1 000名发作过一次心脏病的男性和女性进行研究，发现再次发作心脏病的女性，其特征是高水平的恐惧和焦虑。在很多情况下，恐惧会演变为后果严重的恐惧症：在第一次心脏病发之后，这些病人停止开车、辞掉工作或者避免外出。[26]

高压力工作或生活容易导致焦虑，比如在照顾孩子和工作之间疲于奔命的单亲妈妈。心理压力和焦虑对身体的潜在危害可以在解剖学微粒水平上进行精确测量。比如，匹兹堡大学心理学家史蒂芬·曼纽克在实验室让30名受测者经历严峻、紧张的考验，同时检测他们的血液，发现血小板分泌出一种叫作三磷酸腺苷（ATP）的物质，三磷酸腺苷会引起血管变化，容易导致心脏病和中风。受测者在承受巨大压力时，他们的三磷酸腺苷水平急剧升高，心率和血压也同时上升。

因此，工作压力大的人——业绩要求高，却很难控制工作进程（比如公交车司机）——最容易出现健康问题。比如在一项针对569名结肠癌病人和对照组的研究中，那些自称在过去10年工作压力很大的人，与没有生活压力的人相比，其患上癌症的可能性是后者的5.5倍。[27]

鉴于困扰情绪对医疗的广泛影响，用于直接遏制生理应激唤起的放松技巧在临床上得到应用，以此缓解众多慢性病症状，比如心血管病、某种类型的糖尿病、关节炎、哮喘、胃肠紊乱，以及慢性疼痛等。应激和情绪困扰会使疾病的症状恶化，反之，帮助病人放松，有效应对不安情绪可以在一定程度上缓解这些症状。[28]

抑郁的医疗代价

> 她被诊断为转移性乳腺癌，她原本以为几年前的手术很成功，没想到几年之后癌细胞卷土重来，甚至扩散了。她的医生不再谈论怎么治愈了，化疗充其量只能为她延续几个月的生命。理所当然，她非常抑郁，每次到肿瘤专家那里看病，总是忍不住流泪。而肿瘤专家每一次的反应都是让她立即离开。

除了肿瘤专家的冷漠所造成的伤害之外，医生无法处理病人持续的悲伤情绪是否会影响治疗效果？疾病发展为恶性肿瘤后，任何情绪都不太可能对疾病的发展产生明显的影响。女病人的抑郁情绪肯定给她生命的最后几个月蒙上了更大的阴影，但忧郁是否会影响癌症的发展，目前还没有明确的医学证据。[29] 暂且不谈癌症，有少数研究发现抑郁对很多其他疾病会产生负面影响，尤其是在疾病出现后会导致病情恶化。有越来越多的证据表明，患有重病的人如果有抑郁症，治疗抑郁也会对身体疾病产生一定的治疗作用。

治疗抑郁的一个棘手之处在于抑郁的症状（包括没有胃口和倦怠）容易被误认为是其他疾病的信号，如果医生没有受过精神病学方面的训练，尤其容易误诊。无法诊断抑郁意味着病人的抑郁不受关注，同时也得不到治疗，就像那位哭哭啼啼的乳腺癌患者一样，这会导致问题更加严重。抑郁得不到诊断和治疗，可能会增加患者死于重病的风险。

比如，在100位接受骨髓移植手术的病人当中，患有抑郁症的13位患者中有12位在手术后的第一年死亡，而在其余87位病人当中，有34位两年之后仍然在世。[30] 接受透析治疗的慢性肾衰竭病人中，被诊断为严重抑郁的人在两年之内死亡的概率最大。比起其他治疗信号，抑郁对死亡的预测作用更加准确。[31] 情绪与身体状况之间的联系不是发生在生物层面，而是和态度相关：抑郁病人相对来说难以遵守治疗的要求，比如按医生限定的食谱进食，因此他们的风险更大。

抑郁很可能还会加重心脏病。一项针对2 832名中年男女、长达12年的跟踪研究发现，常常感到绝望和无助的人死于心脏病的概率较大。[32] 大约3%最严重的抑郁人士，较之没有抑郁的人士，其心脏病死亡率是后者的4倍。

对于心脏病发作的幸存者，抑郁的风险尤其显著。[33] 一项关于蒙特利尔医院心脏病首次发作病人的研究发现，出院之后，抑郁病人在6个月内死亡的风险要大得多。抑郁最严重的1/8病人，其死亡率是患有类似疾病的其他人的5倍。抑郁的危害相当于左心室功能障碍或者有心脏病史造成的心脏病死亡风险。抑郁大大提高了心脏病再次发作的概率，原因可能在于抑郁影响了心率变化，增加了致命的心律不齐的风险。

还有研究发现，抑郁使髋骨骨折康复的难度加大。在一项对髋骨骨折老年妇女的研究中，几千名患者在入院时接受了精神病评估分析。在骨折程度相当的病人中，被评估为抑郁的病人平均住院时间比其他病人多8天，而且恢复行走的机会只有其他人的1/3。不过，如果抑郁病人在接受治疗的同时辅以心理方面的帮助，他们只需要较少的物理治疗就可以恢复行走，而且出院后3个月内再次入院的情况也较少。

同样的道理，在一项关于使用医疗服务最多的前10%病人的研究中，他们因为同时患有心脏病和糖尿病等多种疾病，病情非常严重，其中有1/6的人患有严重抑郁。这些病人接受抗抑郁的心理治疗后，有严重抑郁的人每年丧失正常能力的天数从79天减为51天，有轻微抑郁的病人每年丧失正常能力的天数从62天减到只有18天。[34]

积极情绪的治疗作用

有越来越充分的证据表明，愤怒、焦虑和抑郁对医疗效果的负面作用非常明显。慢性愤怒和焦虑使人们更容易感染某些疾病。抑郁也许不会削弱人们对疾病的抵抗能力，但它会影响病人康复，加大死亡风险，情况严重的体弱病人尤其如此。

如果说慢性困扰情绪有很大的危害，那么与之相反的情绪在一定程度上会产生积极的效果。这并不是说积极情绪有治病的效力，或者说大笑或快乐本身就可以治愈严重的疾病。积极情绪的好处看起来很微妙，不过根据对大量人群的研究数据，我们可以对影响病情的众多复杂变量进行梳理。

悲观的代价以及乐观的好处

悲观和抑郁一样，会对治疗产生不良后果，而乐观则会带来相应的好处。比如，对122名首次心脏病发的男性进行乐观或悲观程度的测试，8年之后，在25名最悲观的男性当中，有21人已经死亡；而在最乐观的25名男性当中，只有6人死亡。相对于医疗中的其他风险因素，比如首次心脏病发对心脏的危害程度、动脉阻塞、胆固醇水平或血压等，心理状态对病人存活的预测性更加准确。在另一项关于接受动脉搭桥手术病人的研究中，乐观者相对于悲观者康复更快，而且术中和术后医疗感染也更少。[35]

希望类似于乐观，也具有某种治疗效果。不难理解，满怀希望的人更能够经受困难的处境，包括医疗困难。在对脊柱损伤病人的研究中发现，充满希望的人较之那些损伤程度相似但希望较小的人，其身体移动能力的恢复水平更高。希望对于脊柱损伤造成的瘫痪具有尤其显著的效果，因为这些病人通常在二十多岁的时候因意外导致瘫痪，从而影响病人的下半生。病人的情绪反应会直接影响病人身体康复和恢复社会交往的努力程度。[36]

对于乐观或悲观影响健康的原因有很多种解释。有理论认为悲观导致抑郁，抑郁进而会削弱人体免疫系统对肿瘤和感染的抵抗力，但这种猜测目前还没有得到证实。也许原因还在于悲观者对自身的忽视，有研究发现，悲观者较之乐观者吸烟和喝酒更多，运动更少，而且总体来说对健康习惯不太在乎。还有一个有待证实的解释，即希望的心理机制本身对身体抵抗疾病产生了生物层面的作用。

朋友的帮助：人际关系的治疗作用

寂寞被列为危害健康的一种情绪，而亲密的情感联系是保护健康的因素之一。横跨20年、涉及人数超过37 000人的多项研究表明，社会孤立，即感到没有人可以分享自己的私密感受或进行亲密的接触，使个体患病或死亡的可能性增加了一倍。[37]《科学》杂志1987年发表的一篇报告指出，社会孤立导致死亡的风险"与吸烟、高血压、高胆固醇、肥胖以及缺少运动等因素一样显著"。事实上，吸烟加大死亡风险的因素仅为1.6，而社会孤立的因素为2.0，高于吸烟导致的健康风险。[38]

孤立对男性造成的危害大于对女性的危害。被孤立的男性，其死亡风险是有密切社会联系的男性的2—3倍；被孤立的女性，其死亡风险是社会联系更多的女性的1.5倍。孤立对两性影响存在差异的原因也许在于，女性的人际关系在情感方面往往比男性更加亲密，因此对女性而言，少量社会联系的慰藉作用要大于同样朋友很少的男性。

当然，孤独和孤立不是一回事。很多人过着独居的生活，或者朋友很少，但照样快乐和健康。影响健康的其实是与人们切断联系以及无人可以求助的主观感觉。这一发现表明,独自待在家里看电视,放弃泡酒吧和参加现代都市团体的社交习惯,将会导致孤立现象越来越严重,同时还意味着匿名戒酒会等自助团体的替代作用将会越来越大。

一项关于 100 名接受骨髓移植病人的研究,揭示了孤立的死亡风险以及亲密联系的疗效。[39] 在认为受到配偶、家庭或朋友强烈情感支持的病人中,有 54% 的人在移植手术两年后依然存活;与之形成对比的是,在表示没有情感支持的病人中,只有 20% 的人术后两年依然存活。与此相似的是,患有心脏病的老年人,如果有 2—3 人向他们提供情感支持,他们在病发一年之后的生存概率是没有支持的人的两倍。[40]

瑞典 1993 年发表的一项研究也许最能证明情感联系的潜在治疗作用。[41] 住在瑞典哥德堡市的所有出生于 1933 年的男性免费接受了身体检查,7 年之后,研究者在当年接受体检的男性当中选出 752 名进行回访,发现其中有 41 人已经死亡。

在受测者中,最初表示遭受严重情绪压力的男性的死亡率是表示生活平静安逸的人的三倍。他们的情绪困扰源于严重的收入问题、对工作缺乏安全感或被迫失去工作、卷入官司或离婚。如果有人在体检之前一年内遇到过上述三种或以上的问题,这对受测者在其后 7 年间死亡的预测作用,要比高血压、血液甘油三酸酯浓度过高或血清胆固醇水平过高等医学指标更加显著。

然而,对于表示拥有可靠的亲密关系网的男性,比如有妻子和密友等,高应激水平与死亡率并无任何关联。他们可以向别人求助或和别人谈心，或者从别人那里得到安慰、帮助和建议，这些人际关系网保护他们在灾难重重的生活中免遭死亡威胁。

人际关系的质量和数量一样，也是缓解压力的关键。恶劣的人际关系损害健康。比如，夫妇吵架会对人体免疫系统产生负面影响。[42] 一项关于大学室友的研究发现，室友彼此越不喜欢对方，他们就越容易患风寒或感冒，看病的次数也越多。从事该项研究的俄亥俄大学心理学家约翰·卡乔波告诉我："你生活中最重要的人际关系、与你朝夕相处的人，对你的健康至关重要。这段人际关系在你生活中越重要，它对你健康的影响程度就越大。"[43]

情感支持的治疗作用

在《罗宾汉历险记》中，罗宾汉建议一位年轻的追随者："把烦恼告诉我们，不要有任何顾虑。把话说畅快了，心情也就平静了。就像打开水闸那样一泻千里。"话糙理不糙，把压在心头的烦恼释放出来是一剂良药。南卫理公会大学心理学家詹姆斯·彭尼贝克为罗宾汉的建议提供了科学的佐证。他在一系列实验中让受测者把最令他们烦恼的想法说出来，结果发现这样做有益健康。[44] 他的方法再简单不过了，他让受测者连续 5 天或更长时间，每天用 15—20 分钟写下诸如"你一生中最不堪回首的经历"之类的烦恼，或者当前挥之不去的忧虑。如果受测者希望保密，他们写的东西可以不让别人看。

这种内心剖白的效果非常惊人，受测者免疫功能加强了，随后 6 个月中去医院的次数明显减少，请假的天数减少，甚至肝脏酶功能也得到了增强。而且,从写作中反映出情绪最不安的人,其免疫功能得到了最大的改善。释放困扰情绪最"健康"的途径表现为一种特殊的模式,首先表达极度的悲伤、焦虑、愤怒——总之是写作主题引发的情绪,接下来用几天时间进行叙述,从创伤或痛苦当中寻找意义。

这个过程类似于人们在心理治疗中探索困扰的状态。事实上,彭尼贝克的发现可以解释其他研究的结论,即对进行手术或治疗的病人同时辅以心理治疗,最终的治疗效果要好于仅仅接受物理治疗的病人。[45]

斯坦福大学医学院对晚期转移性乳腺癌妇女的群体研究,也许最能证明情感支持的临床治疗效果。经过最初的治疗之后,比如动手术,女患者的癌细胞卷土重来,并扩散到身体其他部分。从临床上说,患者死于癌细胞扩散只是一个时间问题。但是戴维·斯皮格尔博士的研究发现不仅让他本人感到意外,还震惊了医学界:每周与别人见面的晚期乳腺癌患者,其存活时间是那些独自面对疾病的患者的两倍。[46]

所有女患者都接受了标准的医疗护理,唯一的差异在于其中一些患者参与群体活动,她们可以向理解并愿意倾听她们恐惧、痛苦和愤怒的人释放情绪。通常这是女患者唯一可以敞开心扉的场合,因为她们周围的人害怕和患者谈论疾病,以及即将到来的死亡。参与群体活动的女患者平均可额外增加 37 个月的存活时间,而没有参与群体活动的患者,平均在 19 个月后死亡——这种延长生命的效果是任何药物或其他治疗手段所不能达到的。斯隆·凯特灵纪念医院是纽约市的一家癌症治疗中心,其首席精神科肿瘤专家杰米·霍兰告诉我:"每位癌症患者都应该参与这样的群体活动。"事实上,如果这是一种能够延长患者生命的新药,制药公司一定会不遗余力地生产出来。

将情绪智力引入医学

在尿常规检查发现尿血的那天,医生让我去做诊断检查,我被注射了一种放射性染料。我躺在手术台上,头顶有一台 X 光仪器对我肾脏和膀胱内染料的变化进行连续拍照。接受检查的时候有人陪伴着我。他是我的好朋友,也是医生,那几天正好在医院出诊,他提出在医院陪伴我。他坐在检查室,与此同时,X 光仪器沿着自动轨道,不断地变换拍照角度,发出呼呼、滴答的响声。然后又是旋转,呼呼、滴答。

检查持续了一个半小时。最后一位肾脏专家冲进房间,快速地自我介绍,然后离开去扫描 X 光。他没有回来告诉我检查结果。

我和朋友离开检查室,正好遇到了那位肾脏专家。我被检查搞得头晕目眩,大脑一片空白,本来在脑海中萦绕了一个上午的问题却怎么也问不出来。幸好陪伴我的医生朋友帮我问道:"医生,我朋友的父亲死于膀胱癌。他很想知道 X 光有没有显示癌症的迹象。"

那位肾脏专家一边赶去另一个诊室一边简短地回答:"未见异常。"

我最关心的一个问题却无法问出口,这种情况每天在世界各地的医院和诊所发生几千次。一项关于候诊病人的研究发现，平均每位病人有三个或更多的问题准备询问医生，但在进入诊室后，他们平均只问了一个半问题。[47] 这一发现是当今医疗服务无法满足病人情绪需要的众多表现之一。病人心中的疑问没有得到解决，就会助长不确定性和恐惧感，甚至产生灾难性后果，病人不得不战战兢兢地与他们无法完全理解的医疗体制打交道。

医学应当扩展对健康的认识，把病人在患病期的情绪状况也包括进去，可以从以下几种途径入手。其一，病人应当定期获得全面的信息，这对病人自身的医疗决策至关重要。现在有些服务机构向有需要的人提供最先进的医学文献查询服务，病人可以从中了解自身的疾病，与医生的地位更加平等，并可以在充分了解病情的基础上与医生进行共同决策。[48] 其二，推广有关项目，辅导病人在几分钟之内有效询问医生，这样，如果病人在候诊室准备了三个问题要问医生，他们在离开诊室时就能得到三个答案。[49]

病人面对手术或痛苦的创伤性检查时，往往会很焦虑，这个时候也是情绪调节介入的最好时机。一些医院为病人提供术前指导，帮助病人减轻恐惧，应对不适情绪。比如，向病人传授放松情绪的技巧，在手术前悉心回答病人的问题，在手术前几天明确告诉病人术后康复期可能遇到的情况。这样做的结果是，病人术后康复的时间平均缩短了2—3天。[50]

住院病人常常会产生非常孤独和无助的感觉。有些医院开始设计新型病房，允许家庭成员与病人住在一起，方便家人照顾病人，为病人做饭等，使病人有家的感觉。[51]

放松训练可以帮助病人应对疾病带来的不适，同时缓解可能激发或加剧病症的情绪。马萨诸塞大学医疗中心乔恩·卡巴金减压诊所就是这方面的佼佼者。减压诊所为病人提供为期10周的觉知和瑜伽课程，课程的重点是在情绪波动时提高觉知能力，同时训练深度放松的日常技巧。医院还为课程制作了指导录像带，供病人观看，对卧床不起的病人来说，这是比肥皂剧好得多的精神食粮。[52]

迪恩·奥尼什（Dean Ornish）博士发起的治疗心脏病创新项目，其核心也是放松和瑜伽，同时还包括低脂饮食。[53]参与项目一年之后，本来心脏病严重到需要实施冠状动脉搭桥手术的病人有效遏制了动脉堵塞斑块的形成。奥尼什告诉我，放松训练是该项目最重要的组成部分之一。和卡巴金的项目一样，奥尼什的项目利用了赫伯特·班森（Herbert Benson）博士称之为"放松回应"的理论，放松的生理机制与引发众多疾病的应激唤起正好相反。

最后，如果富有同理心的医生或护士与病人情绪协调一致，注意聆听病人的话，并得到病人的信服，也会产生额外的治疗作用。也就是说，鼓励"以人际关系为中心的医疗服务"，认识到医生和病人之间的关系，这本身就是一个具有重要意义的因素。如果医学教育把情绪智力的一些基本方法包括进来，特别是自我意识、同理心和倾听的艺术，那么医患关系就会更加和谐。[54]

关怀的医学

以上所说的步骤只是一个开始。医学要扩大视野范围,重视情绪的作用,必须重视科学发现带来的两大启示。

1. 帮助人们更好地调节不安情绪,比如愤怒、焦虑、抑郁、悲观和孤独等,这是预防疾病的一种形式。有研究数据表明,如果人们长期保持负面情绪,受到的危害相当于吸烟,因此,帮助人们有效应对负面情绪,潜在的医疗作用很可能和瘾君子戒烟一样显著。能够产生广泛的公共健康效果的其中一个方法是向儿童传授最基本的情绪智力技能,使其成为一生的习惯。另一种有效的预防措施是向年届退休的人传授情绪管理的技巧,情绪健康与否是老年人迅速滑向衰老或保持旺盛生机的一个决定因素。第三个目标群体则是所谓的高危人群——穷人、单亲职业妈妈、高犯罪率地区的居民等。这些人群时时刻刻生活在巨大的压力之下,因此协助他们处理困扰情绪会产生更好的医疗效果。

2. 如果病人的心理需求与其医疗需求协调一致,他们将会受益匪浅。医生或护士安慰烦恼的病人是一种人道关怀的举动,但仅仅这样是不够的。当今医学界的实践常常会错失情感关怀的良机,情感关怀是医学的盲点。尽管有越来越多的研究表明,关注病人的情绪需要有助于治疗,同时有很多证据表明大脑的情绪中枢与人体免疫系统相互关联,但很多医生仍然对病人情绪会影响医疗效果感到怀疑,认为这些证据无足轻重,或者只是"花边"逸事,甚至更加糟糕,认为这是少数自我吹嘘之徒的夸大之词。

尽管越来越多的病人在寻求更注重人道关怀的医疗服务,但情况越来越严峻了。当然,依然有很多乐于奉献的护士和医生为病人提供悉心体贴的照顾,但是医学的风气改变了,医学变得越来越商业化,人道关怀越来越少。

另一方面,人道医学还包含某种商业价值。前面提到的研究表明,缓解病人的情绪困扰可以节省医疗费用,尤其是在预防或延迟疾病发生、帮助病人迅速康复方面。在纽约西奈山医学院以及西北大学关于髋骨骨折老年病人的研究中,在普通的矫形治疗之外还接受抗抑郁治疗的病人,他们的出院时间平均提早了两天,大约有100位病人总共节省了97 361美元的医疗费用。[55]

人道关怀还有助于提高病人对医生和治疗的满意度。在新兴的医疗市场,病人通常有权选择不同的健康计划,病人的满意度无疑是他们个人选择的重要决定因素——不愉快的经历会让病人选择到其他医院就医,而愉快的经历则可以留住病人。

最后,关怀还是医学伦理的要求。《美国医学协会期刊》的一篇社论针对抑郁导致心脏病人死亡率提高4倍的报道发表评论:"抑郁和社会孤立等心理因素使冠状动脉心脏病患者面临最大的死亡风险,这很清晰地揭示了不对这些情绪因素进行治疗是不符合医学伦理的。"[56]

从关于情绪和健康的研究中,我们可以了解到,如果忽略病人抵抗慢性或严重疾病时的心理感受,这种治疗是不够的。医学应当更好地利用情绪和健康的关系。现在的例外情况也许会(而且应该会)成为主流,我们所有人都可以得到更注重人道关怀的治疗,至少医学会更有人道精神。对某些人来说,这还可以加速康复过程。正如一位病人在给主治医生的公开信里说的那样:"同情心不仅仅是握着病人的手。它是一剂良药。"[57]

Part

- 4 -

第四部分

机会之窗

第十二章

家庭熔炉

这是一场不起眼的家庭悲剧。卡尔和安正在教他们5岁的女儿莱斯利玩一个全新的电子游戏。莱斯利开始游戏之后，父母过于想"帮助"女儿，结果反而帮了倒忙。他们不断发出互相矛盾的指令。

"向右，向右……停！停！停！"安不断地催促，声音越来越迫切、越来越紧张。莱斯利咬紧牙关，瞪大眼睛看着屏幕，艰难地跟随着妈妈的指令。

"看，你没有对齐……向左转！向左！"小女孩的父亲卡尔突然命令道。

与此同时，安沮丧地翻了一下白眼，喊得比卡尔还大声："停！停！"

莱斯利既无法取悦父亲，也无法取悦母亲。她的下巴紧张得抽动起来，眼眶里闪烁着泪花。

她的父母不管莱斯利的泪水，开始吵架。"她没办法大幅度地移动摇杆！"安怒气冲冲地对卡尔说。

莱斯利已经泪流满面了，但她的父母根本就没有注意到，或者说根本就不关心。莱斯利用手抹掉眼泪，她父亲吼道："好，把手放到摇杆上……做好发射准备。好，放到上面！"她母亲也厉声说:"好,轻轻地移动!"

莱斯利轻轻地抽泣着,内心充满了痛苦。

儿童往往会在这种时候得到深刻的教训。对于莱斯利来说,这种痛苦经历很可能会让她产生这样的想法:不管是她的父母,还是其他人,在这件事情上都不会顾及她的感受。[1] 如果类似经历在童年期反复出现,将会赋予儿童心理一些最基本的情绪信息,这种情绪经验的影响将会终其一生。家庭是个体情绪学习的第一个学校。我们在亲密的家庭环境下学会如何感知自己,感知他人如何对待自己的感受,我们如何看待这些感受,应当选择什么样的回应方式,以及如何理解和表达希望或恐惧。这种情绪教育不仅体现在家长对待儿童的言行举止上,还体现为家长通过处理自身情绪以及夫妇之间的互动,为儿童树立了榜样。有些父母非常善于充当情绪老师,有些父母却非常糟糕。

关于父母如何对待子女的研究有很多,无论是严厉的教导还是出于同理心的理解,无论是冷漠还是热情,父母的行为对孩子的情绪生活有着深刻而长远的影响。不过直到最近才有可靠的研究数据表明,父母情商高,本身就会使孩子受益无穷。父母处理彼此感受的方式,以及他们对待孩子的方式,对孩子产生了难以磨灭的影响。孩子是异常敏锐的学习者,他们与家庭中最微妙的情绪交流协调一致。由卡罗尔·胡文和约翰·戈特曼带领的华盛顿大学研究团队对夫妇对待孩子时的互动行为进行了细致分析,发现在婚姻关系中情绪竞争力较强的夫妇,同样能够更有效地帮助孩子应对情绪的起伏。[2]

研究人员在孩子 5 岁时对所选家庭进行第一次观察，在 4 年之后再次观察这些家庭，当年的孩子已经 9 岁。研究人员除了观察这些家庭中父母之间交谈的方式之外，还观察（包括莱斯利的家庭）父母教年幼孩子玩新电子游戏的情形——看起来极其平常的家庭互动场景，实际上很能反映父母与孩子之间的情绪交流。

有些父母与安和卡尔一样，过于专横，对不熟悉操作的孩子没有耐心，声音尖利，充满厌恶和愤怒，甚至把孩子贬为"笨蛋"。简而言之，孩子遭受的轻蔑和厌恶，与侵蚀婚姻关系的轻蔑和厌恶是一样的。而另一些父母则能够耐心地对待孩子的错误，帮助他们探索自己玩游戏的方式，而不是把父母的意志强加给孩子。令人吃惊的是，电子游戏的环节成为准确反映父母情绪方式的风向标。

以下是父母不善于处理孩子情绪的三种最常见的方式：

- 完全忽视孩子的感受。这种父母认为孩子情绪不安是小事或麻烦事，等一等，孩子的情绪就会恢复平静。他们没有利用这种机会，拉近与孩子的距离或者帮助孩子掌握情绪竞争力。
- 过于自由放任。这种父母注意到了孩子的感受，但认为孩子怎样处理情绪风暴都可以，甚至进行攻击行为也无所谓。和忽视孩子感受的父母一样，他们很少给孩子示范情绪回应的替代方式。他们试图舒缓所有不安情绪，也会用谈判和贿赂的手段使孩子不再伤心或愤怒。
- 表示轻蔑，不尊重孩子的感受。这种父母通常会严厉地批评和惩罚孩子。比如,他们会禁止孩子流露出任何愤怒的情绪,而且孩子一生气就惩罚他们。这种父母对孩子的申辩会感到非常生气:"你居然敢回嘴!"

最后,有些父母会利用孩子情绪不安的机会,对孩子进行情绪辅导或指导。他们很重视孩子的感受,努力了解孩子情绪低落的原因("你生气是因为汤米伤害了你吗?"),并帮助孩子通过积极的途径舒缓情绪("你不要打他,找一个玩具自己玩吧,等你想和他玩的时候再和他玩好不好?")。

为了对孩子进行有效的情绪辅导,父母本身必须对情绪智力的要素有所了解。比如对于孩子来说,最基本的情绪经验是如何辨别各种不同的感受。如果父亲对自身的悲伤情绪没有正确的意识,他就无法帮助儿子理解蒙受损失、看悲剧电影以及至亲发生不幸所引起的悲伤之间的差异。除了区分不同的情绪之外,关于情绪还有很多复杂之处,比如愤怒通常是由最初感情受到伤害引起的。

随着孩子的成长,他们已经准备就绪以及所需的特定情绪经验也会随之改变。我们从第七章了解到,同理心的经验开始于婴儿期,得益于婴儿父母与婴儿的情绪协调一致。尽管孩子可以通过与朋友交往获得一些情绪技巧,但善于处理情绪的父母可以提供更大的帮助,教会孩子情绪智力的各种基本技能,比如学习如何识别、调节和控制自身情绪,具有同理心以及处理人际关系引起的情绪波动。

父母的情绪教育对孩子的影响非常重大。[3] 华盛顿大学研究团队发现，擅长处理情绪的父母，与不擅长处理情绪的父母相比，前者的孩子更容易相处，对父母更有感情，在父母面前不会感到紧张。除此之外，这些孩子还更善于处理自身的情绪，能更有效地缓解不安情绪，而且情绪不安的情况也较少。这些孩子的身体更加放松，应激荷尔蒙和其他情绪唤起的生理指标处于较低的水平（从第十一章可以知道，个体如果能一直保持这种状态，身体会更加健康）。另外，这些孩子在社交方面也显示出优势：他们更受伙伴们的欢迎或喜爱，而且被老师认为更善于社交。这些孩子的父母和老师表示他们较少出现粗鲁、好斗等行为方面的问题。最后，情绪教育还会对孩子的认知能力产生积极的影响。这些孩子注意力更容易集中，因此学习更有效率。对于5岁的孩子，假设智商水平一般，如果父母善于对孩子进行情绪辅导，等到孩子上小学三年级的时候，他们的数学和语文成绩会更好（要向孩子传授情绪技巧、帮助他们应对学习和生活的有力证据）。因此，父母善于处理情绪，对孩子的帮助相当惊人，这些好处不仅涉及情绪智力的方方面面，而且超出了情绪智力的范围。

"启心"教育

情绪教育的影响开始于摇篮时期。著名的哈佛大学儿科医师T. 贝里·布雷泽尔顿（T. Berry Brazelten）博士对婴儿的基本人生观进行了简单的诊断测试。他把两块积木交给8个月大的婴儿，然后向婴儿示意，他希望婴儿怎样把两块积木组合在一起。布雷泽尔顿认为，对人生充满希望、对自身能力很自信的婴儿会这样：

拿起一块积木,含在嘴里,然后用它擦擦头发,把它扔到桌子的另一边,留心观察你会不会帮她捡回来。如果你捡了回来,婴儿把两块积木放在一起,完成了布置的任务。然后她会抬头看着你,眼睛扑闪扑闪,带着期望的神情,好像在说:"告诉我我是多么棒!"[4]

这样的婴儿从成年人那里获得了很多认可和鼓励,他们期望战胜生活中的小小困难。与此相反的是,如果婴儿来自惨淡、混乱的家庭,得不到家庭的关爱,在面对同样简单的任务时,他们会表现出期望失败的迹象。并不是说这些婴儿无法把积木组合在一起,他们明白大人的要求,并有能力遵从这些要求。不过,布雷泽尔顿的报告指出,即使这些婴儿完成任务,他们的表现也是畏畏缩缩的,好像在说:"我不行。看,我失败了。"这些孩子可能有着失败主义的人生观,他们不会期望从老师那里得到鼓励和关注,觉得学校无趣,很可能中途辍学。

自信而乐观的孩子和期望失败的孩子,他们人生观的差异在人生的头几年开始形成。布雷泽尔顿建议,父母"必须清楚他们自身的行为可以培养孩子的自信心、好奇心、学习兴趣以及对局限的认识",这些素质可以帮助孩子获得成功。有越来越多的研究显示,学习成绩很大程度上取决于孩子入学前形成的情绪性格。我们在第六章了解到,4岁的孩子忍住冲动不抓软糖,这种能力预告了14年后他们SAT考试的分数高出平均水平210分。

塑造情绪智力要素的先机在人生的最早几年，尽管情绪智力的形成贯穿了个体的求学阶段。孩子后来获得的情绪能力建立在早年情绪智力的基础之上。第六章曾经介绍，情绪能力是所有学习活动必不可少的基础。美国国家临床婴儿项目中心的报告指出，孩子掌握的知识和超前的阅读能力对其学习成绩的预测作用没有情绪和社交测试结果那么显著。情绪和社交测试内容包括自信、兴趣，知道什么是得体行为以及如何控制行为不轨的冲动，耐心等待，听从指示，善于向老师求助，和其他孩子相处时懂得如何表达需求。[5]

这份报告指出，几乎所有在学校表现不佳的孩子都缺少一项或多项情绪智力（不管他们是否同时存在认知困难，比如没有学习能力）。这并不是小问题，在美国的一些州，有近 1/5 的孩子不得不复读一年级，而且随着时间的推移，他们与同学之间的差距越来越大，他们也会变得越来越沮丧、愤怒，并且爱捣乱。

孩子是否做好了入学准备取决于他们是否具备了学习能力——一切知识的基础。该报告列举了这项关键能力的七大要素，这些要素都与情绪智力有关。[6]

> 1. 自信心。控制和掌握自己的身体、行为和世界的感觉；孩子认为自己所从事的活动获得成功的可能性较大，而且成年人会提供帮助。
>
> 2. 好奇心。认为探寻事物本质是积极、有趣的。
>
> 3. 意向性。产生影响的意愿及能力，并且持之以恒。意向性

又与竞争力、有效性的感觉相关。

4. 自控。与年龄匹配的调整和控制自身行为的能力，以及内在控制的感觉。

5. 关联性。与他人相互理解、交往的能力。

6. 沟通能力。用语言与他人交流想法、感受与概念的意愿和能力。沟通能力又与对他人的信任感以及与他人（包括成年人）相处时的愉悦有关。

7. 合作性。在群体活动中协调自身与他人需要的能力。

刚刚上幼儿园的孩子是否具有这些能力很大程度上取决于孩子的父母和幼儿园老师是否给予孩子足够的关怀，对孩子进行"启心"教育——也就是情绪方面的启智项目。

建立情绪基础

假设一个两个月大的宝宝在凌晨三点醒来，开始啼哭。宝宝的妈妈走进来，在接下来的半个小时中，宝宝心满意足地吸着妈妈的乳汁，妈妈深情地看着宝宝，告诉宝宝她很高兴见到宝宝，即使是在半夜。宝宝得到了母爱的满足，开始入睡。

现在假设另一个两个月大的宝宝也在凌晨时分哭醒，但她遇到的是一位紧张易怒的妈妈，她刚刚和丈夫吵完架，一个小时前才入睡。妈妈一下子把宝宝抱起来，要求她"安静点，我再也受不了了，来吧，一次折腾完吧"。宝宝开始紧张起来。在宝宝吃奶的时候，妈妈没有看着宝宝，而是冷漠地向前看，心里想着和丈夫吵架的事，越想越气恼。宝宝感觉到妈妈的紧张，开始扭动抗拒，并停止吃奶。"你想这样是吗？"妈妈说，"那就不要吃了。"她一下子把宝宝放回婴儿床，大步走出房间，留下宝宝一直啼哭，直至筋疲力尽后入睡。

美国国家临床婴儿项目中心的报告用这两种情形作为例子，说明这两种不同类型的亲子互动如果重复出现，将会向幼儿灌输完全不同的感受，影响他们对自己以及最亲密的人的认识。[7]第一个宝宝学习到，她可以相信别人会关注她的需要，并提供帮助，同时她可以有求必应；第二个宝宝发现没有人真正关心她，别人指望不上，她无法寻求安慰。当然，大多数宝宝或多或少都会遇到这两种情况。不过，如果父母长期以来用某种特定的模式对待宝宝，到了一定程度，基本的情绪经验就会灌输到宝宝身上，比如他们在世界上是否安全、他们的感受能否得到关注、别人是否可靠等。爱利克·埃里克森将此概括为孩子感到基本信任或者基本不信任。

这种情绪学习出现在人生的最早阶段，并贯穿于整个童年期。父母与孩子之间的一言一行、一颦一笑，都隐含着情绪的弦外之音，情绪信息一直重复多年，从而使孩子形成情绪见解和能力的核心。有个小女孩发现智力游戏很难，请忙碌的母亲提供帮助，如果母亲非常乐意帮忙，或者随随便便地说"别烦我，我有重要的事情要做"，这两者表达的信息是不一样的。如果这种交流变成亲子之间的常见模式，就会从正面或负面塑造孩子的情绪期望，比如人际关系以及重要的人生观。

对于那些无能的父母——不成熟、滥用药物、抑郁或慢性愤怒、生活毫无目标、混乱不堪，他们的孩子遭受的风险最大。这种父母无法给予孩子足够的关爱，更别提与孩子的情绪需要协调一致了。研究发现，纯粹的忽视可能比直接的虐待更加有害。[8] 一项关于受虐待儿童的调查发现，受到忽视的青少年的情况最糟糕：他们最为焦虑，难以集中精神，麻木不仁，好斗和孤僻交替出现。他们一年级留级的概率是 65%。

在出生后的 3—4 年内，幼儿大脑的大小仅为完全发育成形的 2/3，这一时期幼儿大脑发育的复杂程度是后期所无法比拟的。在此阶段，幼儿对各种关键性学习（包括最重要的情绪学习）的接受能力最强。在这个时期，严重应激会损害幼儿大脑的学习中枢（并损害智力）。尽管后来的人生经历能起到一定的补救作用，但是幼儿早期学习的影响非常深刻。有份报告总结了人生头 4 年关键的情绪经验对人生巨大的持续影响：

> 如果孩子无法集中注意力；怀疑甚于信任；悲伤或愤怒甚于乐观向上；破坏成性甚于恭敬有礼；过度焦虑，被恐惧的幻想包围；或者经常对自己感到不满意，他们基本没有机会，更别提有平等的机会去探寻世界对于他的种种可能性。[9]

"小霸王"是怎样养成的

我们可以通过纵向研究发现不当的情绪教育对孩子一生的影响，

尤其是在助长孩子好斗方面。在一项关于纽约州北部 870 名孩子的研究中，研究人员从受测儿童 8 岁一直跟踪到他们 30 岁。[10] 结果发现，最好斗的孩子，也就是最急于挑起斗争和习惯使用武力的孩子，最有可能中途辍学，而且到 30 岁的时候，最有可能出现暴力犯罪的记录。另外，他们似乎还会把暴力倾向传给下一代，他们的孩子和他们当年一样，在小学期间就已经是捣蛋鬼了。

好斗怎么会代代相传呢？除去遗传方面的因素不谈，在学校的捣蛋鬼长大后，他们的所作所为会使他们的家庭变成武力学校。在捣蛋鬼小时候，他们的父母对他们专横武断、冷言冷语，等到他们自己做了父母以后，很可能继续重复这种教育模式。不管是父亲还是母亲，只要他们在童年期被认为好斗成性，就会出现这种情况。好斗的小女孩长大后做了母亲，还是会一样的专横苛刻，就像好斗的小男孩变成专横苛刻的父亲一样。他们会残忍地惩罚自己的孩子，而且对孩子的生活漠不关心，事实上大部分时间都完全忽略孩子。与此同时，好斗的父母给孩子树立了暴力的榜样，孩子把这个模式带到学校和游戏场，并且贯穿其一生。这些父母不一定心存恶意，也不是不想为孩子好，他们只是在重复当年他们的父母灌输给他们的教育方式。

在这种暴力模式之下，孩子受到反复无常的对待。如果父母心情不好，就会狠狠地惩罚孩子；如果父母心情很好，孩子就会侥幸逃过家庭暴力。因此，孩子受到惩罚往往不是因为他们的行为，而是由于父母的感受。孩子由此产生无用感和无助感，同时还会感到威胁无处不在，并且会随时袭来。从家庭生活的角度考察，孩子好勇斗狠以及与世界为敌的姿态也就不难理解了。令人沮丧的是，孩子过早得到负面的情绪经验，而且它们对孩子情绪生活的伤害非常严重。

虐待：同理心的灭绝

> 幼儿园里，孩子们在打打闹闹。只有两岁半的马丁不小心碰到了一个小女孩，小女孩莫名其妙地大哭起来。马丁去抓她的手，但她哭着躲开了，马丁拍了一下她的手臂。
>
> 小女孩还在哭，马丁把脸转过去不看她，大声说："不许哭！不许哭！"声音一次比一次急促，一次比一次响亮。
>
> 马丁想再拍她，她又一次反抗了。这时马丁好像咆哮的小狗那样露出牙齿，吓唬小女孩。
>
> 马丁再一次开始拍打小女孩的背部，不过拍打很快变成了捶打，马丁不管小女孩可怜的尖叫，一直重重地打她。

这令人不安的一幕证实了虐待——父母经常随心所欲地殴打孩子——如何扭曲了孩子同理心的自然倾向。[11]马丁对小伙伴的困扰做出了近乎残忍的回应，他这种异乎寻常的举动是同类孩子的典型行为，他们从婴儿期开始就是殴打或其他身体虐待的受害者。马丁的反应与我们第七章介绍的幼儿同理心行为截然相反——幼儿通常会同情地恳求，并努力安慰哭泣的小伙伴。马丁在幼儿园对待困扰的暴力回应反映了他在家里得到的眼泪与痛苦的教训：哭泣首先会遇到专横的象征性安慰，如果继续哭泣，就会遭遇臭脸和咆哮，然后是拍打，乃至赤裸裸的殴打。最棘手的是，马丁似乎已经失去了原始的同理心，即停止攻击受伤者的本能，才两岁半的他表现出了残忍和虐待冲动的萌芽。

马丁的同理心被残忍取代，这在与他有相似经历的孩子身上很常见，他们在幼年时期就已经遭受家庭暴力，身心受到严重伤害。根据研究人员对幼儿园两个小时的观察，与马丁有类似行为的幼儿总共有9个，年龄从一岁到三岁。研究人员比较了遭受家庭暴力的幼儿与另外9个同样来自贫困、高压家庭，但没有受到身体暴力的孩子。在另一个孩子受伤或难过的时候，这两组幼儿的行为表现截然不同。在23个类似个案中，9个未受虐待的孩子当中有5个面对其他小朋友的困扰时表现出关心、悲伤或同理心。而在27个个案中，受虐待孩子本来应该有同样的关切表现，但他们没有一个表现出一丁点儿的关心，相反，他们对哭泣的小朋友表现出恐惧、愤怒，或者像马丁那样进行身体攻击。

比如有一个受虐小女孩对号啕大哭的小朋友表现出恶狠狠的威胁表情。另一个被虐待的孩子——一岁的托马斯听到房间里有个小朋友在哭，吓得一动不动，他呆呆地坐着，一脸恐惧，背部直挺挺的，小朋友一直在哭，他也越来越紧张——好像在为自己受到攻击做好准备。而28个月大的凯特，也是被虐待的孩子，她的表现几近残忍：她挑中了比她小的宝宝乔伊，把他踢倒在地，乔伊躺在地上的时候，她温柔地看着他，开始轻轻地拍他的背，然后越拍越快，变成了捶打，一下比一下重，完全不管他的痛苦。凯特一直在打乔伊，最后发展到重重地打了他六七下,直到他爬走。

显然,这些孩子以自己被对待的方式来对待其他小朋友,他们的残酷无情正是被父母残忍虐待的孩子的一个极端表现。这些孩子往往还会对小伙伴受伤或哭泣漠不关心,他们似乎是被虐待孩子残忍和冷漠的极端代表。总体来说,这些孩子长大以后,更有可能存在认知困难,更加好斗,不受伙伴们的欢迎(不足为奇,他们学前的经历预示了他们的未来),更容易陷入抑郁,而且成年后更容易触犯法律和犯下暴力罪行。[12]

同理心的缺失有时会(如果不是经常的话)代代相传,残暴的父母在童年期必然被他们的父母残暴对待过。这和那些常常表现出同理心的孩子截然相反,这些孩子的父母培育和鼓励孩子对他人表达关怀,并理解恶意行为对其他孩子的影响。由于没有经历过缺少同理心的情况,这些孩子似乎完全不知道这回事。

受虐幼儿最棘手的地方在于,他们就像是他们的暴力父母的缩影,很早就学会了残暴的回应方式。遭受身体暴力对他们来说是家常便饭,他们获得的情绪经验实在是太明显了。在这种情感爆发或危机来临的时刻,人脑边缘中枢的原始倾向处于统治地位。这时候情绪脑反复习得的习惯就会压倒一切,不管后果是好还是坏。

大脑本身可以被残暴塑造,也可以被爱塑造,这意味着童年为情绪经验奠定了基础。受虐儿童很早就遭受了持续的创伤。也许,理解受虐待儿童的情绪经验最有意义的价值在于,了解精神创伤怎样给大脑打下永久性的烙印,以及怎样消除这些野蛮的印记。

第十三章

精神创伤和情绪再学习

宋琦是柬埔寨难民,她的三个儿子想买AK-7玩具枪,但被她阻止了。宋琦的儿子分别是6岁、9岁和11岁,他们想用玩具枪来玩他们学校一些学生称之为"珀迪"的游戏。在这个游戏中,珀迪是个坏蛋,他用冲锋枪屠杀一群儿童,然后把枪瞄准自己。当然有时候儿童会把珀迪杀死,扭转结局。

珀迪游戏是1989年2月17日加利福尼亚斯托克顿克利夫兰小学枪击惨案的幸存者根据惨案改编的。在该校1—3年级午间休息期间,帕特里克·珀迪(20多年前曾在该校就读)在操场边上对正在玩耍的几百名儿童进行扫射,他用手枪对着操场整整扫射了7分钟,然后对着自己的头部开枪自杀了。警察赶来时,总共有5名儿童死亡,20名儿童受伤。

在接下来的几个月里,克利夫兰小学的孩子们自发创造了珀迪游戏,这是7分钟枪击惨案及其余波铭刻在孩子们记忆之中的众多表现之一。太平洋大学是我长大的地方,我从那附近骑车出发,不久就到了克利夫兰小学,那是在珀迪枪击惨案发生5个月之后。尽管枪击留下的最恐怖的痕迹——蜂窝状的弹孔、成滩的血迹等,已经在枪击后的第二天早晨被清理洗刷干净了,但惨案的阴影依然非常明显。

克利夫兰小学被破坏最严重的不是建筑物,而是儿童和教职工的心理，他们正在努力恢复正常的生活。[1] 最让人震惊的是，只要遇到哪怕只有一丁点儿相似的细节，他们就会回想起那恐怖的 7 分钟。比如，一位老师告诉我，有人宣布圣帕特里克节即将到来，结果整个学校陷入一片恐慌，有不少孩子以为这个节日是纪念枪击杀手帕特里克·珀迪的。

"一听到救护车呼啸而过的声音，所有事情都会停止下来，"另一个老师说，"孩子们都在留意救护车是停在学校还是继续往前走。"连续好几个星期，很多孩子害怕洗手间的镜子，因为学校有流言说神话中的鬼魂"血腥玛丽"会在那里游荡。枪击几个星期之后，一位狂乱的女学生冲到校长帕特·布舍尔那里大喊大叫："我听到枪声！我听到枪声！"其实她听到的声音是绳球球杆锁链摇晃发出来的。

克利夫兰小学的很多孩子变得过度警觉，仿佛一直在提防惨剧再度发生。有些学生在课间休息时徘徊在教室门口，不敢到惨剧发生的操场玩耍。还有些孩子只跟小范围内的几个人玩耍，并且指定一个孩子望风。很多孩子几个月以来一直避开孩子死亡的"邪恶"之地。

可怕的记忆还进入了孩子们的潜意识，他们常常做噩梦。除了和枪击有关的噩梦，孩子们还会做焦虑的梦，他们担心自己很快也会死去。有些孩子为了避免做噩梦，睡觉时都不敢闭上眼睛。

孩子们的反应对精神病学家来说再熟悉不过了，这正是创伤后应激障碍的主要症状。儿童创伤后应激障碍研究专家斯宾塞·埃斯（Spencer Eth）博士认为，创伤的核心是"主要暴力行为的入侵性记忆：最后一记拳头的打击、尖刀的猛刺，以及猛烈的枪声。这些记忆——枪击的场面、声音和气味,受害者的尖叫或突然沉默,鲜血四溅,警笛长鸣——会成为强烈而持久的经验"。

神经科学家现在认为,这些逼真的恐怖时刻作为记忆被深深地刻入了情绪的神经回路。其症状表现为,过度唤起的杏仁核发出信号,迫使创伤时刻的生动记忆一直入侵意识。因此,创伤记忆成为异常敏感的心理触发器,一有风吹草动就会拉响警报。这种触发器现象是所有类型情绪创伤共同具有的特征,包括童年期反复遭受身体暴力的创伤在内。

任何创伤事件,比如火灾或车祸、经历地震或飓风等自然灾害,以及遭受强奸或抢劫等,都会在杏仁核植入触发性的记忆。每年有成千上万人遇到种种灾难,其中很多或大多数人情绪上也会受到伤害,他们的大脑留下了创伤的印记。

暴力行为比飓风等自然灾害的危害性更强,原因在于暴力的受害者不同于自然灾害的受害者,他们会感到自己是被故意挑选出来作为邪恶的攻击对象。受害的经历使他们不再认为人们值得信赖、人与人的世界是安全的,而自然灾害并不会动摇这种信念。突然之间,人际社会变得非常危险,周围的人随时可能危及你的安全。

施暴者的残忍给受害者留下了深刻的烙印,使受害者害怕与攻击行为稍有相似之处的一切事物。比如,一个男人的后脑勺受到重击,但他没有看到袭击者是谁。从那以后,每次在街上走,他都要走在某位老太太前面,这样他才感到安全,觉得后脑勺不会再次受袭。[2] 有位妇女在电梯里被一名男子抢劫,劫匪用刀威逼她走到一个没人住的楼层。事后的好几个星期里,她不仅害怕坐电梯,而且害怕坐地铁或进入其他封闭空间。在银行里,她看到一个男人把手放进夹克口袋——和劫匪当时的动作一样,她吓得立刻逃了出去。

一项关于犹太人大屠杀幸存者的研究发现,恐怖的记忆以及由此引发的过度警觉,会持续影响人的一生。犹太幸存者在纳粹死亡集中营常常挨饿,眼看至爱的人被屠杀,无时无刻不感到恐惧,在将近50年之后,他们的这段记忆依然清晰可见、挥之不去。有1/3的人表示他们总是感到害怕;将近3/4的人说他们看到与纳粹迫害相关的东西依然会感到紧张,比如看到制服、烟囱冒出的烟,或听到敲门声、狗叫声。尽管已经过去半个世纪,大约60%的人说他们几乎每天都会想起大屠杀;有80%的人有明显的症状,一直在不断地做噩梦。正如一位幸存者说的那样:"如果你经历过奥斯维辛集中营而不会做噩梦,那么你就不是正常人。"

刻骨铭心的恐惧

下面是一位48岁的越南战争老兵的陈述,他回忆起大约24年前他在一个遥远的地方经历的恐怖时刻:

> 我忘记不了!那些影像向我涌过来,情节很逼真,全都是最不合理的东西引起的,比如听到摔门声、看到东方妇女、碰到一张竹席,或者闻到旺火炒的肉香。昨晚我上床睡觉,本来睡得正香。没想到清晨刮起了暴风雨,还有闪电。我立刻醒了,害怕得

一动不动。我好像回到了雨季中期的越南，我正在站岗。我相信下一发大炮会打中我，我一定会被炸死。我双手一动也不能动，全身都在冒汗。我感到脖子后面的每根汗毛都竖了起来。我喘不过气来，心怦怦地跳。我闻到一阵该死的硫黄味。突然我看到战友特洛伊的遗物，装在竹筐里，由越共送回我们的营地……又一道闪电闪过，伴随着雷声，我吓了一跳，摔到地上。[3]

这段恐怖的记忆，尽管过了二十多年仍然清晰可见，并产生强大的力量，使前越南战争老兵重温与当天相同的恐惧。创伤后应激障碍的危害在于降低神经警报的设定值，使个体把日常普通的时刻当成紧急状况处理。我们在第二章介绍的神经失控似乎是给记忆打下深刻烙印的关键：触发杏仁核失控的事件越残忍、越惊人、越恐怖，记忆就越难忘。这些记忆的神经基础似乎彻底改变了由单独压倒性恐怖事件所驱动的大脑化学物质。[4]尽管创伤后应激障碍通常是由单独事件引发的，但长达数年的受虐经历同样会导致相似的结果，比如儿童身体被猥亵或遭受暴力、情绪受到伤害的情况。

设在美国退伍军人管理局医院的研究机构美国创伤后应激障碍国家中心，对创伤后大脑变化进行了细致的研究。该医院的大量越南战争及其他战争的退伍军人患有创伤后应激障碍。正是通过对退伍军人的研究，我们获得了关于创伤后应激障碍的大部分知识。不过所得的研究成果同样适用于遭受严重精神创伤的儿童，比如克利夫兰小学的学生。

耶鲁大学精神病学家丹尼斯·查尼（Dennis Charney）博士是创伤后应激障碍国家中心临床神经科学的负责人，他告诉我："遭受严重创伤的受害者，其身体状况也许不尽相同。[5]不管是对战争无尽的恐惧、被折磨或者童年期反复遭受虐待，还是像被飓风围困、险些在车祸中丧生这种一次性体验，这些并不重要。所有无法控制的应激也许都会产生相同的生理影响。"

关键词是"无法控制"。如果人们认为他们对灾难处境可以有所作为，能够施加某些影响，不管影响有多么微弱，他们在情绪上都会比那些感到完全无助的人好得多。无助感是导致特定事件压倒一切的主观感受的因素。该中心临床精神病药理学实验室负责人约翰·克里斯特尔博士告诉我："比方说有人被人用刀子袭击，他懂得怎么保护自己并采取行动，而另一个人面对同样的困境时却认为'我死定了'。感到无助的人更容易在事后引发创伤后应激障碍。你感到你的生命受到威胁，而你对此无能为力、无法逃避——此时大脑就开始变化了。"

有几十项用老鼠做实验的研究证实，无助感是引发创伤后应激障碍的一种不可预测的因素。在实验中，成对的老鼠被放到两个不同的笼子里，分别被施加轻微的（但对老鼠来说非常强烈）同等强度的电击。只有其中一只老鼠的笼子里有一个杠杆，当这只老鼠推动杠杆时，两个笼子里的电击就会停止。经过了几天、几个星期，两只老鼠受到的电击量是绝对相等的。那只可以推动杠杆停止电击的老鼠在事后没有发生持续的应激迹象，而另一只无能为力的老鼠大脑出现了应激导致的变化。[6]对于孩子来说，在操场玩耍时看到枪击场面，看到同伴流血和死亡,或者对于老师来说,无法阻止屠杀的发生,这种无助感是非常强烈的。

创伤后应激障碍:边缘系统障碍

已经过去几个月了。一场大地震把她从床上震下来,她惊恐地尖叫,在黑暗的房子里寻找4岁的儿子。洛杉矶的晚上很冷,他们在门梁的保护下相拥了几个小时,一动也不动,没有食物和水,也没有灯光,一阵阵余震晃动着他们脚下的地板。几个月之后的今天,她已经从地震后最初几天的习惯性恐慌中基本恢复过来了,当时她连听到关门的声音都会害怕得颤抖起来。她还有一个后遗症是无法入睡,不过这个问题只有她丈夫不在家的晚上才会出现——地震那晚,她丈夫恰好也不在家。

获得性恐惧,包括最严重的类型——创伤后应激障碍,其主要症状是由于以杏仁核为中心的边缘神经回路的变化引起的。[7]其中主要的变化发生在蓝斑,蓝斑是调节大脑分泌肾上腺素和去甲肾上腺素这两种儿茶酚胺物质的组织。这些神经化学物质驱动身体为紧急状况做好准备,同时这两种儿茶酚胺激增给记忆留下了特别深刻的印记。在创伤后应激障碍状态下,神经系统变得反应过度,在很少或没有威胁但又会让个体想起以往创伤的处境下,分泌出过量的大脑化学物质,就像克利夫兰小学的孩子们一样,他们一听到救护车的鸣笛就会感到恐慌,因为鸣笛让他们想起了枪击之后学校里出现的情景。

蓝斑与杏仁核的联系很密切，与海马体、下丘脑等其他边缘组织也有紧密联系。儿茶酚胺的神经回路延伸到大脑皮层。这些神经回路的变化被认为是创伤后应激障碍症状的起因，创伤后应激障碍的症状包括焦虑、恐惧、过度警觉、情绪容易不安和唤起，以及随时准备战斗或逃跑，并且还会不断地回顾紧张的情绪记忆。[8]有研究发现，患有创伤后应激障碍的越南战争老兵，其抑制儿茶酚胺的受体比常人减少了40%，这说明他们的大脑发生了永久性变化，他们儿茶酚胺的分泌不受控制。[9]

另一种变化出现在联结边缘脑与脑垂体的神经回路。脑垂体的功能是调节促肾上腺皮质激素释放因子（CRF）的释放。促肾上腺皮质激素释放因子是身体分泌的主要应激激素，促使身体做出战斗或逃跑的紧急反应。神经回路的变化导致促肾上腺皮质激素释放因子过量分泌——尤其在杏仁核、海马体以及蓝斑，这导致了身体对实际上不存在的紧急状况的反应。[10]

正如杜克大学精神病学家查尔斯·内梅罗夫博士所说："过量促肾上腺皮质激素释放因子使人反应过度。比如，假如你是患上创伤后应激障碍的越战老兵，商场停车场的汽车发生逆火，你的体内就会触发促肾上腺皮质激素释放因子，和原始创伤相同的感觉就会蔓延至你的全身：你开始冒汗，感到害怕，不停地颤抖，甚至脑海中还会闪现以前的经历。促肾上腺皮质激素释放因子分泌过量的人，会做出过度的惊恐反应。比如，你鬼鬼祟祟地跟在很多人的后面，如果你突然拍手，第一次你会看到他们惊恐地跳起来，但你如果第三次、第四次重复这样做就没有效果了。但是促肾上腺皮质激素释放因子过量的人不会形成这种习惯,他们对第四次突然拍手的反应和第一次是一样的。"[11]

第三种变化出现在大脑的阿片系统,阿片系统的功能是分泌内啡肽以缓解痛楚。阿片系统同样变得反应过度了。阿片神经回路同样涉及杏仁核,并与大脑皮层的一个区域相互呼应。阿片是大脑的一种化学物质,具有很强的麻痹镇痛作用,与鸦片和其他麻醉药品的化学成分类似。阿片("大脑自身的吗啡")分泌处于高水平时,人们承受疼痛的能力会增强——战地医生发现了这种效果,他们发现受重伤的士兵,较之伤势没有那么严重的普通百姓,只需要较低剂量的麻醉药品。

创伤后应激障碍也会发生类似的情况。[12]内啡肽的变化给再次暴露于创伤环境所引发的"神经混合"增添了新的情况,即对某些感觉的麻木。这可以解释长期以来在创伤后应激障碍病人身上观察到的一系列"消极"的心理症状:快感缺乏(无法感到愉悦)和总体情绪的麻木,即与生活切断联系或不关心他人感受的感觉。一般人在与具有这种症状的人相处时,可能会把他们的漠不关心看成是缺少同理心的表现。另一个可能的影响是分裂,包括无法记起创伤事件关键的几分钟、几小时,甚至那几天。

创伤后应激障碍导致的神经变化还会使个体更容易遭受进一步的创伤。一些用动物做实验的研究发现,动物如果在年幼时遭受哪怕是轻微的应激事件,与未遭受应激事件的动物相比,它们以后更容易出现由创伤导致的大脑变化（说明治疗患有创伤后应激障碍儿童的迫切性）。这似乎可以解释，面对相同的灾难，为什么有些人会发展成创伤后应激障碍，而有些人不会。杏仁核的首要任务是发现危险，如果个体再次遭遇真正的危险，触发杏仁核，那么杏仁核的警报就会上升到更高的水平。

所有这些神经变化都是为了应对可怕而直接的紧急状况而及时产生的，能够发挥短期的优势。在受到胁迫的情况下，个体保持高度警觉，情绪唤起，随时准备应对任何情况，不受痛楚的影响，持续的身体需求被放在首位，同时对非紧急事件漠不关心，这些都是适应性的表现。然而，如果大脑神经变化发展成一种倾向，就像汽车一直处于高速挡一样，短期的优势会变成持续的问题。在遭受强烈创伤之际，杏仁核及其相联结的大脑区域重新设定了神经反应的标准，即提高了戒备状态，随时准备触发神经失控。神经兴奋性的变化意味着一切生活都进入了紧急状态，即使是寻常时刻也很容易触发恐惧，乃至失控。

情绪再学习

创伤记忆似乎会发展成大脑的固定功能，原因在于创伤记忆会干扰后续的学习，尤其是再度学习以正常的方式应对创伤事件。对于创伤后应激障碍这种获得性恐惧，杏仁核再次在大脑有关区域当中扮演了关键角色，使学习和记忆的机制受到扭曲。不过，要克服获得性恐惧，新皮层是关键。

"恐惧调节"被心理学家用来形容本身没有任何威胁的事物由于与个体记忆中恐怖的东西发生联系而变得可怕的过程。查尼博士指出,如果对实验室的动物进行"恐惧调节",这种恐惧会持续很多年。[13] 学习、保留并实施恐惧回应的大脑主要区域是下丘脑、杏仁核和前额叶之间的神经回路,也就是神经失控的通道。

通常来说,个体通过恐惧调节学会害怕某种东西,而恐惧会随着时间的流逝渐渐消除。这个过程可能是通过神经再学习实现的,即个体再次遇到他所害怕的东西,但这种东西其实并没有那么可怕。比如,有个女孩以前曾被德国牧羊犬咬过,因此对狗产生了恐惧,但假设她搬到新家后,邻居家有一只很温顺的牧羊犬,她经常和牧羊犬一起玩耍,那么自然而然的,她就会慢慢地不怕狗了。

个体一旦患上创伤后应激障碍,自发的再学习机制就会失灵。查尼认为,原因可能在于创伤后应激障碍导致的大脑变化过于强烈,因此只要遇到触发创伤回忆的东西,杏仁核就会失控,进一步强化恐惧的神经通道。这意味着个体永远也不会对所害怕的东西产生平静的感觉,也就是说杏仁核永远也不会再度学会更温和的反应。他指出,"恐惧的'根除'需要活跃的学习过程参与",但创伤后应激障碍患者的这种功能已经受损,"导致情绪记忆不正常地持续下去"。[14]

不过,假如借助恰当的经验,创伤后应激障碍也是可以消除的。强烈的情绪记忆及其引发的思考和反应模式,可以随时间而改变。查尼认为,情绪的再学习与大脑皮层有关。在杏仁核中根深蒂固的原始恐惧并没有完全消失,而是前额皮层主动抑制了杏仁核要求大脑其他部位对恐惧做出反应的命令。

威斯康星大学心理学家理查德·戴维森发现左前额皮层具有减缓困扰情绪的功能，他提出："问题在于你摆脱获得性恐惧的速度有多快。"在实验环境下，人们学会厌恶吵闹的噪音——这是获得性恐惧的一种范例，类似于轻微的创伤后应激障碍，戴维森发现，左前额皮层较活跃的人克服获得性恐惧更为迅速，这再一次证明了大脑皮层具有摆脱获得性困扰情绪的功能。[15]

情绪脑的再教育

关于创伤后应激障碍最鼓舞人心的发现之一来自对犹太人大屠杀幸存者的研究。该研究发现，大约有3/4的幸存者即使在半个世纪以后，仍然会出现活跃的创伤后应激障碍症状。但令人欣慰的是，有1/4的幸存者虽然曾一度出现这种症状，但后来再也没有出现过，也许是他们人生中的自然事件抵消了这个问题。有证据表明，那些仍有创伤后应激障碍症状的人，大脑的儿茶酚胺出现了创伤后应激障碍常见的变化，而那些已经复原的人则没有发生变化。[16] 这一发现及其同类研究说明了创伤后应激障碍造成的大脑变化并非不能消除，人们可以从最严重的情绪印记当中复原，简而言之，可以再度对情绪神经回路进行教育。值得庆幸的是，即使是严重到引发创伤后应激障碍的创伤也是可以治愈的，治愈的途径就是再学习。

情绪治疗的一个途径是自发产生的——至少儿童是如此，比如通过珀迪游戏。如果反复玩这些游戏，儿童可以像玩游戏一样安然地处理创伤事件。这涉及两种治疗途径：一方面，记忆在较低焦虑的情景下重复出现，降低了事件的敏感度，并使之与非创伤状态的回应产生联系；另一方面，在儿童的意识里，他们能够神奇地给悲剧改写一个更好的结局。在珀迪游戏中，孩子们有时候会杀死珀迪，这使他们恢复了掌控的感觉，不再像创伤时刻那样感到无助。

经历过严重暴力的孩子玩珀迪这种游戏是很自然的事。圣弗朗西斯科的儿童精神病学家雷诺尔·特尔（Lenore Terr）博士最早在加利福尼亚乔奇拉当地儿童身上发现了创伤儿童喜欢玩这种死亡游戏的现象。[17] 乔奇拉离发生枪击惨案的斯托克顿只有一个多小时的车程。乔奇拉的儿童在1973年乘坐巴士从夏令营回家途中曾经被集体绑架。绑匪把整辆巴士埋在地下，所有的孩子都在里面，过程长达27个小时。

5年之后，特尔发现受害儿童仍然在游戏时重现绑架过程。比如，女孩子会和她们的芭比娃娃玩象征性的绑架游戏。有个女孩把她的芭比娃娃洗了又洗，因为被埋的时候孩子们害怕地拥挤在一起，别的孩子尿在了她的身上。另一个女孩扮演"旅行芭比"，即到处游玩的芭比娃娃，不管它到哪里，都会安全返回，这是游戏的重点。第三个女孩最喜欢的游戏情节是芭比娃娃陷进洞里，并且出现窒息。

对于遭受精神重创的成年人，他们会变得麻木不仁，抑制对灾难的任何记忆或感觉。但儿童的心理方式是不一样的，特尔认为，儿童很少像成年人那样对创伤变得麻木，原因在于儿童会通过幻想、游戏和做白日梦，回忆并重新思考他们所遭受的痛苦。自发性重演创伤事件,似乎能够防止创伤被压制在潜在记忆中——创伤的潜在记忆可能会在以后突然闪现。如果创伤程度较轻,比如到牙医那里补牙,一两次重演就足够了。如果创伤非常严重,孩子就需要不断的反复,一次又一次以残酷、单调的形式来重演创伤事件。

了解杏仁核创伤烙印的一个途径是艺术。艺术本身是一种无意识的媒介。情绪脑与象征意义以及弗洛伊德称之为"初级过程"(primary process)的模式,即隐喻、故事、迷思、艺术的信息,高度协调一致。艺术经常被用来治疗创伤儿童。有时候艺术可以为儿童提供一个出口,让他们谈论他们不敢轻易触碰的恐怖时刻。

创伤儿童治疗专家、洛杉矶儿童精神病学家斯宾塞·埃斯讲述了一个5岁男孩和他妈妈一起被妈妈的旧情人绑架的故事。绑架者把他们带到汽车旅馆的房间,他命令男孩藏在毯子下面,并把孩子的妈妈殴打致死。这个男孩当然不愿意和埃斯谈论他在毯子下面时听到和看到的可怕情景。于是埃斯让男孩画画,随便画什么都行。

这个男孩画了一个赛车手,赛车手有一双大得可怕的眼睛。埃斯认为大眼睛表明男孩敢于偷看杀人犯。创伤儿童的艺术作品几乎总会隐晦地提及创伤情景,因此埃斯在治疗时首先让创伤儿童画画。创伤儿童一直挥之不去的潜在记忆像闯进思想一样闯进他们的画中。除此之外,画画本身也具有一定的治疗作用,创伤儿童通过画画开始了控制创伤的过程。

情绪再学习和克服创伤

艾琳的约会居然以强奸未遂告终。尽管她吓退了袭击者,但那人仍继续骚扰她:给她打淫秽的骚扰电话,威胁对她使用暴力,半夜三更敲门,跟踪她、观察她的一举一动。有一次,艾琳试图报警求助,但警方认为她的问题无关紧要,因为"没有真的发生什么事情"。艾琳接受治疗的时候已经患上了创伤后应激障碍,她放弃了一切社交活动,像坐牢一样待在自己的家里。

哈佛大学精神病学家朱迪斯·路易斯·赫尔曼(Judith Lewis Herman)博士引述了艾琳的案例。赫尔曼博士开创性地提出了创伤复原的步骤。她认为复原可分为三个阶段:获得安全感,记住创伤的细节并哀悼由此造成的损失,最后重新恢复正常的生活。这三个步骤的顺序体现了生物学上的逻辑,反映了情绪脑如何再度学会不把一切事情看成即将发生的紧急状况。

第一个步骤是重新获得安全感,也就是转变行为,想办法使过于惊慌不安、杯弓蛇影的情绪神经回路平静下来,为重新学习创造条件。[18] 通常首先需要帮助病人理解,他们之所以提心吊胆和做噩梦,心理过度警觉和恐慌,这些都是创伤后应激障碍的表现。一旦病人理解了这一点,这些症状就没有那么可怕了。

在早期的另一个步骤是帮助病人重新获得对当前情景的控制感,直接削弱创伤事件导致的无助感。回到艾琳的案例,她的做法是动员朋友和家人陪伴她,在她与跟踪者之间形成缓冲,同时要求警方介入。

创伤后应激障碍患者"不安全"的感觉超过了对潜在危险的恐惧感。患者不安感的私密性更强,他们感到无法控制自己的身体状况和情绪。这不难理解,创伤后应激障碍导致杏仁核神经回路过度敏感,因此一有风吹草动就会情绪失控。

药物可以帮助病人重新获得一定的安全感,病人不再听任情绪警报的摆布,无缘无故地紧张、失眠或整夜做噩梦。药物学家希望有一天能研制出专门治疗杏仁核及其关联神经传输回路的创伤后应激障碍药物。目前的药物只能抑制部分大脑神经回路的变化,其中比较显著的有针对复合胺系统的抗抑郁药物,以及 β–受体阻滞剂"心得安",其功效是抑制交感神经系统的活跃性。创伤后应激障碍患者还可以学习一些放松技巧,有效地抑制急躁和紧张情绪。生理的平静有助于受伤的情绪神经回路重新认识到生活不是威胁,让患者重获创伤发生前的安全感。

第二个治疗步骤是以安全的方式重述和重构创伤事件,使情绪神经回路对创伤记忆以及触发记忆的事物重新获得更切合实际的认识和反应。在病人重述创伤事件的可怕细节时,记忆的情绪意义以及记忆对情绪脑的影响开始出现转变。重述的步骤非常微妙,理想的做法是模仿从创伤中复原而没有患上创伤后应激障碍的人身上自然发生的过程。这些人的体内好像有一个警钟,在重现创伤情景的记忆入侵时"麻醉"他们,切断他们的创伤记忆几个星期或几个月,直至他们几乎忘记恐怖事件。[19]

改变对创伤事件反复回味、念念不忘的习惯,这可能会促进对创伤进行自发回顾以及情绪反应的再学习。赫尔曼认为，对于创伤后应激障碍症状较难控制的患者，重述创伤事件有时会引发严重的恐惧感，在这种情况下，治疗师应当放缓节奏，使患者的反应保持在可以承受的范围内，这样才不会干扰再学习的过程。

治疗师鼓励病人尽可能生动地重述创伤事件，就像在家里看恐怖片一样，将每一个可怕的细节加以还原。这些细节不仅包括患者看到、听到、闻到或感觉到的具体东西，还包括他们的反应，比如畏惧、厌恶、恶心等。这样做的目的是把所有记忆转化为语言，把原本分散的、在意识层面缺失的记忆重新组织起来。把感官细节和情绪转化为语言的形式，新皮层对记忆的控制就会加强，在新皮层的控制下，记忆引发的反应会变得更易理解、更可控。病人在感到安全并有可靠的治疗师陪伴的情况下，重新唤醒了创伤事件以及当时的情绪，至此情绪再学习基本完成了。情绪神经回路开始从中获得很有说服力的经验——与创伤记忆相伴的经验是安全感，而不是无尽的恐惧。

5岁男孩目睹了自己妈妈被悲惨谋杀的场面，他画了一幅大眼睛的画，但他后来没有再画画，而是和他的治疗师斯宾塞·埃斯一起玩游戏，他们建立了亲密的关系。慢慢地，小男孩开始讲述谋杀发生时的情景，最初讲得很刻板，像背书一样把每一个细节准确地复述出来，每次复述都是一模一样的。后来，他的叙述逐渐变得更加开放和自由，叙述的时候他的身体也没有那么紧张了。而且他也不再频频梦到谋杀了，埃斯认为这意味着某种"创伤掌握"。他们俩的交谈慢慢地从创伤引发的恐惧转移到小男孩的日常生活——他和他父亲搬到新家,他是怎么适应的。最后,创伤事件对小男孩的控制逐渐消退,他开始谈论自己的日常生活。

最后,赫尔曼发现病人需要哀悼创伤造成的损失——无论这种损失是受到伤害、至亲死亡或感情破裂,还是后悔没有采取措施挽救某人,或者对他人的信赖感消失等。在复述痛苦经历的同时进行哀悼,能够起到非常关键的作用——哀悼是个体能够在一定程度上摆脱创伤的标志。这表明病人开始向前看,甚至满怀希望,摆脱创伤的控制,重建新的生活,而不是永远被过去的痛苦经历缠绕。这就像情绪神经回路不断循环和重温创伤经历的咒语最后可以完全消除。病人无须一听到警笛声就产生恐惧,也无须对夜间的每一个声音都联想到恐怖事件。

赫尔曼说,尽管创伤后应激障碍经常会出现后遗症或间歇发作,但是有某些特定的迹象可以表明患者基本上克服了创伤的影响,比如生理症状降低到可控制的水平,以及可以承受与创伤记忆相关的感受。尤其具有重要意义的是,创伤记忆不再随时爆发、不受控制,个体可以像对待其他记忆一样随意回顾创伤记忆——也许更重要的是,可以像对待其他记忆一样把创伤记忆放在一边、置之不理。最后,克服创伤还表现在重新开始新的生活,树立牢固、可信赖的人际关系和信念,在曾经受到伤害的世界中找寻意义。[20]这一切都是情绪脑重新学习的成功标志。

精神疗法：情绪的导师

幸运的是，我们当中的大多数人很少会遭受大灾大难，从而留下刻骨铭心的创伤记忆。但是在生活比较平静的时刻，也有可能出现创伤记忆肆意影响同一神经回路的现象。童年期常见的煎熬，比如长期受到忽视、得不到父母的关注或关怀、被遗弃、受到排挤等，也许不会上升到创伤的高度，但这些痛苦的记忆肯定会给儿童的情绪脑打下烙印，导致他们将来亲密的人际关系出现扭曲，充满泪水和愤怒。如果说创伤后应激障碍可以得到治疗，那么很多人默默承受的情绪伤痕也可以修复——这就是精神疗法的使命。一般来说，只有通过学习，才能对难以承受的生活压力应付自如，情绪智力才能发挥作用。

前额叶皮层可以根据更全面的信息进行反应。杏仁核与前额叶皮层之间的动态关系为精神疗法重新塑造不良的情绪模式提供了神经解剖学的模型。神经学专家约瑟夫·勒杜克斯发现杏仁核对情绪爆发具有触发器的作用，他指出："一旦你的情绪系统学会了某种东西，你就可能永远也摆脱不了它。精神疗法的作用是教你怎样加以控制，教会你的新皮层如何抑制你的杏仁核。尽管行动的冲动受到了压制，但你对这种东西的基本情绪还是以受抑的形式潜伏了下来。"

既然大脑结构是情绪再学习的基础，那么即使在精神疗法成功之后，余留的反应，即起源于困扰情绪模式的初始敏感或恐惧感的遗迹，也可能保留下来。[21] 前额叶皮层可以改进或遏制杏仁核狂暴的冲动，但不能在第一时间阻止杏仁核的反应。虽然我们不能决定我们什么时候会情绪爆发，但我们可以较好地控制情绪爆发的持续时间。迅速地从情绪爆发当中复原可以说是情绪成熟的标志。

在精神疗法期间，主要的变化在于一旦触发情绪反应，人们所做出的回应。不过，最初被触发的反应趋势并没有完全消失。雷斯特·柏斯基及其同事进行的一系列关于精神疗法的研究为此提供了证据。[22] 他们分析了几十位接受精神疗法病人的主要人际冲突，比如极度渴望被人接受或寻求亲密关系，或者害怕失败与过度依赖等问题。他们仔细分析了病人在人际关系方面的意愿和恐惧被激活时所做出的典型（总是适得其反）回应，比如要求过高导致他人愤怒或冷漠无情，或者欲迎还拒，反而弄巧成拙，让别人因为误解而生气。在注定产生恶劣影响的人际交往中，病人充满了不安的情绪——绝望和悲伤，怨恨和愤怒，焦虑和恐惧，内疚和自责等。不管病人的具体表现是什么，这种情况会出现在他们所有重要的人际关系中，无论是和配偶或恋人，孩子或父母，还是同事或上司之间的关系。

在长期治疗过程中，这些病人发生了两种变化：他们对刺激事件的情绪反应不再那么困扰，甚至变得平静或茫然，与此同时，他们的公开回应更有效果，他们获得了真正想从人际关系中得到的东西。不过病人根本的意愿或恐惧以及最初的情感痛苦并没有改变。到精神疗法接近尾声时，病人表示，与刚刚开始接受治疗时相比，他们在人际交往中负面的情绪反应只有原来的一半，而他们从他人身上获得的积极回应是原来的两倍。但是病人基于这些需求的特定感觉完全没有改变。

就大脑而言,面对恐怖事件的种种迹象,边缘神经回路作为回应会拉响警报,不过前额叶皮层和关联区域可以学会更有益的新型回应方式。简而言之,情绪经验——即使是童年期最刻骨铭心的心理习惯,也可以重新塑造。情绪学习是一生的课程。

第十四章
性格非命运

改变获得性情绪模式需要很大的努力，那么要改变我们由基因决定的回应，比如说改变天生反复无常或特别害羞的人的习惯性反应又需要如何做呢？情绪罗盘的范围取决于气质——也就是体现我们基本性格特征的背景感受——的影响。气质可以定义为我们情绪生活的典型心境。在一定程度上，我们每个人的情绪范围都会有这种偏好性。气质是与生俱有的，属于基因博彩（genetic lottery）的一部分，会对人生产生很大的影响。每位父母都知道，孩子从一出生，要么安静温和，要么暴躁易怒。问题在于，生物基因决定的情绪倾向能否为后天的经验所改变。情绪的命运由生物基础决定，还是即使天生害羞的孩子也可以成长为充满自信的成年人？

哈佛大学知名发展心理学家杰罗姆·卡根（Jerome Kagan）的研究，对这个问题提供了清晰的答案。[1]卡根认为人的气质类型至少可以分为4种：胆怯、大胆、乐观和忧郁，每种气质类型取决于大脑活动的不同模式。人的气质可能千差万别，每种气质以情绪神经回路的内在区别为基础。对于任何特定的情绪，人们在情绪触动的难易程度、持续时间的长短、强度的大小等方面表现大相径庭。卡根的研究着眼于其中一种情绪模式，即从大胆到胆怯的气质维度。

卡根的儿童发展实验室位于哈佛大学威廉·詹姆斯大楼的14层。

过去几十年里，不断有很多母亲带着婴幼儿来到卡根的实验室，接受实验观察。卡根的研究团队就是在这里注意到一群 21 个月大的幼儿的早期害羞迹象。一群婴儿在自由玩耍，有些婴儿活泼好动，非常自然地和其他婴儿玩耍。有些婴儿却犹豫不决，畏缩不前，依偎在妈妈怀里，安静地看着其他婴儿玩耍。在将近 4 年之后，同一批婴儿上了幼儿园，卡根的研究团队再次对他们进行观察。经过几年的间隔期，以前外向的孩子没有一个变得胆小，而以前胆小的孩子有 2/3 依然沉默拘谨。

卡根发现，过度敏感和害怕的孩子长大后会害羞胆小，大约有 15%—20% 的婴儿先天属于卡根所谓的"行为抑制"类型。这种婴儿对新的食物挑三拣四，不愿接近以前没见过的动物或去新的地方，在陌生人中间感到害羞。这种婴儿的敏感性还体现在其他方面，比如容易怀有负罪感和自我责备。他们在社交场合会异常焦虑，比如在教室或游戏场，或者在见到陌生人的时候。成年以后，他们在社交场合容易变成局外人，而且对当众演讲或表演有一种病态的恐惧。

在卡根的研究当中，有一位名叫汤姆的男孩，他属于典型的害羞类型。汤姆在贯穿童年期的每次测试中——分别在 2 岁、5 岁和 7 岁，均属于最胆小的孩子。汤姆在 13 岁时再次接受调查，当时他非常紧张，一直在咬嘴唇和绞手指，面无表情，只有在谈到女朋友时才勉强挤出一丝僵硬的微笑。[2] 他回答问题很简短，态度谦卑。到童年期中段，即 11 岁左右，汤姆记得那时自己害羞得要命，他一接近玩伴就会浑身冒汗。他还感到强烈的恐惧，害怕自己的房子被烧毁、跳入游泳池或独自待在黑暗之中。他常常做噩梦，梦到自己被怪物袭击。尽管在最后两年他没有那么害羞了，但和别的孩子待在一起时仍然感到有些焦虑，现在他主要担心的是自己在学校的表现，尽管他是班级中5%最顶尖的学生。汤姆是一位科学家的儿子，科学领域的独立性相对来说比较符合他内向的性格，因此他对科学很感兴趣。

与之相反，拉夫在每个年龄段都是最大胆、最外向的孩子之一。他总是很放松、健谈，13岁的他轻松自如地坐在椅子上，一点儿也不紧张，说话自信友善，尽管他与采访者有25岁的年龄差距，但他好像把采访者当成了同龄人。在童年期他只经历过两次短暂的恐惧：一次是狗，3岁时有一条大狗扑到他身上；另一次是飞行，7岁时他听说了飞机失事。拉夫擅长和人打交道，很受欢迎，他从来不认为自己害羞。

胆怯孩子的神经回路似乎使他们天生就会对很小的应激做出较大的反应，从一出生，他们如果处于陌生或新奇的环境，心跳就会比其他婴儿快。21个月大的时候，这些内敛的幼儿不敢尽情玩耍，心率监测仪显示他们的心脏由于紧张在快速跳动。他们很容易唤起焦虑，这是他们一生都感到胆怯的根源——他们把任何陌生人或新环境都看作潜在的威胁。也许正是由于这个原因，认为自己在童年期特别害羞的中年妇女，往往会比其他较外向的同龄人经历更多的恐惧、担忧和内疚，出现更多的应激问题，比如偏头痛、过敏性肠炎和其他肠胃问题。[3]

胆怯的神经化学

卡根认为，谨慎的汤姆和大胆的拉夫之间的区别在于以杏仁核为中心的神经回路的兴奋性。卡根指出，像汤姆这种容易害怕的人，天生就具有容易唤起杏仁核神经回路的神经化学机制，因此他们倾向于回避不熟悉、不确定的情况，而且容易感到焦虑。而像拉夫这种人，他们的神经系统对杏仁核唤起的设定标准较高，因此不容易害怕，更加自如外向，而且渴望探索新的地方和结识新的人群。

孩子遗传了哪种模式的一个早期信号是他在婴儿期是不是暴躁易怒，遇到陌生的人或事物会不会感到困扰。大约有 1/5 的婴儿属于胆怯类型，大约 2/5 的婴儿属于大胆类型——至少在出生的时候如此。

卡根的部分证据来源于观察特别胆怯的小猫。大约有 1/7 的家猫，其恐惧模式与胆怯的孩子类似。这些家猫远离新奇陌生的东西（与传说中好奇心极强的猫不同），不愿意探索新的领地，而且只敢攻击个头最小的老鼠，不敢对付体型更大的老鼠，而那些比它们更大胆的家猫却热衷于追逐。脑部扫描发现，胆小家猫的部分杏仁核特别兴奋，尤其是在听到其他猫咪恐吓声的时候。

猫咪的胆小在大约一个月大的时候就表现出来了，它们的杏仁核在一个月的时候已经足够成熟，可以控制大脑神经回路做出靠近或退却的回应。一个月大的猫咪，其脑部成熟度相当于 8 个月大的人类婴儿。卡根指出，在 8—9 月大的时候，婴儿开始产生"陌生人"恐惧——假如婴儿的妈妈离开房间，而有另一个陌生人在场，婴儿就会哇哇大哭。卡根认为，胆小的孩子也许遗传了高水平的去甲肾上腺素和其他大脑化学物质，这些神经化学物质可以激活杏仁核，并降低杏仁核兴奋性的设定值，使杏仁核更容易触发。

高度敏感性的一个表现是，童年期很害羞的年轻人在实验室接受应激测试，比如闻难闻的气味时，他们心率升高的持续时间要比外向的同龄人长得多。这说明去甲肾上腺素升高使得他们的杏仁核一直处于兴奋状态，同时通过关联的神经回路，他们的交感神经系统被唤起了。[4] 卡根通过交感神经系统的诸多参数发现，胆小孩子的反应水平较高，比如静止血压较高，瞳孔扩张较大，尿液中去甲肾上腺素水平也较高。

沉默是胆小的另一个风向标。卡根的研究团队在自然环境中观察胆怯的孩子和大胆的孩子，比如在幼儿园的课堂上，和不认识的孩子相处或者与采访者交谈，结果发现胆小孩子说话较少。一个胆小的幼儿园小朋友在别的孩子和她说话时，一声不吭，几乎一整天都只是在看别人玩耍。卡根指出，遇到新奇事物或潜在威胁的时候，由于胆小而保持沉默，是神经回路游走于前脑杏仁核与邻近控制语言能力的边缘组织之间的活动信号（正是同一神经回路导致我们在应激之下"失语"）。

这些敏感的孩子很容易发展成焦虑性障碍，比如惊恐发作，最早可能出现在六年级或七年级。在对六年级和七年级的 754 名学生的调查中，发现有 44 个学生至少有过一次恐慌，或者出现过几种早期症状。焦虑发作通常是由青春期早期的一般恐慌引起的，比如第一次约会或重要考试——大多数孩子可以顺利地处理这种恐慌,不会发展为更严重的问题。但属于胆小气质的青少年,以及对新情况感到特别恐惧的人,就会出现一系列恐慌症状,比如心悸、气喘或窒息感,并伴随着可怕的事情即将来临的念头,比如发疯或死去。研究人员相信,尽管这种恐慌发作还没有严重到精神病诊断所谓的"惊恐性障碍",但随着时间的推移,这些青少年很可能会发展成惊恐性障碍。很多患有惊恐发作的成年人表示他们在十几岁的时候就开始发作了。[5]

焦虑发作的起因与青春期痴呆有着密切的关系。那些基本没有青春期痴呆症状的女孩表示没有过焦虑,但在出现青春期痴呆的女孩当中,大约有8%表示曾经历过恐慌。一旦她们出现恐慌,就很容易反复发作,最后患上惊恐性障碍。

什么也困扰不了我:乐观气质

20世纪20年代,我的姨妈琼当时还很年轻,她离开位于堪萨斯城的家,独自一人到上海闯荡——在那个时代这对孤身女子来说是非常危险的旅行。琼在上海遇到一位供职于租界巡捕房的英国巡捕并嫁给了他。第二次世界大战爆发后日本人占领上海,姨妈和姨夫被拘禁在战俘集中营。在集中营度过可怕的5年之后,毫不夸张地说,我姨妈和姨夫失去了一切。他们身无分文,被遣返到英属哥伦比亚。

我记得小时候第一次见到琼,虽然人生经历曲折坎坷,但上了年纪的她依然充满热情。她在晚年中风,导致半身不遂。经过漫长而艰难的康复之后,她又能够重新走路了,当然行动不太利索。我记得有一次和琼一起郊游，那时候她已经七十多岁了。她慢慢地走在后面，几分钟之后我听到微弱的叫声——琼在喊救命。她跌倒了，自己爬不起来。我赶紧跑过去，把她扶起来，这时候，她既不抱怨也不伤心，而是因自己的笨手笨脚哈哈大笑。她快活地说："嗯，至少我又能够走路了。"

就像我的姨妈一样，有些人的情绪天生就倾向于乐观的一端，他们天生乐观随和，而有些人则沉闷忧郁。一端是奔放，一端是忧郁，这种气质维度很可能与情绪脑的上端——左、右前额区的相对活跃度有关。这一发现主要来自威斯康星大学心理学家理查德·戴维森的研究。他发现，左前额叶较活跃的人，与右前额叶较活跃的人相比，前者的气质类型比较乐观，他们通常喜欢与人相处，热爱生活，像我的姨妈琼那样可以经受挫折。右前额叶活跃度较高的人则被赋予了消极和乖戾的情绪，很容易被生活的困难击倒，从某种意义上说，他们痛苦的原因似乎是他们无法抑制自身的担忧和抑郁情绪。

在一个实验中，戴维森对左前额区活动最显著的受测者与右前额区活动最显著的受测者进行了比较。后者在人格测试当中显示出独特的消极模式：他们就是伍迪·艾伦在电影里讽刺的那种滑稽角色，即对最微不足道的事情都感到危险的大惊小怪者，他们容易退缩和感伤，怀疑社会，把世界看成充满可怕的困难和危险的地方。与忧郁类型的人相反，左前额区活跃度较高的人看待世界的角度完全不一样。他们喜欢社交，乐观向上，总是感到很愉快，心情很好，而且有着强烈的自信，能享受人生的乐趣。他们心理测试的分数显示，他们一生中患抑郁症和其他情绪障碍的可能性较低。[6]

戴维森发现，有临床抑郁病史的人，较之从来没有抑郁的人，其大脑左前额叶活跃度较低，而右前额叶活跃度较高。他还在新诊断患有抑郁症的病人身上发现了相同的模式。戴维森据此推断，克服抑郁的人学会了提高自己左前额叶的活跃度水平——目前这个推断仍然有待实验证实。

戴维森表示，尽管他研究的只是大约30%处于两个极端的人，不过根据脑波的模式，基本上所有人不是倾向于这一端就是倾向于那一端。忧郁气质和乐观气质之间的区别可以表现为多种不同的方式。比如在一个实验中，受测者观看电影片段。有些片段很搞笑，比如大猩猩在洗澡，或者木偶在玩耍等；有些片段可能是护士教学片，详细表现了血淋淋的手术过程，让人难受。郁闷的"右脑人"认为喜剧片并不是很好笑，但他们对血淋淋的外科手术画面感到非常害怕和恶心。乐观的"左脑人"对手术片段只有最微弱的反应，但他们看喜剧片的时候非常开心，反应很强烈。

因此，气质决定了我们以消极或积极的情绪态度对生活做出回应。忧郁或乐观的气质倾向，和胆怯或大胆的气质倾向一样，出现在人生的早期阶段，这一事实有力证明了这种气质倾向也是由基因决定的。和大脑的其他部分一样，前额叶在个体出生后几个月仍处于发育阶段，因此10个月之后才能有效测量个体的前额叶活跃度。不过戴维森发现，对于婴儿，可以根据妈妈离开房间之后他们会不会哭来预测他们的前额叶活跃度。两者的相关度几乎是100%——研究者用这种方法测试了几十个婴儿,发现会哭的婴儿右半脑活跃度较高,不哭的婴儿左半脑活跃度较高。

尽管忧郁或乐观这种基本的气质类型在个体一出生或出生后不久就已经确定,但忧郁类型的人将来并不一定会抑郁和暴躁。童年期的情绪经验会对气质类型产生深刻的影响,加深或者压抑个体内在的倾向。在童年期,人脑具有很强的可塑性,这说明童年期的经验将会对个体以后神经通道的塑造产生持久的影响。卡根对胆小儿童的研究充分说明童年经验可以从积极的方向改变个体的气质类型。

驯服过度兴奋的杏仁核

卡根的发现最鼓舞人心的一点在于,不是所有胆怯的婴儿长大后都会畏畏缩缩——气质不是命中注定的。过于兴奋的杏仁核可以通过恰当的经验加以控制。儿童在成长期间获得的情绪经验和反应是产生差异的关键。对于胆小的孩子,最重要的是父母如何对待他们,他们由此学会处理自己天生的胆怯。父母逐渐向自己的孩子灌输壮胆的经验,这种对恐惧的矫正作用可能会长达一生。

杏仁核天生兴奋过度的婴儿,有大约 1/3 在上幼儿园之前摆脱了胆怯。[7]研究者对这些曾经胆小的孩子在家的情况进行观察,发现父母尤其是母亲在其中发挥着主要作用,决定着天生胆小的孩子长大后是变得大胆,还是继续回避新奇事物、对挑战感到不安。卡根的研究团队发现,有些母亲认为必须保护胆小的孩子,避免他们遇到困扰的事情;而有些母亲则认为更重要的是帮助胆小的孩子学习处理困扰情绪，适应生活中的挑战。前一种出于保护的想法往往剥夺了孩子学习克服恐惧的机会，反而助长了恐惧；而后一种"学习适应"的教育观点则可以帮助胆小的孩子变得更勇敢。

研究者对6个月的婴儿在家的情况进行观察，发现习惯保护的母亲为了舒缓婴儿的情绪会在婴儿烦躁或哭泣时把他们抱起来，这类母亲这样做的时间多于努力帮助婴儿学会控制不安的母亲。婴儿在安静和不安时被抱起来的次数显示，习惯保护的母亲在婴儿不安时抱婴儿的时间要比婴儿安静时抱婴儿的时间长得多。

婴儿一岁的时候还出现了另一种差异。在婴儿可能做有害的事情时，比如允许婴儿含着他们有可能吞下去的东西，习惯保护的母亲在限制婴儿行为方面显得更宽容、间接。另一种母亲与之相反，她们语气强硬，对婴儿进行严格的限制，发出直接命令，阻止他们的行为，要求他们服从。

为什么严格会减少孩子的恐惧呢？卡根认为，婴儿受到吸引逐渐靠近某个物体时（妈妈认为危险的东西），如果被妈妈"不许碰！"的警告阻拦，婴儿就会由此学到经验。婴儿突然被迫面对轻微不确定的情况。在婴儿出生后的第一年，如果类似的挑战重复出现成百上千次，婴儿就会持续获得练习的机会，一点一滴地学会应付人生中不确定的东西。对于胆小的孩子，他们需要掌握的正是应对不确定，这种经验也适合一点一滴的学习。尽管父母很疼爱婴儿，但假如在婴儿稍微出现不安时，父母并不急于抱起婴儿，缓解婴儿的情绪，那么婴儿就会逐渐学会自我调节。到了两岁的时候，从前胆小的幼儿被父母带回卡根的实验室，他们在看到陌生人皱眉头，或被实验人员用血压环套住手臂时，不再那么容易被吓哭了。

卡根由此得出结论："母亲出于善意，保护过度反应的婴儿免受挫折和焦虑，反而加深了婴儿的不确定感，起到了反作用。"[8]也就是说，由于保护策略剥夺了胆小婴儿面对不熟悉情景时学习保持镇定、对恐惧情绪加以控制的机会，结果起到了适得其反的作用。从神经病学的角度来说，这就相当于孩子的前额神经回路失去了学习对反射性恐惧做出不同反应的机会，他们的恐惧倾向反而通过重复得到了加强。

卡根告诉我，与之相反的是，"在上幼儿园之前变得不再那么胆小的孩子，他们的父母对他们施加了轻微的压力，迫使他们变得更加外向。尽管由于生理基础的原因，改变这种气质特征的难度比改变其他特质的难度稍大，但人类没有哪一种特质是无法改变的"。

在童年期，如果关键的神经回路持续得到经验的塑造，有些胆小的孩子就会变得更大胆。胆小孩子克服天生抑制倾向的信号之一是拥有较高水平的社交竞争力：善于合作、善于与其他孩子相处、富有同理心、愿意付出和分享、体贴周到、有能力发展亲密的友情。有一群孩子在4岁时被认为属于胆怯气质，但他们到10岁时摆脱了胆怯，体现出社交竞争力的特质。[9]

与之相反，在4岁时被认为胆小，而且后来6年中气质基本没有改变的孩子，他们的情绪能力相对较弱：遇到压力时容易哭泣和崩溃；情绪失调；感到害怕、生气或暴躁；遇到轻微挫折时过于愤怒；

做不到延迟满足；对批评过于敏感，不信任别人。这些情绪问题可能意味着他们与其他孩子之间的关系存在问题——如果他们能克服最初的胆怯，与其他孩子进行交往，就会有利于解决问题。

情绪能力较强的孩子，即使属于害羞的气质类型，也能够自发地克服自己的胆怯，这很容易理解。他们在社交方面更熟练，因此在与其他孩子相处时，更有可能不断获得积极的经验。尽管他们在和新朋友交谈时有点犹豫，但一旦坚冰被打破，他们就会散发出社交魅力。如果社交成功的经验多年来反复出现，这些胆小的孩子自然就会对自己更有自信。

从胆怯转变为大胆有着非凡的意义，说明内在的情绪模式在某种程度上是可以改变的。天生容易害怕的孩子遇到不熟悉的情况时，可以学会保持冷静，甚至变得更加外向。恐惧或其他气质是我们情绪生活生物基础的一部分，但我们特定的情绪表现并不一定要受到遗传特质的局限。在基因限制的范围内仍然存在很多可能性。正如行为基因学家指出的那样，基因本身不会决定行为；我们的环境，尤其是我们在成长过程中获得的经验和学到的东西，塑造了我们在今后人生中的气质倾向。我们的情绪能力不是天生的，可以通过正确的学习得到改善，原因就在于人脑的发育过程。

童年：关键的机会

人脑在个体出生时并没有完全发育成形。人脑在人出生后继续生长发育，童年期是大脑发育最迅猛的阶段。个体出生时的大脑神经细胞，要比大脑成熟后保留的神经细胞多得多，通过所谓的"修剪"过程，大脑实际上抛弃了使用较少的神经元联结，而形成了最常用、最强有力的突触神经回路联结。通过修剪，去除无关的突触，也就是消除了"噪声"的成因，从而有效改善了大脑内信号与噪声的比例。这一过程经常发生而且非常迅速，几个小时或几天就可以形成突触联结。个体的经验，尤其是童年期的经验塑造了大脑。

关于经验对人脑发育的影响，诺贝尔奖得主、神经科学家托斯登·威塞尔（Thorsten Wiesel）和戴维·休伯尔（David Hubel）的研究提供了最经典的例证。[10] 他们发现，猫和猴子出生后的头几个月，是把信号从眼睛传递至视觉皮层（信号在视觉皮层进行理解）的神经突触发育的关键时期。在此期间，如果把小动物的一只眼睛遮住，那么从这只眼睛到视觉皮层的神经突触就会萎缩，而从另一只眼睛到视觉皮层的突触就会成倍增加。过了这个关键时期之后，小动物被遮住的眼睛重见光明，但它的这只眼睛已经变成功能性失明了。尽管小动物的眼睛本身没有问题，但联结这只眼睛与视觉皮层的神经回路已经基本消失了，无法传递视觉信号。

对于人类，相应的眼睛发育关键时期是出生后的头半年。在此期间，日常的观看刺激了联结眼睛与视觉皮层的神经回路的形成，视觉神经回路日趋复杂。假如孩子的眼睛被紧紧蒙住，即使只有几周时间，也会对这只眼睛的视觉能力产生明显的损害。在此期间，如果孩子的一只眼睛被蒙住，几个月后再移除遮挡物，这只眼睛观察细微物体的视力已经受损。

关于经验对发育中大脑的影响，最生动的例证莫过于对"富老鼠"和"穷老鼠"的研究。[11] 富老鼠分成小群体住在笼子里，笼子里有大量鼠类娱乐设施，比如爬梯和踏板。穷老鼠也住在相似的笼子里，但笼子里什么设施都没有。过了几个月，富老鼠的大脑新皮层形成了更为复杂的联结神经细胞的突触神经回路网，穷老鼠的神经回路相比之下则比较稀疏。两种老鼠出现的差异非常显著：富老鼠的大脑更重，因此不难想象，它们在走迷宫时要比穷老鼠聪明得多。用猴子进行类似的实验，同样显示了经验"贫富"之间的差异，人类身上肯定也会出现相同的效果。

心理治疗，即系统的情绪再学习，证实了经验既能改变情绪模式，又能塑造大脑。最戏剧化的例证来自对强迫症病人的治疗。[12] 最常见的强迫症表现之一是反复洗手，甚至一天达到几百次，直到病人皮肤开裂。PET扫描结果显示，强迫症病人前额叶的活跃度比常人要高得多。[13]

研究中有一半病人接受常规的药物治疗，服用百忧解，另一半病人接受行为治疗。在治疗期间，病人有计划地面对使他们沉迷或产生强迫行为的对象，但不许出现强迫行为，比如患有洗手强迫症的病人面前放着洗手盆，但不允许病人洗手。同时，他们学会对刺激他们行为的恐惧和担心提出质疑，比如不洗手就会得病和死亡的念头。这样，经过几个月的疗程，强迫症逐渐消失了，和接受药物治疗的效果一样。

不过最显著的发现是，PET扫描结果显示，接受行为疗法的病人情绪脑的关键部位尾状核活跃度降低的程度，与服用百忧解药物成功治疗强迫症的病人相当。接受行为疗法的病人，他们的经验改变了大脑功能，并消除了症状，居然和药物一样有效！

关键时机

在所有生物当中，人类大脑完全发育所需的时间最长。尽管大脑每个区域的发育速度不尽相同，但青春期的开端是大脑"修剪"势如破竹的时期之一。对情绪生活非常关键的几个大脑区域是发育最慢的部位。感觉区域在童年期早期发育成熟，边缘系统在青春期发育成熟，而负责情绪自控、理解和巧妙回应的前额叶在青春期晚期继续发育，直至16—18岁。[14]

童年期和少年期不断重复的情绪管理习惯，本身会有助于大脑神经回路的塑造。因此，童年期是塑造一生情绪倾向的关键时期，童年期养成的习惯固化为基本的突触神经网络，而且以后较难改变。由于前额叶对情绪管理具有重要意义，而且大脑这一区域的突触塑造过程既漫长又关键，这意味着在大脑精妙的设计中，孩子在此期间获得的经验会与情绪脑的神经回路产生持久的关联。我们已经知道，关键的经验包括：如果孩子有需要，父母是否值得信赖和如何回应，以及孩子在学习处理自身困扰、控制冲动、施展同理心方面的机会和受到的指导。同样的道理，如果父母忽视或虐待孩子，表现自私冷漠，与孩子的情绪不相协调，或者对孩子进行残酷的管教，都会对孩子的情绪神经回路产生影响。[15]

不安的时候如何舒缓自身情绪，这是个体在婴儿期最早获得，并且在童年期继续完善的最重要的情绪经验之一。对于婴儿，安慰来自照料者——妈妈听到婴儿哭了，她把婴儿抱起来轻轻摇晃，直到婴儿平静下来。有学者认为，这种生物协调可以帮助孩子学习用同样的方法对待自己。[16] 在出生后 10—18 个月的关键时期，婴儿前额叶皮层的眶额区迅速与边缘脑形成联结，因此眶额成为困扰情绪的重要"开关"。研究人员认为，婴儿不断从照料者那里得到安慰，他们逐渐学会如何保持平静，由此可以推测，这些婴儿控制困扰情绪的神经回路联结的能力更强，因此他们终其一生能够更有效地舒缓不安的情绪。

当然，由于大脑发育为孩子提供了越来越成熟的情绪工具，掌握舒缓情绪的艺术需要很多年，而且还可以借助新的手段。别忘了，对调节边缘系统冲动特别重要的前额叶直到青春期还在继续发育。[17] 在童年期继续发育成形的另一个关键的神经回路集中于迷走神经，迷走神经的一端调节心脏和身体其他部位，另一端通过其他神经回路向杏仁核传输信号，促使杏仁核分泌儿茶酚胺，促使身体优先做出战斗或逃跑的回应。华盛顿大学评估育儿效果的研究团队发现，善于处理情绪的父母能够促使孩子的迷走神经功能变得更加完善。

负责这项研究的心理学家约翰·戈特曼这样解释："父母教导孩子正确地处理情绪，比如和孩子谈论他们的感受以及如何理解这些感受，不急于批评或妄下结论，教导孩子如何处理情绪困境，提出解决方法，比如悲伤的时候除了攻击或退缩，还有其他的方法。父母的教导改变了孩子的迷走神经张力。"迷走神经张力是衡量迷走神经触发难易程度的指标。如果父母在这方面处理得好，孩子就会更好地抑制迷走神经的活动，防止杏仁核分泌促使身体战斗或逃跑的激素，因此孩子的行为表现也会更加正常。

我们有理由相信，每种情绪智力的关键技能在童年期都有长达几年的关键时期。每个时期代表了向孩子灌输良好情绪习惯的契机，如果错失这种机会，日后对孩子进行矫正就会困难得多。童年期大规模的神经塑造和修剪也许是早期情绪困扰与创伤对成年期产生持续而普遍影响的根本原因。这同样可以解释，为什么心理疗法常常需要很长时间才能影响个体的某些心理模式，而且正如我们所熟悉的那样，在治疗之后，尽管病人已经获得了新的认识，而且重新学习了如何进行回应，但这些模式作为潜在倾向仍然留在病人身上。

当然，大脑终其一生都保持着可塑性，但改变程度远远不如童年期那样显著。所有的学习都会改变大脑，加强突触的联结。强迫症病人的大脑变化显示，通过持续的努力，情绪习惯甚至神经基础也是可以改变的。创伤后应激障碍患者（或接受治疗的患者）大脑出现的情况，类似于所有重复或强烈情绪经验的效果，不论是好的情绪经验还是坏的情绪经验。

最有说服力的情绪经验来自父母对孩子的言传身教。父母向孩子灌输的情绪习惯存在很大的差异，比如有些父母与孩子协调一致，承认并满足孩子的情绪需要，而且他们的教导还包含了同理心；而另一些父母只顾自己，忽略孩子的困扰情绪，或者对孩子的教育反复无常，任意打骂。心理治疗在很大程度上是对个体早期生活中被扭曲或完全缺失的东西进行补救性辅导。与其事后补救，何不未雨绸缪，在一开始就让孩子接受情绪教育，培养必不可少的情绪技能？

Part - 5 -

第五部分
情绪素养

第十五章

情绪盲的代价

本来这只是一场小小的争执,后来却升级了。布鲁克林托马斯·杰斐逊高中四年级学生伊恩·摩尔和三年级学生蒂龙·辛克勒曾经与15岁的卡琉尔·森普特发生口角。后来他们一再刁难森普特,扬言要对付他。现在终于酿成事端了。

卡琉尔害怕摩尔和辛克勒打他,他在某天早上携带着一把点38口径的手枪来到学校。就在离校警不到5米的过道上,卡琉尔近距离对摩尔和辛克勒开枪了。

这场可怕的惨剧是又一个信号,表明现在的孩子极度需要学习正确处理情绪,用和平方式解决争端,彼此和谐共处。教育者一直以来为学生的数学和语文成绩落后而烦恼,现在他们意识到学生还存在另一种更值得警惕的缺失:情绪盲。[1]尽管学业标准已经得到了显著的提高,但是标准的学校课程没有涉及情绪盲这种新问题。用布鲁克林一位老师的话来说,目前学校的重心在于"我们更加关心的是学生的阅读和写作水平,而不是下个星期他们是否还活着"。

枪击等暴力事件在美国校园越来越常见,这表明我们的情绪教育存在不足。这些事件不是孤立发生的,从有关统计数据来看,在引领世界潮流的美国,青少年问题正越来越严重。[2]

1990年的美国与20年前相比，青少年由于暴力犯罪被监禁的比例达到了前所未有的高点，青少年由于暴力强奸被监禁的案件翻了一番，青少年谋杀案件翻了两番，这主要是由于枪击事件的增多。[3]在这20年间，青少年自杀率上升了两倍，14岁以下被谋杀的受害儿童数量也增加了两倍。[4]

怀孕的少女越来越多，年纪也越来越小。从1993年开始，10—14岁的少女怀孕生子的比例连续5年稳定增长，有些人将这称为"孩子生孩子"现象，少女意外怀孕以及同龄人施压要求发生性关系的比例也在持续增长。在过去30年间，青少年患性病的比例增加了两倍。[5]

这些数据已经够触目惊心了，但如果比起美国非裔青少年，尤其是内陆城市非裔青少年的情况，简直是小巫见大巫。非裔青少年的有关数据更惊人，比如，白人青少年吸食海洛因和可卡因的比例在20世纪90年代之前的20年间增长了大约300%，而非裔青少年的这一数据是13倍。[6]

青少年问题最常见的原因是精神疾病。大约有1/3的青少年存在不同程度的抑郁症状，女孩在青春期患抑郁症的比例翻了一番。青春期少女患有饮食紊乱的比例更是达到了顶峰。[7]

最后，现在年轻人结婚并且维持长远、稳定婚姻关系的可能性越来越小。我们在第九章知道，在20世纪70年代和80年代，美国的离婚率大约是50%，进入90年代之后，预计三对新婚夫妇当中有两对会以离婚收场。

情绪不适

就像在煤矿隧道中金丝鸟的死亡预示着缺氧一样,这些统计数据应当引起警惕。除了严峻的统计数据之外,当今青少年的困境还体现在更微妙的层面,即尚未演化为危机的日常问题。一项以全美7—16岁儿童为样本的研究也许是最有说服力的证据,直接反映了儿童情绪竞争力水平的降低。研究人员比较了美国儿童在20世纪70年代中期以及在80年代末期的情绪状况。[8]根据父母和老师的评价,他们的情绪状况逐渐恶化。尽管不存在特别突出的问题,但所有指标都逐渐滑向不利的方向。总的来说,美国儿童在以下几个方面出现了退步。

- 退缩或社交问题:更喜欢独处、偷偷摸摸、经常生气、缺乏朝气、感到不快、过度依赖。

- 焦虑和抑郁:感到孤独、常常害怕和担忧、追求完美、感受不到爱、感到紧张或悲伤以及抑郁。

- 注意力或思维问题:无法集中注意力或安静地坐着、爱做白日梦、不加思考就鲁莽行事、过于紧张、无法集中精力、学习成绩差、喜欢胡思乱想。

- 行为不端或好斗:和问题孩子一起厮混、说谎和欺骗、经常打架、对人刻薄、喜欢引起他人的注意、破坏他人的财物、在家和学校不听话、固执、喜怒无常、说话太多、爱捉弄人、脾气暴躁。

这些问题单独来看不值得大惊小怪,但从整体来看它们代表了一个大的趋势,表明一种新的不良潮流正在渗透和毒害儿童,预示着他们的情绪竞争力存在很大的缺陷。情绪不适似乎是现代生活在儿童身上引发的通病。尽管美国人经常抱怨本国的问题与其他国家相比特别糟糕,但来自世界各地的研究表明,其他地方的情况和美国差不多。比如,20世纪80年代荷兰、中国和德国的老师及父母认为自己孩子存在的问题,其严重程度相当于美国儿童在1976年所体现出来的水平。在有些国家,儿童的处境比美国儿童还要糟糕,包括澳大利亚,法国和泰国,但这种情形不会长久持续下去。相对于很多发达国家,在美国,促使情绪竞争力不断下降的主要力量发展得越来越迅猛。[9]

没有哪个儿童可以免于情绪不适的风险。这无关贫富,情绪问题是普遍性的,所有民族、种族以及收入群体都是如此。尽管贫困儿童情绪技能的各项指标最糟糕,但是在过去几十年间,贫困儿童情绪技能恶化的程度与中产阶层或富裕家庭出身的儿童相当,所有群体的儿童都呈现出相同的情绪技能逐步下降的趋势。此外,接受心理辅导的儿童数量比以前增加了两倍(这也许是一个好迹象,说明心理辅导比以前更容易获得),情绪问题严重到需要接受心理治疗但没有接受治疗的儿童比例翻了一番(这是不好的迹象),从1976年的9%上升到1989年的18%。

康奈尔大学著名发展心理学家尤里·布朗芬布伦纳(Urie Brenfenbrenner)在全球范围内比较过儿童的幸福状况,他表示:"由于缺乏良好的支持体系,外部压力越来越大,即使是强大的家庭也会土崩瓦解。紧张刺激、不稳定和不持续的日常家庭生活，已蔓延到社会的每一个角落，即使是受过良好教育的富裕人群也不能幸免。危险的是，我们的下一代，特别是男性，他们的成长过程笼罩在离婚、贫困和失业的阴云之下，他们对这些破坏力量难以招架。美国儿童和家庭的状况前所未有得糟糕……我们正在剥夺几百万儿童的竞争力和品德。"[10]

这并不是美国独有的现象，而是一种全球现象，全球范围内的竞争大大降低了劳动成本，所产生的经济力量给美国家庭带来了无穷的压力。现在的情况是，在受到经济问题困扰的家庭，父母双方不得不长时间工作，把儿童独自留在家中，与电视为伴；越来越多的儿童在贫困的环境下成长；单亲家庭越来越普遍；越来越多的婴幼儿被留在管理不善的幼儿园，被人忽视。所有这些都意味着，亲子之间培养情绪竞争力的日常交流正在日益受到侵蚀。

如果家庭无法为孩子打下生活的坚实基础，我们应该怎么办？对特定问题的机理进行细致入微的分析之后，我们可以发现，情绪或社交竞争力的缺失为严重问题埋下了隐患，另一方面，目标清晰的矫正或预防方法可以使更多的儿童回到正轨。

控制好斗

我上小学时，学校里有个特别难缠的主儿叫杰米，当时我上一年级，他上四年级。他会偷走你的午餐钱，抢走你的自行车，在和你说话的时候还会冷不防打你。杰米是典型的校园"小霸王"，他很容易被惹怒，或者毫无来由就挑起争端。我们都很怕他，离他远远的。大家对他又恨又怕，没人愿意和他一起玩。不管他去哪里，他就像带了一个隐形保镖，玩耍的孩子通通自动给他让出一条道来。

杰米这种孩子肯定存在问题，孩子穷凶极恶的行为背后往往隐藏着情绪和其他方面的问题。杰米在16岁的时候因故意伤害罪而入狱。

童年期好斗对于个体一生的影响是什么？很多研究对此进行了深入探讨。[11]我们已经知道，在好斗孩子的家庭生活中，父母通常不是忽视孩子，就是严厉而任意地惩罚孩子，因此不难理解，在这种家庭环境中成长的孩子往往会有点偏执或好斗。

不是所有易怒的孩子都会变成"小霸王"，有一些孩子会变得畏缩不前，与社会格格不入，对别人的戏弄很敏感，或者对他们眼中的困境或不公平现象反应过度。不过，这些孩子具有共同的认知缺陷，他们把别人的无心之失当成轻蔑，小题大做，认为同龄人对他们有恶意。因此，他们容易把自然行为看成威胁，比如他们会把纯粹无意的碰撞看成报复，进行还击。这样做的后果当然是其他孩子对他们避之则吉，使他们更加孤立。愤怒、孤立的孩子对不公正的现象和不公平的对待往往特别敏感。他们通常认为自己是受害者，而且一直记得别人"迫害"他们的证据，比如老师曾经批评过他们，其实是冤枉了他们。这种孩子还有一个特点，一旦怒火中烧，他们唯一想到的反应就是：发泄。

在实验中,一个"小霸王"与另一个平和的孩子一起看录像,我们可以从中观察到"小霸王"的认知偏见在发生作用。有一个录像片段是一个男孩被别的男孩撞了一下,书掉落在地上,周围站着的孩子都在笑,被撞的男孩很生气,试图打其中一个嘲笑他的男孩。受测者看完这段录像之后进行讨论,"小霸王"通常认为录像中那个男孩是出于正义才动手打人。更有说服力的证据是,受测者在讨论的时候被要求评估录像当中的男孩的攻击性,"小霸王"认为撞人的男孩更加好斗,而被撞男孩发泄怒火是正义之举。[12]

急于批判的倾向证实了攻击性特别强的人身上存在着根深蒂固的认知偏见。他们总是假定他人怀有恶意或威胁,并据此做出反应,而没有注意到真实的状况。一旦他们认定存在威胁,就会急于采取行动。比如,好斗的男孩和另一个男孩下棋,如果对方走错了一步,他就会认定对方在使诈,而不会停下来想清楚对方是不是无心之失。好斗男孩假定对方是恶意而不是无辜的,因此他会自动产生敌意。对于恶意行为,伴随着反射性认知的是同样自动的攻击反应,他不是向对方指出错误,而是急于指责、叫嚷、打斗。他们越是这样,就越容易产生自动的攻击行为,与此同时,其他的替代反应,比如以礼相待、以玩笑化解问题等就越来越萎缩。

这种儿童情绪的脆弱性在于,他们很容易感到不安和不满,而且一旦出现不安,他们的思维就会发生混乱,因此他们会把善意行为当作敌对行为,转而依赖过度习得的习惯进行反击。[13]

这种对敌意的认知偏见在低年级孩子身上已经有迹可循。大多数孩子,尤其是男孩,在上幼儿园和一年级的时候都喜欢打打闹闹,但到了二年级,攻击性较强的孩子没有学会稍微收敛自己的行为。其他孩子开始学会用协商和妥协的方式解决玩耍时出现的争端,而校园"小霸王"却越来越依赖暴力和恐吓。他们为此付出了代价:很多孩子第一次和"小霸王"玩耍,在两三个小时之后就表示他们不喜欢"小霸王"。[14]

有研究对孩子从幼儿园到青少年期间的行为进行追踪,发现在一年级调皮捣蛋、无法与同伴相处、不服家长管教、爱对抗老师的孩子,其中有一半进入青春期后出现违法行为。[15]当然,不是所有好斗的孩子日后都会走上暴力和犯罪的道路。但是整体而言,这些孩子日后暴力犯罪的可能性最大。

令人震惊的是,这些孩子很早就表现出犯罪的倾向。研究人员对蒙特利尔幼儿园孩子的敌意和捣蛋程度进行评估,孩子 5 岁时被认为非常捣蛋,与他们进入青春期之后出现违法行为有着很强的关联性,他们无缘无故殴打别人、偷东西、打斗时使用武器,以及酗酒的次数是其他孩子的三倍,而且这些都是发生在他们 14 岁之前。[16]

成年后走上暴力犯罪道路的孩子小时候通常攻击性很强,很难对付。[17]通常来说,在小学低年级,他们难以控制自身冲动的部分原因在于学习成绩差,他们自己和别人都认为他们"笨"——这种判断由于他们被转到特殊教育班而得到了证实(尽管这些捣蛋鬼有"多动症"或学习障碍的概率较大,但肯定不是全部都这样)。孩子不仅在入学之前就在家里学会了"武力"方式,也就是恐吓的方式,而且还受到老师的否定，老师不得不花大量时间让他们循规蹈矩。这些孩子不能遵守课堂纪律，这意味着他们学习就是在浪费时间，他们的学习成绩不可避免地下降，通常在三年级的时候尤其明显。尽管有违法倾向的孩子智商往往低于同龄人，但容易冲动是一个更加直接的违法诱因。与智商的衡量指标相比，10岁男孩的冲动性对他们日后违法行为的预测作用的准确性是前者的近三倍。[18]

到了四年级或五年级，这些孩子被认为是"小霸王"或"很难相处"，他们遭到同龄人的唾弃，很难甚至无法和别人交朋友，学习成绩很差。没有朋友，他们就会接近社会混混。在四年级和九年级之间，他们加入混混团伙，走上了违法道路：他们逃学、酗酒和吸毒的次数出现了4倍的增长，在七年级和八年级之间增长幅度最大。到了中学阶段，另一种"后来者"加入了他们的行列。这些后来加入的小混混往往在家完全不受管束，从上小学的时候就开始在街上独自闲逛。到了高中，小混混们通常都退学了，逐步滑向违法犯罪的边缘，参与商店偷窃和毒品交易等轻微的犯罪行为。

在此过程中，两性之间的差异非常显著。一项相关的研究发现，在四年级被认为是"坏学生"的女生，比如与老师发生冲突、违反纪律等，并未受到同龄人的排挤。在她们到了高中毕业的年龄时，**40%**的人有了孩子。[19]这一数据是她们所在学校女学生平均怀孕率的三倍。也就是说，反社会的少女并不会变得暴力，而是更容易成为少女妈妈。

当然，导致儿童暴力和犯罪的起因不止一个，还有很多其他因素。比如出生于高犯罪率的社区，儿童对犯罪和暴力耳濡目染；来自压力非常大的家庭，或者贫困家庭。但是没有哪一种因素必然导致儿童走上暴力犯罪的道路。如果其他条件保持不变，攻击性强的儿童的心理因素会使他们暴力犯罪的可能性大大提高。心理学家杰拉尔德·帕特森（Gerald Patterson）对几百位男孩进入成年期初期的职业进行了研究，他表示："5岁孩子的反社会行为也许是青春期违法行为的原型。"[20]

"小霸王"的学校

几乎可以肯定的是，好斗儿童的心理倾向会使他们最后走上不归路。一项关于暴力犯罪的少年犯以及好斗高中生的研究发现了一种常见的思维定式：如果他们与别人出现矛盾，他们会立即对对方产生抵触心理，不会寻求进一步的信息或者努力用和平的方式解决双方的分歧，而是断言对方对他们存有敌意。与此同时，他们从来不会想到暴力解决的负面后果——通常是争斗。他们认为自己的攻击心理是正当的，比如"如果你气得发疯，出手打人没有问题"，"如果你不去争斗，每个人都会认为你是懦夫"，或者"被暴打的人实际上没有那么痛苦"。[21]

不过，及时的帮助可以改变这种心态，防止儿童走上违法道路。目前有几个实验性项目已经取得了阶段性成功，可以帮助好斗儿童学习控制反社会心理倾向，防止产生更严重的问题。其中有一个设在杜克大学的项目，专门针对满腹怨恨、惹是生非的小学生进行培训，为期6—12周,每周两次,每次40分钟。这些男孩通过项目了解到,他们原以为是恶意的一些社会行为,实际上是中性或善意的。他们学会站在其他孩子的立场上了解别人怎么看待他们,以及其他孩子生气时在想什么、有什么感受。他们还通过模拟情景,例如别人故意戏弄他们、惹他们生气,直接学会了如何控制愤怒。控制愤怒的一个关键技巧是监控自身的情绪——意识到身体的感受,比如生气时会脸红或肌肉紧张,一旦对此有所察觉就加以控制,考虑下一步行为反应,而不是冲动地发泄出来。

杜克大学心理学家约翰·洛克曼(John Lochman)是该项目的设计者之一,他告诉我:"他们讨论近期遇到的情景,比如在路上被人碰撞,当时他们认为别人是有意的。孩子们讨论他们会如何处理。比如有个孩子说,他会瞪着撞他的男孩,对他说下次注意点,然后走开。这样他不需要和人发生争斗就施加了控制,并维护了自尊。"

这很有吸引力。很多好斗儿童对自己容易发脾气感到不快,因此很乐意学习控制脾气。当然,在气头上的时候,保持头脑冷静的做法,比如走开或数10下,等冲动的劲头过去,并不是自动产生的。孩子们通过角色扮演,比如乘公共汽车时遭到其他孩子的嘲弄,练习采取不同的回应方式。他们可以尝试做出友善的回应,不仅维护自尊,而且在打架、哭泣或者羞愧逃跑之外,找到了替代方法。

在这些男孩接受训练三年之后,洛克曼对他们与其他同样好斗但没有接受愤怒控制训练的男孩进行了比较。他发现,进入青春期后,接受过训练的男孩在课堂上没有那么捣蛋了,对自己有更多积极的看法，酗酒或吸毒的可能性较小。而且参与项目的时间越长，他们进入青春期后的攻击性就越低。

预防抑郁

16岁的丹娜一向很合群。但突然之间，她没办法与其他女孩相处了，而且更加烦恼的是，她怎么也无法抓住男朋友的心，尽管她和他们已经上过床。丹娜整天愁眉苦脸，萎靡不振，她对吃饭以及其他一切好玩的东西都失去了兴趣；她说感到既绝望又无助，她做什么也摆脱不了这种情绪，甚至想过自杀。

她最近一次与男朋友分手使她陷入了抑郁。她说除了发生性关系，她根本不知道该如何和男孩相处——尽管她对发生关系感到不舒服，而且她也不知道如果她对恋爱关系不满意，应该怎么分手。她说她和很多男孩上床，其实她真正的目的是为了更好地了解他们。

她刚刚转到一个新学校，对和学校里的女生交朋友感到害羞、不自在。她不愿意主动聊天，只有在别人和她说话时才会和人交谈。她无法让别人了解她是什么样的人，甚至不知道在"你好"之后应该说些什么。[22]

丹娜参与了哥伦比亚大学关于抑郁青少年的实验性项目，接受心理治疗。治疗的重点是帮助她学会更好地处理人际关系：如何建立友谊，和同龄人相处时如何更加自信，如何表达感情。从根本上说，这个项目是一些最基本情绪技能的补救性辅导。项目成功了，丹娜的抑郁症消失了。

人际关系问题是抑郁的一个起因，尤其多发于青少年。儿童与父母关系紧张，和儿童与同龄人关系紧张一样常见。抑郁儿童和青少年经常无法或不愿意谈论自己的悲伤。他们似乎无法准确地描述自己的感受，相反常常表现出郁郁寡欢、容易被激怒和不耐烦、偏执和愤怒——尤其是对他们的父母。这反过来使他们的父母很难为他们提供情绪支持和辅导，亲子之间的关系越来越恶化，最后通常以不断的争吵和疏远告终。

从青少年抑郁的起因可以清楚地看到他们在情绪竞争力的两个领域存在缺陷：一是人际关系技巧，二是以催化抑郁的方式理解挫折。某些抑郁倾向几乎可以肯定源于先天的基因，而另一些倾向可能是由于可逆的悲观思维习惯，这种思维习惯使儿童倾向于以抑郁的方式回应生活中的小挫败，比如成绩不好、与父母吵架、受到排挤等。有证据表明，不管出于什么原因，抑郁的倾向在青少年当中越来越普遍。

现代性的代价：抑郁增多

正如 20 世纪是一个焦虑的时代，21 世纪将是一个忧伤的时代。世界各地的数据表明抑郁已经成为一种现代流行病，随着世界范围内的现代化而扩散蔓延。20 世纪以来，世界范围内每一个后继世代一生中遭受重度抑郁的风险都高于他们的父辈。重度抑郁不仅表现为忧郁，还表现为像全身麻痹一样的无精打采、垂头丧气和自我怜悯，以及无法逃避的绝望感。²³ 个体出现这些症状的年龄也越来越小。一度不被了解（至少未被辨认出来）的童年期抑郁，已经成为现代社会的特征。

尽管抑郁的可能性随着年龄的增长而增加，但最显著的变化出现在青少年群体。在很多国家，1955 年以后出生的人，一生中患重度抑郁的可能性是祖父辈的三倍甚至更高。在 1905 年之前出生的美国人，一生中患重度抑郁的比例只有 1%；1955 年以后出生的美国人，24 岁的时候大约有 6% 的人患有抑郁症。1945—1954 年出生的人，在 34 岁之前患上重度抑郁的概率是出生于 1905—1914 年的人的 10 倍。²⁴ 对于每一代人，第一次出现抑郁症状的平均年龄有越来越小的趋势。

一项调查对象超过 3 900 人的全球研究发现，相同的趋势也出现在波多黎各、加拿大、意大利、德国、法国、中国台湾、黎巴嫩以及新西兰等国家和地区。抑郁症增多的趋势在内战期间达到了顶峰。在德国，1914 年之前出生的人，在 35 岁之前出现抑郁的比例是 4%；而在 1944 年之前 10 年内出生的人，他们在 35 岁之前出现抑郁的比例是 14%。从全球范围看，生活在政治动荡时期的世代有着较高的抑郁症比例，当然抑郁症整体上扬的趋势不会为任何政治事件所改变。

儿童首次出现抑郁症状的低龄化似乎也是一种全球现象。我向专家探求其中的原因，他们提出了几种不同的理论。

全美心理健康研究所所长弗雷德里克·古德温（Frederick Goodwin）认为："核心家庭①受到了可怕的侵蚀——离婚率翻番，父

---

① 核心家庭即由夫妻二人及其未婚孩子组成的家庭。——译者注

母与孩子相处时间减少，流动性增加等。你不再熟悉大家庭中的其他成员。失去了自我认同的基础，就更容易患上抑郁。"

匹兹堡大学医学院精神病学家戴维·库普弗（David Kupfer）指出了另一种倾向："随着第二次世界大战后的工业化，从某种意义上说，每个人都失去了家园。有越来越多的家庭，父母在孩子成长期对他们的需求漠不关心。这虽然不是引发抑郁的直接原因，但它使人们更加脆弱。早期的情绪刺激会影响个体神经细胞的发育，几十年后很可能在你承受重大压力的时候引发抑郁。"

宾夕法尼亚大学心理学家马丁·塞利格曼表示："在最近 30 年或 40 年间，个人主义抬头，宗教信仰力量没落，同时来自社区和大家庭的支持也日趋减少。帮助个体对抗挫折和失败的精神支持消失了。如果你认为无法摆脱失败，夸大失败的破坏程度，就会很容易把暂时的挫败当成持续绝望的源头。不过假如你把视野放宽，比如信仰上帝和来生，在你丢掉一份工作时，你会认为这只是暂时的挫折。"

不管起因是什么，青少年抑郁都是一个严重的问题。在美国，对于儿童和青少年在特定年龄段患有抑郁的人数，各项研究数据的出入很大，但对青少年抑郁易感性的结论是一致的。一些流行病学的研究通过严格的标准（即权威机构对抑郁症状的诊断）发现 10—13 岁的儿童在一年内发生重度抑郁的比例高达 8%—9%。有数据表明，在青春期，女孩患有重度抑郁的比例接近翻番，在 14—16 岁，有 16% 的女孩患过抑郁，而男孩的数据则保持不变。[25]

青少年的抑郁过程

一项研究表明，儿童即使发生轻度抑郁，也会为将来更严重的抑郁埋下隐患。[26] 这向我们敲响了警钟，儿童抑郁不仅要进行治疗，还要进行预防。该项研究挑战了原有的假定，即随着儿童的成长，童年期抑郁不会产生长期影响。当然，每个孩子都会时不时感到伤心，童年期、青春期与成年期一样，总是会遇到偶尔的失望、或大或小的损失，因此会感到悲伤。这些时候我们不需要预防，只有在孩子的悲伤情绪陷入恶性循环，变得绝望、易怒和退缩，即严重忧郁的时候，我们才需要介入。

根据匹兹堡西方精神病研究所和临床诊所的心理学家玛丽亚·科瓦克斯（Maria Kovacs）收集的数据，在抑郁症严重到需要接受治疗的儿童当中，有 3/4 后来再次复发重度抑郁。[27] 科瓦克斯对被诊断为抑郁症的儿童进行了研究，当时这些儿童只有 8 岁，其后每隔数年进行重新评估，直到他们 24 岁。

患有重度抑郁的儿童，其症状持续的平均时间大约为 11 个月，不过有 1/6 的儿童持续时间达 18 个月之久。一些儿童发生轻度抑郁的年龄可早至 5 岁，虽然情况不是很严重，但持续的时间很长——平均大约为 4 年。科瓦克斯还发现，轻度抑郁的儿童更容易发展成重度抑郁，即所谓的双重抑郁。随着时间的推移，患有双重抑郁的人非常容易复发。曾经有过抑郁的儿童进入青春期和成年期初期之后，平均每三年就会发作一次抑郁症或躁郁障碍。

儿童付出的代价远远不止抑郁症本身的痛苦。科瓦克斯告诉我："孩子通过与同龄人相处学会社交技能。比如，如果你想得到某样东西却无法得到，你应该怎么办。通过观察其他孩子如何处理这种情景，然后自己尝试。但是抑郁儿童在学校里往往是被忽视的人群，其他孩子很少和他们玩儿。"[28]

这些孩子因为忧郁或悲伤而不愿意主动进行社会交往，或者在别的孩子接近他们的时候把目光移开——这是一个断然拒绝的社交信号，结果是抑郁孩子最后在游戏场被大家排挤或忽视。他们人际交往的经验一片空白，无法从自由玩耍中获得经验，导致他们的社交和情绪技能发展缓慢，他们在抑郁症消除之后还有很多东西需要弥补。[29] 在抑郁儿童和非抑郁儿童之间进行比较，我们会发现前者社交能力较差，朋友较少，作为玩伴不受欢迎，而且和其他孩子之间存在较多的人际关系问题。

抑郁儿童付出的代价还包括学习成绩差，抑郁症损害了他们的记忆力和注意力，他们很难在课堂上集中注意力，记住老师教的东西。对什么都没有兴趣的孩子，很难专心致志掌握难度很大的功课，更别提体验学习的"涌流"状态了。因此，在科瓦克斯的研究中，抑郁持续时间越长的孩子，他们的分数下降得越严重，成就测验成绩越差，所以他们更有可能在学校畏缩不前。实际上，儿童抑郁的时间与平均学分绩点有着直接联系，抑郁症发作时间越长，成绩下降就越严重。当然，孩子们在学习上苦苦挣扎，还会使抑郁症雪上加霜。用科瓦克斯的话来说："假如你已经抑郁，你的学习成绩日渐下滑，最后你会选择独自待在家里，不和其他孩子玩耍。"

思想的抑郁基因

和成年人一样，悲观地看待生活中的挫折，是抑郁儿童无助感和绝望感的来源。对于抑郁者的思维方式，我们早已有所了解。不过直到最近我们才知道，有忧郁倾向的儿童在出现抑郁之前就有了悲观的念头。这一发现表明，我们要抓住最佳时机，在儿童抑郁之前就提前为他们打预防抑郁的"疫苗"。

在儿童对于他们控制自身生活能力——比如改善生活的能力——的看法的研究中，研究人员要求儿童给自己打分，比如"在家里遇到问题，我帮助解决问题的能力比大多数孩子要强"、"我努力学习就会取得好成绩"等。认为这些正面描述没有一条适用于自己的儿童往往觉得自己对改变局面无能为力，这种无助感在最抑郁的儿童当中表现得最强烈。[30]

一项很有说服力的研究考察了五年级和六年级学生接到成绩单后几天之内的情况。众所周知，成绩单是我们童年期兴高采烈或者绝望失意的一个主导因素。研究人员对成绩比预期差的学生如何自我评价进行了分析，结果发现把低分看作个人无能（"我很笨"）的学生，较之用可变因素解释低分（"如果我再努力一些，我的成绩会更好"）的学生，前者的抑郁程度更加严重。[31]

研究人员在三年级、四年级和五年级学生当中把那些受到同学排挤的学生挑选出来，追踪观察他们在新学年加入新班级后是否继续受到排挤。研究发现，这些学生如何解释他们受到排挤的原因，似乎是他们是否变得抑郁的关键。认为自己受到排挤是由于个人原因的学生，抑郁程度会更加严重。而认为自己可以做出积极改变的乐观者，即使继续受到排挤也不会感到特别抑郁。[32] 众所周知，升入七年级是一个压力很大的转折时期，一项相关的研究表明，在学校激烈的竞争和家庭出现意外的压力之下，心态悲观的学生很容易陷入抑郁。[33]

一项对三年级学生为期 5 年的跟踪研究，为悲观心态容易导致儿童患上抑郁提供了最直接的证据。[34] 对于更小的孩子，他们是否会抑郁最强烈的预测信号是悲观的心态及重大打击的双重影响，比如父母离婚，或者家庭成员去世，孩子感到难过不安，而且父母无法为孩子提供足够的照料和安慰。在读小学时，面对生活中出现的好事或坏事，孩子在想法上出现了重大转变，越来越倾向于将其归结于自身特质，比如"我取得好成绩是因为我聪明"，"我没有朋友是因为我很没意思"。这种想法的转变发生在三年级到五年级之间。在这种情况下，心态悲观的学生习惯把生活中的挫折归咎于自身的缺陷，他们开始陷入抑郁。更糟糕的是，抑郁体验本身很可能会强化他们的悲观想法，因此即使在抑郁消失之后，孩子也会留下情绪伤疤，抑郁导致的悲观想法挥之不去：比如学习成绩差，不受欢迎，而且无法逃避消沉的情绪。这些想法如果固定下来，将来很容易导致孩子抑郁症再次发作。

拦截抑郁

值得庆幸的是,种种迹象表明教导儿童用积极的心态看待困难可以降低他们发生抑郁的风险。[①] 一项关于俄勒冈某高中的研究发现,大约 1/4 的学生患有心理学家所谓的"低度抑郁",即还没有严重到超出一般不愉快的水平。[35] 有些学生可能处于抑郁症发生之前的几个星期或几个月。

在一个课外的特殊辅导班里,75 名轻度抑郁的学生学会了质疑抑郁的思维模式,更善于交朋友,与父母相处更加友好,并且参与更多他们感兴趣的社交活动。在这个为期 8 周的项目结束时,55% 的学生从轻度抑郁当中复原,而在没有参与项目的学生当中,只有 1/4 同等程度抑郁的人开始摆脱抑郁。一年之后,对照组有 1/4 的学生发展成重度抑郁,而参与了抑郁预防项目的学生,这一比例只有 14%。尽管这个项目只有短短 8 堂课,但已经使患上重度抑郁的风险降低了一半。[36]

另外,类似的项目还有每周一次、为期 12 周的特殊课程,针对与父母不和并显示出某些抑郁迹象的 10—13 岁儿童。通过这种学校之外的特殊课程,孩子们学到一些基本的情绪技能,包括处理争端、

---

① 和成年人不同的是,对于治疗抑郁儿童,药物是否能替代心理治疗或预防教育目前尚不清楚;儿童对药物的分解不用于成年人。三环抗抑郁药物能有效治疗成年人抑郁症,但是在对儿童的控制研究中,无法证实该药物比惰性的安慰药物更有效。包括百忧解在内的新型抗抑郁药物对儿童的应用还有待测试。去郁敏是适用于成年人最常见(以及安全)的三环抗抑郁药物之一,但截至目前,美国食品及药品管理局还在调查该药物是否会导致儿童死亡。

三思而后行,也许最重要的是对伴随抑郁的悲观想法提出质疑——比如,在考试成绩不理想时,决心更努力学习,而不是想着"我就是不够聪明"。

该项目的设计者之一、心理学家马丁·塞利格曼指出:"孩子们从这个课程中学到,对于焦虑、悲伤和愤怒这些情绪,你不能放任自流,不加控制,而且你可以通过改变想法来改变自己的感受。"由于对抑郁想法提出质疑可以克服不断累积的消沉情绪,塞利格曼又表示:"这是一种立竿见影的强化剂,最终可以形成习惯。"

这些特殊课程同样降低了抑郁症一半的风险,而且这还是两年之后的效果。课程结束一年之后,只有8%的学生在抑郁测试中处于"中度至重度"水平,而对照组的儿童这一比例为29%。课程结束两年之后,大约有20%参与课程的儿童显示出非常轻微的抑郁症状,而对照组的这一数字为44%。

在青春期之初学习这些情绪技能尤其有用。塞利格曼指出:"这些孩子能够更好地处理青少年常见的被排挤的痛苦。他们在抑郁症容易诱发的关键时期,即青春期之初学会这些技能。课程的效果很持久,而且随着时间的推移逐渐增强,表明孩子们能把所学的东西应用于日常生活。"

其他研究童年期抑郁现象的专家也对这些创新项目表示了赞许。科瓦克斯表示:"如果你希望对抑郁症这样的精神疾病施加真正的作用,你首先必须在孩子们得病之前就采取行动,真正的解决办法是提前注射心理疫苗。"

饮食障碍

20世纪60年代末，我在临床心理学系读研究生的时候，认识两个有饮食障碍的女性，不过我是在很多年之后才意识到这一点。其中一个是哈佛大学数学系的高才生，她是我读本科时认识的朋友；另一个是麻省理工学院的职工。那位数学家虽然瘦得皮包骨头，但她就是不想吃饭，她说食物让她反胃。另一位麻省理工学院的图书管理员，身材肥胖，对冰激凌、沙拉、胡萝卜蛋糕以及其他甜品毫无节制。她曾悄悄告诉我，她会偷偷跑到洗手间，设法把吃的东西吐出来。现在看来，数学家应该被诊断为神经性厌食症，而图书管理员则是贪食症。

当时还没有这些描述饮食障碍的名称。临床医生刚刚开始提出这个问题，研究饮食障碍问题的先锋人物希尔德·布鲁克（Hilda Bruch）在1969年发表了关于饮食障碍的研讨会论文。[37] 布鲁克对女性挨饿致死的现象感到很困惑，她提出其中一个根本原因在于无法正确描述和回应身体的需要，也就是饥饿感。从此以后，关于饮食障碍的临床文献像雨后春笋般涌现，其中大多数旨在研究饮食障碍的起因，比如越来越多年轻的女孩被迫向无法达到的瘦身美容标准看齐，或者控制欲强的母亲有意让她们的女儿陷入内疚和羞愧的境地。

大多数论文的假设都存在一个巨大的漏洞：它们都是根据治疗期间对病人的观察外推得出的。从科学的角度看，更合理的研究应该是对大规模人群进行跨度为几年的研究，观察其中那些后来患上饮食障碍的人。这种研究可以进行清楚的对照，比如发现控制欲强的父母是否容易导致女儿患上饮食障碍。除此之外，还可以分清导致饮食障碍的诸多条件，从中辨别出这到底是饮食障碍的起因，还是没有饮食障碍的人和接受治疗的人身上都会出现的普遍情况。

按照这种方法，有研究人员对明尼阿波利斯高中超过 900 名七年级到十年级的女生进行了调查，发现情绪缺陷，尤其是无法辨别各种不同的困扰情绪并加以控制，是导致饮食障碍的关键因素。[38] 在位于郊区的贵族学校明尼阿波利斯高中，即使到了十年级，也还有 61 名女生患有严重的厌食症或贪食症。症状越严重，这些女生就越容易消极地面对挫折、困扰和轻度干扰，同时她们也越难以确切地意识到自身的情绪。这两种情绪倾向，再加上对自己的身体极度不满意，就会诱发厌食症或贪食症。研究发现，控制欲过强的父母不是饮食障碍的主导因素。（布鲁克提醒，基于后见之明的理论不可能准确，比如，父母对于女儿的饮食障碍很容易施加有力的控制，不顾一切地帮助女儿。）同样，一度流行的解释，比如性恐惧、青春期开始以及低自尊，都被认为是不相关的因素。

不过，这项研究揭示了年轻女孩成长于以不自然的瘦为美的社会，与她们发生饮食障碍有着松散的联系。早在进入青春期之前，女孩就自觉意识到了她们的体重问题。比如，只有 6 岁的小女孩，如果妈妈叫她去游泳，说她穿着泳衣显胖，小女孩就会大哭起来。这个故事是小女孩的儿科医生告诉我的，医生表示实际上小女孩的体重是正常的。[39] 不过，明尼阿波利斯高中的研究显示认为胖就代表不时尚的狂热看法，本身就足以解释一些女孩出现饮食障碍的原因。

有些肥胖的人无法区分害怕、愤怒和饥饿感，他们把这些感受一概看成饥饿的信号，因此他们一旦出现情绪不安就会饮食过量。[40] 饮食障碍的女孩似乎也是这样。从事该项研究的明尼苏达大学心理学家歌利亚·里昂（Gloria Leon）认为，这些女孩"无法意识到自身的感受和身体的信号，这是最有影响的单一预测变量，她们会在两年之内发展成饮食障碍。大部分儿童学会区分不同的感觉，辨别自己是感到厌烦、愤怒、抑郁还是饥饿——这是情绪学习的基础部分，但这些女孩无法区分自己最基础的情绪。她们和男朋友之间出现问题，却不确定自己是愤怒、焦虑还是抑郁——她们只是体验到弥漫的情感风暴，却不知道该如何有效处理。她们通过进食使自己感到好受，这会成为根深蒂固的情绪习惯"。

这种舒缓情绪的习惯与女孩保持苗条的压力相互作用，为发展成饮食障碍铺平了道路。里昂认为："她在一开始毫无节制地进食，但为了保持苗条她会把东西吐出来或者吃泻药，或者通过剧烈运动减肥。另一种对付情绪困扰的途径是什么都不吃，通过这种方式，你会觉得至少你可以控制这些强烈的感受。"

薄弱的内在意识以及低下的社交技能共同作用，使得这些女孩在因朋友或父母问题而难过时，无法妥善处理人际关系或缓解困扰情绪。她们的不安引发了饮食障碍，不管是贪食症还是厌食症，或者是单纯的饮食没有节制。里昂认为，对这些女孩的有效治疗必须包括向其提供她们自身所缺失的情绪技能，进行补救性辅导。里昂告诉我：

"临床医生发现,如果能够弥补这些缺陷,治疗的效果会更好。这些女孩需要学习识别自身情绪和舒缓情绪,以及更好地处理人际关系,而不是依赖病态的饮食习惯。"

唯有孤独:退学者

这是发生在小学的一幕:四年级学生本几乎没有什么朋友,他刚刚听他的一个死党杰森说,中午这段时间他们不能一起玩儿,因为杰森想和另一个男生乍得玩儿。受到打击的本埋头大哭起来。停止哭泣之后,他走到杰森和乍得共进午餐的桌子旁。

"我恨你!"本对杰森嚷道。

"为什么?"杰森问。

"因为你撒谎,"本控诉道,"你说过这个星期你会和我一起玩,你说话不算数。"

本大步回到自己的座位上,无声地哭着。杰森和乍得过去找他,想跟他说话,但本用手捂住耳朵,不理他们,最后本跑出餐厅,躲在学校的大垃圾桶背后。有一群女生看到这种情形,试图做和事佬,她们找到本,告诉他杰森愿意和他一起玩儿。但是本根本听不进去,只想一个人待着。他独自舔着自己的伤口,哭得很伤心,不希望别人打扰。[41]

大多数人在童年期或青春期都或多或少经历过被遗弃或者没有朋友的感受。不过本的反应最关键的一点是他没有回应杰森试图修复友情的努力,延长了本来可以结束的不快处境。无法抓住关键信号是这类不受欢迎孩子的典型特征。我们在第八章了解到，遭到排挤的儿童通常理解情绪和社交信号的能力很差，即使他们能理解，但由于经验有限，他们也不知如何回应。

遭到社会排挤的儿童退学的风险特别大。受到同龄人排挤的儿童，较之拥有朋友的儿童，前者的退学率是后者的 2—8 倍。比如，有研究发现大约 25% 在小学不受欢迎的儿童在高中毕业之前就退学了，而一般儿童的退学率是 8%。[42] 这并不奇怪，想象一下每个星期都要在没人喜欢你的地方待上 30 个小时是什么滋味。

两种情绪倾向导致儿童受到社会排挤。第一种我们已经有所了解，即把别人的无心之失看成敌意，大光其火。另一种是胆小、焦虑、害怕社交。除了气质方面的原因，还有一个原因是他们的"偏差"，他们的笨拙常常使人感到不舒服。

这些儿童"偏差"的一种方式体现为他们所发送的情绪信号。几乎没有朋友的小学生，与受欢迎的同学相比，在研究人员要求他们把厌恶或愤怒等情绪与展示一系列情绪的人脸进行配对的时候，前者的出错率要高于后者。幼儿园的小朋友在被研究人员问到怎样交朋友或者避免争斗时，那些不受欢迎的孩子给出的答案往往适得其反（比如两个孩子都想要同一个玩具怎么办？"打他。"），或者语焉不详地向成年人求助。研究人员要求青少年扮演悲伤、愤怒或调皮的角色，结果越是不受欢迎的人，表演就越糟糕。难怪这些孩子感到无助，无法顺利交到朋友，缺乏社交竞争力。他们没有学会用新方法交朋友，而是不断重复过去失败的老路，或者表现得更笨拙。[43]

说到喜欢或不喜欢的这种偶然现象，这些儿童没有达到关键的情绪标准：别人认为他们没有意思，而且他们不知道怎么让别人感觉自在。研究人员观察了不受欢迎的儿童在玩耍时的状态，发现他们比其他人更有可能作弊、生气，输了就不玩，或者赢了就炫耀、自吹自擂。当然，大多数孩子都想赢——不过无论是赢还是输，大多数孩子都能克制自己的情绪反应，不至于破坏与玩伴的关系。

但对于"社交失聪"的儿童，他们在理解及回应情绪上一直存在问题，因此最后会成为被社会孤立的人，当然这不适用于暂时感到被排挤的儿童。对于一直被排挤和遗弃的儿童，他们在整个求学期间永远也摆脱不了被放逐的可怕命运。在进入成年期以后，他们很有可能成为社会边缘人。儿童正是通过亲密的友情，在打打闹闹中锻炼社交和情绪技能，日后他们会把这种技能用于发展人际关系。而受排挤的儿童被剥夺了这种学习机会，无法避免出现缺失。

因此，受排挤的人表示有很多焦虑和担忧，同时感到抑郁和孤独。实际上，孩子在三年级时受欢迎的程度，较之其他指标，比如老师和照料者的评价、学校表现以及智商，甚至心理测试的分数，可以更准确地预测孩子18岁时的心理健康状况。[44] 我们知道，没有朋友、长期孤单的人，日后患病和早死的可能性比普通人大得多。

精神分析学家哈里·斯达克·沙利文（Harry Stack Sullivan）指出，我们从同性的第一段亲密友谊中学会如何处理亲密关系，比如解决分歧和分享最深厚的感情。但是受到排挤的儿童在小学这一关键时期，拥有好朋友的机会只有同龄人的一半，因此他们失去了情绪发展最重要的机会之一。[45] 即使很多人都不愿意和你交朋友，拥有一个朋友也可以排解孤独（即使这段友谊不那么坚固也不要紧）。

友谊的辅导

尽管受排挤儿童有很多笨拙的地方，但他们还是有希望改变的。伊利诺伊大学心理学家史蒂芬·阿瑟（Steven Asher）为不受欢迎儿童设计了一系列"友谊辅导"的课程，取得了一些成效。[46] 阿瑟从三年级和四年级学生当中挑选出最不受欢迎的人，给他们辅导了6堂课，教他们如何通过"友善、有趣和有礼"的方式，"使游戏更有趣"。为了好听起见，研究者告诉孩子们他们所扮演的是教练的咨询师，教练想学习怎么使游戏变得更有趣。

阿瑟把受欢迎孩子的行为方式教给他们。比如，研究者鼓励他们在不同意游戏规则的时候提出替代建议，进行折中处理（而不是争斗）；玩耍的时候记得跟其他孩子说话和问问题；留意观察其他孩子怎么做；别人表现好要赞美；保持微笑，提供帮助、建议和鼓励。孩子们在和同学玩"挑棍子"游戏时运用这些基本的社交礼仪，并且在事后得到点评和辅导。这种传授相处之道的课程产生了非常显著的效果：本来最不受同学欢迎的儿童，在参加辅导一年之后，受欢迎程度在班级中一直处于中等水平。他们没有成为社交明星，但也没有受到社会排挤。

埃默里大学心理学家史蒂芬·诺维奇主持的项目也收到了相似的效果。[47] 他训练受到排挤的人正确理解和回应他人感受的能力。比如，研究者让孩子练习表达高兴和悲伤等感受，并把他们拍摄下来，以此提高他们的情绪表达能力。然后让这些孩子把学到的新技巧用于结交别的朋友。

这些项目据称在提高被排挤儿童的受欢迎程度方面有50%—60%的成功率。相对于高年级学生，这些项目（至少当前设计的）似乎对三年级和四年级学生的效果最好，对不擅长社交儿童的帮助要远远大于好斗的儿童。这其实是一种微调的过程，可喜的是大多数受排挤儿童经过基本的情绪辅导后，可以重新与人进行交往。

酗酒和吸毒：上瘾的自我疗法

本地学校的学生把滥饮啤酒、喝到不省人事的状态称为"喝到发黑"。其中一个方法是：用浇花塑料管的漏斗接口，一瓶啤酒可以在大约10秒之内灌进你的胃。这并不是什么特立独行的做法。有调查发现，2/5的男大学生会一次性喝7瓶或以上的啤酒，而只有11%的人自称为"酒鬼"。当然，另一种说法是"酗酒者"。[48]大约有50%的男大学生和将近40%的女大学生在一个月里至少酗酒两次。[49]

美国年轻人吸食大量毒品的现象在20世纪80年代总体趋于下降趋势，而过度饮酒的人却在稳步增长，而且年纪越来越小。1993年的一项调查发现，35%的女大学生表示她们曾喝醉过，而1977年这一数据只有10%；总体来说，有1/3的学生喝醉过。酗酒还会带来其他危险：大学校园中发生的强奸案90%与喝酒有关，不是施暴者就是受害者在当时喝了酒。[50] 对15—24岁的年轻人，喝酒导致的事故是他们的头号死因。[51]

尝试吸毒或喝酒似乎是青少年的一种成人礼，但对于某些人来说，第一次尝试也许会留下持久的影响。大多数滥用酒精和毒品者在十几岁的时候就开始上瘾了，但在十几岁时尝试吸毒或喝酒的人最后成为瘾君子或酒鬼的是少数。高中毕业之后，有90%的人尝试过喝酒，但只有14%的人最后成为酒鬼；几百万美国人曾经吸食过可卡因，但只有不到5%的人成瘾。[52] 为什么会有这种差异？

当然，如果你住在高犯罪率的地区，毒品交易在街头随处可见，毒贩子是当地最有名的致富楷模，那么你滥用毒品的风险就非常大。有的是因为本身是小毒贩，最后吸毒成瘾，有的是因为容易获得毒品，或者同龄人以吸毒为荣——这个因素在任何地方都会提高吸毒的可能性，即使是（尤其是）最富裕的社区。但疑问仍然存在，身处充满诱惑和压力的环境，与尝试性吸毒的人相比，哪一种人将来最有可能发展成长期吸毒者呢？

当前有一种科学理论认为，越来越依赖酒精或毒品的成瘾者实际上是把酒精和毒品当成某种药物，用于缓解焦虑、愤怒或者抑郁。他们在最初尝试的时候，偶然发现这些东西会产生某种化学作用，使困扰他们的焦虑或忧伤情绪平静下来。在一项对几百名七年级和八年级学生进行的为期两年的跟踪研究中，表示情绪困扰水平较高的学生，后来滥用酒精或毒品的可能性最大。[53] 这也许可以解释很多年轻人尝试吸毒和喝酒,却没有成瘾,而有些人却在一开始就产生了依赖:这些容易成瘾的人可能发现毒品或酒精能够即时缓解困扰他们多年的情绪。

匹兹堡西方精神病研究所和临床诊所的心理学家拉夫·塔特(Lalph Tarter)指出:"有成瘾生理倾向的人,第一次喝酒或吸毒会产生非常大的影响,其他人也许不会有这种体验。很多正在康复的戒毒者告诉我,'第一次吸毒的时候,我第一次觉得自己正常'。吸毒使他们的身体平静下来,至少短期内如此。"[54] 这正好是成瘾的险恶之处:短期的良好感受换来生命的逐步陨落。

某些情绪模式似乎会使人更有可能从某种特定的东西中找到情绪安慰。比如,酒精成瘾有两种情绪诱因。一种是对于童年期神经高度紧张和焦虑的人,他们通常在十几岁的时候发现酒精可以缓解焦虑。这些人往往是酗酒者的孩子,而且男孩居多,他们的父母用酒精来缓解紧张情绪。这种模式的一个生物特征是氨基丁酸(GABA)分泌不足。氨基丁酸的作用是调节焦虑的神经递质,氨基丁酸过少会导致高度紧张。有研究发现,父亲是酒鬼的人,其氨基丁酸水平很低,高度焦虑,他们在喝酒之后,氨基丁酸水平升高,焦虑减少。[55] 这些酒鬼的儿子用喝酒来缓解紧张情绪,酒精给他们带来的轻松感觉是其他东西比不上的。这种人还容易滥用镇静剂,以此达到缓解焦虑的效果。

有人对酒鬼的儿子进行了神经心理学方面的研究,发现这些人在 12 岁的时候出现了应激时心率上升等焦虑和冲动的特征,并且发现他们前额叶功能失调，负责缓解焦虑或控制冲动的大脑区域没有像其他人那样发挥作用。[56] 同时由于前额叶还负责工作记忆，即储存各种不同行为的后果、用以决策的记忆，因此当他们发现酒精可以即时缓解焦虑时，前额叶的缺陷使他们容易忽视喝酒的长期弊端，最后成瘾。

渴望平静似乎是酗酒基因易感性的一个情绪特征。一项关于1 300名酗酒者亲属的研究发现，在酗酒者的孩子中，长期高度焦虑的人本身成为酒鬼的可能性最大。研究者认为，酗酒对于这些人就如同"焦虑症的自我疗法"。[57]

酒精成瘾的第二种情绪诱因是高度的痛苦、冲动和厌烦。这种模式在婴儿期表现为情绪不宁、暴躁难缠，在小学表现为"多动症"，过度活跃，喜欢惹是生非，这种倾向使他们与社会边缘人交朋友，有时还会因此走上犯罪道路或者被诊断为"反社会人格障碍"。这种人（主要为男性）情绪容易激动，主要弱点是难以遏制冲动。他们常常感到厌烦，而他们对厌烦的通常反应是急于寻找冒险和刺激的东西。到了成年期，这种人发现酒精可以稳定情绪（可能与血清素和单胺氧化酶这两种神经递质缺少有关）。他们无法忍受无聊，所以随时想尝试任何东西，再加上他们本来就容易冲动，除了酒精之外，他们往往还会滥用毒品。[58]

抑郁让人买醉，但是在短暂的情绪缓解之后，酒精的新陈代谢效果常常会使人更加抑郁。人们用酒精缓解焦虑情绪的情况远远多于缓解抑郁情绪。毒品则可以缓解人们的抑郁情绪——至少暂时如此。长期忧郁的人更容易对可卡因上瘾，可卡因可以直接消除抑郁情绪。有研究发现，到医院治疗可卡因成瘾的病人超过一半在形成吸毒习惯之前就被诊断为严重抑郁，抑郁越严重，上瘾程度就越高。[59]

长期愤怒导致了另一种易感性。一项关于 400 名海洛因和其他阿片类成瘾的病人的研究发现，他们最显著的情绪模式是一直难以处理愤怒情绪，很容易暴怒。一些病人表示，吸食麻醉剂之后他们终于感到正常和放松了。[60]

尽管在很多情况下，滥用药品的倾向也许起源于大脑层面，个体的感受促使他们用酒精或毒品进行"自我治疗"，但匿名戒酒会和其他康复项目几十年来的经验证实，不依赖这些药物，个体也可以有效处理不良感受。如果我们掌握了处理这些感受的能力，比如缓解焦虑、消除抑郁、平息怒火等，我们就不需要借助毒品或酒精。成瘾者可以通过毒品和酒精滥用治疗项目学习基本的情绪技能，当然，如果我们在成瘾习惯形成之前就学会这些技能，那就更好了。

不再宣战：最后的常见预防途径

在过去 10 年间，我们开始对少女怀孕、退学、毒品以及最近的暴力现象"宣战"。这些举措的问题在于为时已晚，我们要与之斗争的问题在年轻人当中早已四处蔓延、根深蒂固。这种危机干预，等于派遣救护车进行救援，而不是在一开始的时候注射疫苗，预防疾病。我们不应该发动更多的"战争"，而应该尊重预防的逻辑，为我们的孩子提供应对生活的技能，让他们尽可能避免出现这些问题。[61]

我对情绪和社交缺陷的关注并不是对其他风险因素的否定,其他因素还应该包括成长于破碎、暴力或者混乱的家庭,或犯罪滋生、毒品泛滥的贫困社区等。贫穷本身会对儿童的情绪造成打击:与较为富裕的同龄人相比,贫困儿童在5岁时已经表现得更加害怕、焦虑和悲伤,并出现更多的经常发脾气、破坏东西等行为问题,这种趋势在他们十几岁的时候还会延续下去。贫困的压力还会影响家庭生活,父母的关怀往往表达得较少,母亲会更加抑郁(常常是单亲,而且失业),更依赖于严厉的惩罚手段,比如打骂和人身威胁。[62]

不过,情绪竞争力可以超越家庭和经济力量的影响——对于儿童或青少年适应与克服家庭和经济问题的困扰,情绪竞争力起着关键的作用。一项关于几百名出生在贫穷或暴力家庭,或父母患有严重精神疾病的儿童的长期研究发现,那些连最艰难的境况也能适应的儿童往往拥有关键的情绪技能,[63] 包括有魅力的社交技能、自信、面对失败和挫折乐观坚韧、从不安情绪中迅速恢复,而且生性随和。

但是,大多数处于困境的儿童并不具备这些优势。当然,有很多能力是天生的,完全取决于基因,不过我们在第十四章了解到,即使是气质类型也能得到改善。当然,我们可以从政治经济层面着手干预,改变滋生这些问题的贫困环境和其他不良的社会土壤。除此之外,我们还可以大有作为,帮助儿童更好地克服这些问题。

以情绪紊乱为例,每两个美国人当中就有一个经历过情绪紊乱的痛苦。一项研究抽查了有样本代表性的8 098个美国人,发现有48%的人至少出现过一次精神问题。[64] 14%情况最严重的人同时出现过三种或以上的精神问题。这批人的困扰最严重，60%可能同时出现的精神失常问题，以及90%最严重、破坏性最大的问题都出现在他们身上。这些人需要立即进行治疗，但如果有可能的话，最好的方法是及早预防这些问题。当然，不是所有的精神失常问题都可以预防，但有相当一部分是可以预防的。从事该项研究的密歇根大学社会学家罗纳德·科斯勒（Ronald Kessler）表示："我们要进行早期预防。举个例子，一个六年级的女学生有社交恐惧症，为了消除社交焦虑情绪，她从初中开始喝酒。到她将近30岁的时候，我们对她进行了研究，她还是感到害怕，既是酒鬼又是瘾君子，而且因为自己混乱不堪的生活郁郁寡欢。问题在于，我们在她小时候应该采取什么措施，以防止她滑向恶性循环？"

同样的道理也适用于退学、暴力以及当今青少年面临的大部分危险问题。预防吸毒、暴力等特定问题的教育项目在近10年层出不穷，甚至在教育领域创造了一个迷你产业。但很多项目，包括很多宣传最多、普及最广的项目，最终并没有取得什么效果。让教育者懊恼的是，有少数项目反而起到了适得其反的作用，使原本要控制的问题越演越烈，尤其是吸毒和青少年性行为。

了解信息还不够

儿童性侵犯的案例给了我们很好的启发。美国1993年大约报告了20万宗有关儿童性侵犯的重大案件，而且这一数字还在以每年10%的速度增加。尽管有关估计数字差异很大，但大多数专家一致认为有20%—30%的女童以及10%—15%的男童在17岁之前曾经遭受过某种形式的性侵犯（除了其他因素之外，这一比例取决于性侵犯的概念界定）。[65]没有资料显示哪一种特定类型的儿童更容易遭到性侵犯，不过被侵犯儿童大多数感到没有安全感，无法自我抵抗，而且对自己所遭遇的事情麻木不仁。

很多正视儿童性侵犯风险的学校开始开设预防性侵犯的项目。大多数项目紧紧围绕着关于性侵犯的基本信息，比如教育学生了解"善意"和"恶意"抚摸的区别，对危险提高警惕，并且鼓励他们如果有不好的事情发生要告诉成年人。但是美国一项关于2 000名儿童的调查发现，这种基础训练在帮助防止儿童受到校园"小霸王"或潜在娈童者的伤害方面，只是聊胜于无，有些情况下甚至比没有更糟糕。[66]只接受过这种基础项目训练的儿童，与那些完全没有参与过项目的儿童相比，如果遭到性侵犯，前者向他人诉说的可能性只有后者的一半。

相反的是，如果儿童接受更加综合的辅导，包括相关的情绪和社交竞争力训练，他们将能够更好地保护自己免受伤害。比如他们会更懂得命令潜在施害者离开，大声喊叫或者还击，扬言要揭发他们，如果真的被施暴了，会告诉成年人。最后这一点——报告性侵犯，可以起到非常显著的预防作用，很多娈童者会侵犯几百名儿童。一项关于四十多岁的娈童者的研究发现，他们从十几岁开始平均每个月性侵犯一名儿童。一份关于一位公共汽车司机和一位高中电脑教师的报告披露，他们每年侵犯了300名儿童，然而没有一位受害者报告性侵犯，他们的兽行被曝光是因为被老师侵犯过的一名男孩开始性侵犯他的妹妹。[67]

受过综合项目训练的儿童报告性侵犯的可能性是参与最低限度项目的儿童的三倍。到底是什么因素在起作用？综合项目不是一次性课程，而是作为健康或性教育的一部分，多层面、多次数地开展，贯穿学生的整个校园生涯。除了学校教育之外，他们还要求学生的家长向学生传授有关知识（父母这样做能够最有效地防范孩子遭受性侵犯）。

除此之外，社交和情绪竞争力也可以起到一定的作用。儿童仅仅知道"善意"和"恶意"抚摸的区别还不够，他们需要足够的自我意识，早在抚摸开始之前，就感觉到情况不对劲或困扰。他们不仅需要自我意识，还必须有足够的自信和果断，相信自己的感觉，并对困扰情绪做出反应，即使面对成年人"没有问题"的保证也是如此。同时儿童还需要了解相应的知识，以防止危险发生，比如逃跑或者扬言要揭发对方。因此，成效较好的项目教导儿童勇于行动，敢于维护自己的权利，而不是被动接受，清楚人际关系的界限，并有能力防卫。

将性侵犯的基础信息与必要的情绪和社交技能训练相结合的项目最为有效。这些项目教育儿童更加积极地寻找方法解决人际关系冲突，更有自信，发生问题时不会自我责怪，并相信可以向老师和父母寻求支持。如果发生了不好的事情，他们更愿意告诉成年人。

积极的要素

根据对现实效果的评估，我们更加清楚地认识到效果最好的预防项目必须具备什么样的要素。一项由 W. T. 格兰特基金会赞助、为期

5年的项目对此进行了研究,从中提炼出预防项目取得成功的关键的积极要素。[68] 不管预防项目针对的是哪一种具体问题,都必须包括研究团队所总结出的关键技能,可参见情绪智力的要素(附录4有完整的内容)。[69]

情绪技能包括:自我意识;识别、表达以及管理感受;冲动控制和延迟满足;处理压力和焦虑。控制冲动的一个关键能力是了解感受和行动的区别,并学会更好地进行情绪决策,首先要控制行动的冲动,然后在行动之前识别其他替代行动及其后果。很多情绪竞争力属于人际关系方面:理解社会和情绪线索,聆听,消除负面影响,从他人的角度看待问题,并理解在特定情景下什么才是恰当的行为。

这些是情绪和社交技能的核心,同时能够对本章所讨论的大部分社会问题起到部分矫正作用。情绪技能所能预防的问题几乎无所不包,情绪和社交竞争力可以对少女意外怀孕或青少年自杀等问题起到相似的作用。

当然,引发这些社会问题的原因很复杂,生物基因、家庭关系、贫困以及街头文化等因素相互交织在一起,产生的影响也不尽相同。没有哪一种预防方法(包括以情绪为目标的方法)能够彻底解决全部问题。不过我们已经知道情绪缺陷会给儿童带来很大的危害,我们必须关注情绪治疗,但不能把其他方法排除在外,而是要结合起来。下一个问题是:情绪教育到底是什么样的?

第十六章

情绪教育

国家主要的希望在于对青年的正确教育。

——伊拉斯谟

这群学生的点名方式很特别。15个五年级学生围成一圈，盘腿坐在地板上。当老师念到学生的名字时，他们不是按惯例空洞地回答"到"，而是说出表示他们情绪高低的数字。1表示情绪低落，10表示情绪高涨。

今天学生的情绪很高：

"杰西卡。"

"10：我很开心，今天是星期五。"

"帕特里克。"

"9：兴奋，有点紧张。"

"妮可。"

"10：平静，快乐……"

这是努埃瓦小学"自我科学"的课堂。这所学校是由旧金山银行世家克罗克家族的豪宅改建而成的。现在，这幢酷似旧金山歌剧院迷你版的大厦，容纳了一所堪称情绪智力教育样板的私立学校。

自我科学课程教的是感受——在人际关系中爆发的自身和他人的

感受。从本质上说,这个主题要求师生共同关注儿童的情绪构造,这是美国大多数学校课程一直以来所忽略的方面。自我科学的教学方法包括以儿童在生活中遇到的紧张和创伤性事件作为当天的主题。老师讲述生活中的真实问题——被忽视带来的伤害、妒忌,以及可能会升级为校园争斗的分歧。凯伦·斯通·麦科恩(Karen Stone McCown)既是自我科学课程的设计者,也是努埃瓦小学的创始人,她认为:"不关心孩子感受的学习不能称之为学习。情绪教育与数学和语文一样重要。"[1]

自我教育是情绪教育的先驱,预示着情绪教育的理念正在美国得到推广。与情绪教育有关的课程名称有"社会发展"、"生活技能"、"社交与情绪学习"等。还有一些根据霍华德·加德纳的多元智力理论,使用"人际智力"这个术语。它们的共同点是致力于把提高儿童生活与情绪竞争力水平纳入常规教育——不是仅仅作为补救措施教给所谓的"问题儿童",而是作为必不可少的技能和知识系统地传授给所有的儿童。

情绪素养课程的发起可以追溯到20世纪60年代的情感教育运动。当时的理念认为,对于心理和激励方面的课程,如果能够知行合一,学生的体会就会更加深刻。当然,情绪素养运动彻底改变了情绪教育的面貌,情绪素养不是用情感来教育,它教育的是情感本身。

很多类似课程及其推广直接源于以学校为依托、持续进行的预防项目,每个项目针对不同的问题,比如青少年吸烟、滥用毒品、早孕、退学以及最近出现的暴力趋势。我们在前面提到了W. T. 格兰特基金会对预防项目的研究，该研究发现，如果预防项目传授情绪与社交竞争力的核心技能，比如控制冲动、抑制愤怒，以及寻找创新方法解决社会问题，这些预防项目的效果将更加显著。根据这个原则，新一代的预防措施开始出现。

我们在第十五章了解到，特定的情绪与社交技能缺陷使攻击性和抑郁等问题更加严重，旨在解决此类问题的预防措施将对儿童起到有效的缓冲作用。但是这些用心良苦的预防措施基本上还停留在心理学家实验研究的层面。下一步要总结这些针对性极强的科学项目的经验，作为预防措施推广到所有学校和所有学生，由普通教师进行传授。

这种更成熟和有效的预防方法包括对艾滋病、毒品等社会问题的相关信息的了解，并在青少年开始面对这些问题的时候介入预防。不过这些项目不变的主题是情绪智力，也就是能对特定社会问题产生影响的核心竞争力。

学校引入情绪教育的新起点是以情绪和社会生活本身作为教育的主题，而不是把它们看成儿童生活中无关紧要但又无法抗拒的干扰因素，或者在儿童爆发情绪问题的时候，临时把他们带到辅导员或校长那里，试图用纪律手段解决情绪问题。

情绪课程本身乍看之下似乎平淡无奇，无法解决严重的社会问题。这主要是因为情绪课程和良好的家庭教育一样，在一定的年限内持续不断地传授给儿童，从小处着眼，但效果很显著。随着时间推移，情绪学习慢慢变得根深蒂固：经验不断重复，大脑神经通道得到强化，形成神经习惯，在遭受强迫、沮丧、伤害时加以运用。日常的情绪素养课程看起来无足轻重，但结果——得体的行为——对我们未来的影响非常显著。

一堂合作课

我们不妨比较一下自我科学课与你记忆中的课堂有什么不同。

一群五年级学生在玩"合作方形"游戏，即共同合作把一系列方形拼图组合在一起。游戏的规则是：学生玩游戏的时候不准出声，也不许打手势。

祖安·瓦格老师把班级分成三个队，每队分到不同的桌子。有三位熟悉游戏的观察员拿着评估表对学生的表现进行评估，比如，团队中哪一位是领导者，哪一位是捣蛋鬼，哪一位是干扰者。

学生把方形拼图倒在桌子上，开始游戏。大约在一分钟之内，很明显可以看到其中一队合作特别高效，他们几分钟就完成了拼图。第二队的4个学生彼此独立拼图，尽管很努力，但一无所获。于是他们慢慢开始互相合作，首先共同拼好第一个方形，然后再继续合作拼第二个……直至完成拼图。

第三队仍然忙个不停，只有一个方形接近完成，但整体看起来并不像方形，而是像梯形。肖恩、费尔利和拉赫曼还没有找到其他两队的那种默契。他们很沮丧，手忙脚乱，胡乱抓起近似的拼图，放进部分成形的方形里面，但最后发现根本不合适。

拉赫曼把两块拼图放到双眼前面，就像戴了眼罩，紧张的气氛总算被打破了一点,他的同伴"咯咯"地笑了。这是当天课程的关键点。

瓦格老师给他们打气:"已经完成的同学可以向没有完成的同学提供特别提示。"

达根围着第三队溜达了一会,指着伸出方形的两块拼图说:"你们要把这两块移一移。"拉赫曼的脸突然抽动一下,他抓起这两块关键的拼图,把其中一块放在第一个方形里面,然后第二块也如法炮制。第三队终于把最后一块拼图放到最后一个方形里面,周围立刻响起了掌声。

争论点

游戏结束后,学生们接着讨论从团队合作中得到的经验教训,他们之间的交流更加热烈了。拉赫曼身材高大,一头浓密的黑发剪成了稍长的平头,而塔克是这一队的观察员,他们俩针对不许打手势的游戏规则进行了激烈的辩论。塔克有着一头金发,除了前额蓬乱的卷发,其余部分都梳得很整齐,他穿着一件宽大的蓝色T恤,上面印着"负责任"的警句,这多少强调了他的权威角色。

"你可以提供一块拼图——这不是打手势。"塔克争辩道。

"这就是打手势。"拉赫曼坚持,语气强硬。

瓦格老师注意到学生争论的声音越来越大,言辞也越来越激烈,于是来到他们的桌子前面。这是一个关键事件,是情绪激烈的自发交流。在这种时刻,已经获得的经验会发挥作用,新知识的学习也最有效。正如每一位优秀老师所了解的那样，在激情四射的时刻所运用的经验会长久地留在学生的记忆里。

"你们合作得很好，我不是批评你，塔克，你在表达观点的时候，语气不要这么强硬。"瓦格教育学生。

塔克的声音平静下来了，他对拉赫曼说："你可以把拼图放到你认为合适的位置，把别人需要的拼图给他们，而不用打手势，直接给就行了。"

拉赫曼愤怒地回答："你本来可以这样，"——他抓住自己的头发示范无辜的动作——"可你却说'不许打手势'！"

显然，令拉赫曼生气的不仅仅是是否允许打手势的问题。他的眼睛一直盯着塔克填写的评估表，尽管没有明说，但正是那张评估表引发了塔克和拉赫曼之间的冲突。塔克把拉赫曼填在了评估表中"谁是干扰者"那一栏。

瓦格猜到拉赫曼是因为评估表而生气，他对塔克说："他觉得你用贬义词形容他——干扰。你是什么意思？"

"我指的不是坏的干扰。"塔克平静地说。

拉赫曼不吃他这一套，但声音也平静下来了："我觉得这话有点牵强。"

瓦格强调用积极的态度看待问题，"塔克的意思是，尽管看起来是干扰行为，但也可以是紧张时刻的一种放松。"

"可是，"拉赫曼抗议道，不过态度更加实事求是了，"'干扰'的意思好像是所有人都在全神贯注，而我这样，"——他扮了一个鬼脸，瞪着双眼，鼓起脸颊——"这才是干扰。"

瓦格趁机进一步对他们进行情绪辅导，她告诉塔克："如果是为了帮忙，你就不能说他是恶意干扰，但是你描述的时候传递了不同的信息。拉赫曼需要你倾听和接受他的感受。拉赫曼的意思是，他认为自己被冠以'干扰'的贬义词不公平。他不希望被人说成这样。"

然后她又对拉赫曼说："我很欣赏你和塔克说话时的自信。你没有攻击对方，但是被贴上'干扰'的标签让你不高兴。你用拼图遮住眼睛，看起来你只是很沮丧，希望放松一下。不过塔克认为这是干扰行为，是因为他没有理解你的意图。对吗？"

两个男孩都赞同地点头，这时其他学生把拼图都整理好了，这个课堂小插曲也到了尾声。瓦格问："你感觉好点了吗？还是觉得难受？"

"嗯，我很好。"拉赫曼感到有人倾听和理解他的感受，他的声音柔和了很多。塔克也微笑着点头。他们俩注意到其他人已经离开，到别的教室上课了，他们一起冲出了教室。

事后诸葛：没有爆发的战争

一群新来的学生在找座位坐下，瓦格老师还在思索刚才发生的一幕。激烈争吵，然后又平静下来，正好让两个男孩学到了解决冲突的方法。用瓦格的话来说，就是"不进行沟通，随意猜测，急于下结论，这样你传递的信息很'难懂'，人们不明白你要表达的意思"。

学生通过自我科学学到，关键不是完全避免冲突，而是在冲突升级为赤裸裸的争斗之前解决分歧和平息怨恨。塔克和拉赫曼在处理争执之前已经显示出早期获得的一些情绪经验。比如，他们俩在表达自己的观点时，都试图避免让冲突升级。努埃瓦小学从三年级就开始教给学生自信的态度（有别于好斗或顺从），它强调直率地表达感受，但不能升级为攻击行为。在争执之初，他们俩都没有注视对方，后来他们开始表现出"主动倾听"的迹象，面对面进行眼神交流，传递无声的信号，让说话者知道对方在听他讲话。

把情绪经验应用于实际生活，同时辅之以引导，对这些男孩而言，"自信"和"主动倾听"不仅仅是试卷里出现的空洞术语，而且在这些男孩最需要的时刻成为他们的反应方式。

处理情绪问题最大的困难在于，人们需要借助情绪技能时往往正是他们最没有能力接受新信息、学习新的回应方式的时候，即情绪不安时。在这种时候进行辅导非常有用。瓦格指出："无论是成年人还是五年级学生，在情绪不稳定的时候，都需要一定的帮助才能保持清醒的自我意识。你的心在怦怦乱跳，双手冒汗，神经过敏，你努力听清对方的话，与此同时还要保持克制，不能尖叫、指责或故意拒不开口。"

对于了解爱打爱闹的五年级学生的人来说，印象最深的莫过于塔克和拉赫曼在表达观点时都没有谩骂、中伤或者大吵大闹。他们没有让自己的情绪肆意发展为讲粗口或者动手打架，也没有突然离开教室，打断对方的辩论。本来有可能爆发的争斗反而成为他们领悟解决冲突的微妙之处的契机。如果在其他情况下他们也能如此行事，事情的发展将会完全不同，年轻人之间的斗殴甚至其他更糟糕的情况会越来越少。

今日的关注

在开设了自我科学课程的传统学校，学生的情绪指数并不总是像现在这么高。情绪指数低的时候——1、2或3表示感觉很糟糕，别人就会趁机提问："你想讲讲为什么心情不好吗？"如果学生愿意（没人被迫谈论他们不想谈的事情），就可以公开讨论令他们困扰的事情，并有机会思考解决问题的新方法。

不同年级学生遇到的困扰大相径庭。低年级学生的困扰通常是被嘲弄、被排挤、遭到恐吓等。六年级前后的学生出现了新的问题，比如没被邀请参加聚会或被排挤、感情为此受到伤害、朋友不成熟、年轻人的痛苦困境等（"高年级学生欺负我"，"我的朋友抽烟，他们总是引诱我抽烟"）。

这些对儿童生活影响很大的问题，通常只能在学校外面讨论，比如外出吃午饭时、去学校的公共汽车上、在朋友家里等。儿童通常把这些问题埋在心里，在深夜无人时翻来覆去地想，没有人可以倾诉。但在自我科学的课堂上，孩子们可以公开讨论这些问题。

每次讨论都会有助于自我科学课程目标的实现，也就是说启发儿童对自我以及与他人人际关系的认识。尽管课程制订了教学计划，但同时也会保持灵活性，比如利用拉赫曼和塔克的分歧及时进行引导。

学生遇到的问题提供了活生生的例子，学生和老师都可以活学活用，比如前面两个男孩平息纷争所用到的解决冲突方法。

情绪智力 ABC

已经应用将近 20 年的自我科学课程是情绪智力教育的典范。努埃瓦小学校长凯伦·斯通·麦科恩表示，他们的课程有时非常先进："比如我们向学生介绍有关愤怒的知识，我们让孩子们明白愤怒通常是第二反应，并找到愤怒的根源——你受到伤害了？妒忌了？孩子们认识到情绪回应的方式可以多种多样，你对于一种情绪的回应方式了解得越多，你的人生就会越丰富。"

自我科学的内容基本上与情绪智力的基本要素一一对应，同时还包含防止儿童受到伤害的预防措施所推荐的核心技能（详见附录 5）。[2] 自我科学的主题包括自我意识，识别和用语言描述感受；发现想法、感受和反应之间的联系；了解想法或感受是否主导决策；了解替代选择的后果；把这些知识应用于对吸毒、吸烟和性行为等问题的决策。自我意识还表现为识别自己的优点和缺点，用积极而现实的态度看待自己（以避免自尊心活动的常见陷阱）。

自我科学还强调情绪管理：认识到感受的起因（比如，伤害引发愤怒），并学习如何处理焦虑、愤怒和悲伤等情绪。此外，自我科学关注的是对决策和行动负责任，以及遵守诺言。

同理心是一种关键的社会技能，理解他人的感受，站在他人的角度，并尊重人们对事物的不同感受。人际关系是主要的焦点所在，包括学会倾听和恰当地提出问题，在别人的言行和自身对此的反应与判断之间进行区分；自信果断，但不愤怒或者消极；同时学会合作、解决冲突和协商妥协的技巧。

自我科学课程不对学生打分，人生本身就是一场期末考试。不过在八年级结束，学生即将离开努埃瓦小学升入中学的时候，每个学生都要接受苏格拉底式考试，即自我科学的口试。最近一次期末考试的一个问题是："有人要求你的朋友尝试毒品，或别人喜欢戏弄你的朋友，描述你如何帮助朋友摆脱上述困境。"类似的问题还有"处理压力、愤怒和恐惧有哪些健康的方式"。

如果关注情绪技巧的亚里士多德活到今天，他一定会非常赞同。

老城区的情绪素养

怀疑主义者也许会问，自我科学这样的课程在条件没有那么优越的环境中是否行得通，换言之，是否只有在努埃瓦学校这样小型的私立学校才行得通。在努埃瓦小学，每个学生都具有某方面的天赋。那么，在需求最迫切、充满混乱的老城区公立学校，情绪竞争力能否行得通？我们可以到纽黑文的奥古斯塔·李维斯·特鲁普中学寻找答案。特鲁普中学不仅在地理上离努埃瓦小学非常遥远，而且在社会、经济方面与努埃瓦小学的差距也很大。

当然，特鲁普中学充满了同样的好学氛围，被誉为"特鲁普磁力学校"，并且是该地区仅有的两家指定学校之一，有权从全纽黑文选拔五年级到八年级学生到本校学习强化科学课程。特鲁普中学的学生通过圆盘式卫星电视和休斯敦的宇航员连线，向他们提出有关外太空的物理问题，或者编制程序，让电脑演奏音乐。尽管该校的学术环境很优越，但和很多城市一样，由于比不上纽黑文的郊区中学和私立学校，特鲁普中学的生源大约有 95% 是黑人和西班牙裔人。

特鲁普中学离耶鲁大学只有几个街区的距离，但俨然是冰火两重天。特鲁普中学位于衰落中的工人社区，在 20 世纪 50 年代有两万人受雇于附近的工厂，包括奥林炼铜厂和温彻斯特兵工厂等。现在这些工厂所提供的工作岗位已萎缩到 3 000 人以下，当地家庭的经济状况随之每况愈下。纽黑文和新英格兰州的很多工业城市一样，深陷贫困、毒品和暴力的泥潭。

为了解决纽黑文迫在眉睫的危机，20 世纪 80 年代，一群耶鲁大学的心理学家和教育人士发起了"社交竞争力"项目，该项目课程的覆盖范围基本上与努埃瓦小学的自我科学课程一致。不过在特鲁普中学，项目话题与日常生活的联系通常更加直接和真实。在八年级的性教育课上，学生学习如何进行个人决策，避免感染艾滋病等疾病，这就不仅仅是一种学业练习了。纽黑文妇女感染艾滋病的比例在全美是最高的，特鲁普中学很多学生的母亲患有艾滋病，有些学生本身也染上了艾滋病。尽管开设了强化课程，特鲁普中学的学生还是要和所有老城区问题进行斗争，很多学生的家庭环境非常混乱，甚至恐怖，他们有时候无法上学。

和纽黑文所有的学校一样，特鲁普中学迎接来访者最醒目的标志是一个常见的黄色钻石形交通标志，但上面写的是"无毒学校"。站在门口的是校监玛丽·埃伦·柯林斯,她是一位全方位的巡视官,负责处理学校出现的特殊问题,她的职责还包括帮助老师适应社交竞争力课程的要求。如果老师不知道怎么讲课,柯林斯就会亲自到课堂进行示范。

柯林斯对我说:"我在这所学校教了 20 年。看看这个社区,看看孩子们的生活,所以我不能只重视传授学业技能。我们学校的孩子要么本身患有艾滋病,要么家人患有艾滋病,想到他们的困境,我不敢肯定他们讨论艾滋病的时候愿不愿意说,不过只要孩子知道老师愿意听他们倾诉情感问题,而不限于学习问题,讨论的渠道就打通了。"

在教学楼三楼,乔伊斯·安德鲁斯正在给五年级学生上社交竞争力课,他们一周有三次这样的课程。安德鲁斯和所有五年级老师一样参加了暑假特别培训班,学习怎样教好这门课程,她对这门课充满了热情,很自然地与学生探讨社交竞争力的话题。

当天的内容是识别和准确陈述感受,更好地辨别各种不同的感受。这是一项关键的情绪技能。前一天晚上的作业是根据杂志上的人像图片,描述人脸所展现出的情绪,并解释如何判断这个人的感受。安德鲁斯收完作业之后,在白板上列出悲伤、担忧、兴奋、幸福等感受,与在座的 18 个学生展开快速问答。学生分别围坐在 4 张桌子旁,他们非常兴奋,把手举得高高的,急于引起老师的注意,好让他们回答问题。

安德鲁在白板上增加了"沮丧",问道:"有多少人曾经感到沮丧?"每个人都举了手。

"你沮丧时的感觉是什么样的?"

回答此起彼伏："疲劳。""困惑。""不能好好思考。""焦虑。"

乔伊斯又写上"激怒",她说:"我知道有一种情形——老师在什么时候会被激怒?"

一个女生微笑着回答:"大家都在上课时说闲话的时候。"

安德鲁斯紧接着把打印材料分发给学生。上面有一栏是儿童的脸,每张脸表现 6 种基本情绪之中的一种,也就是高兴、悲伤、愤怒、惊讶、恐惧或厌恶,每种情绪下面描述了相应的面部肌肉活动。例如,恐惧:

- 嘴巴张大,向后收缩。
- 眼睛睁大,内眼角朝上。
- 眉毛挑起,拧在一起。
- 额头中间出现皱纹。[3]

学生看完材料之后,模仿图像,按照面部肌肉的指引做出每种表情,恐惧、愤怒、惊讶或厌恶的表情一一闪过他们的脸庞。这堂课直接来源于保罗·艾克曼(Paul Ekman)对面部表情的研究,艾克曼的表情研究通常见于大多数高校的入门心理学课程,出现在小学课堂极为罕见。把名称和感受,以及把感受和相应的面部表情联系在一起的基础课程看似简单,根本不需要教授。不过,它对常常缺失的情绪教育来说却是一个补救手段。不要忘了,校园"小霸王"常常大动肝火,原因在于他们把中性信息和表情误认为恶意,而患有饮食障碍的女孩无法区分愤怒、焦虑和饥饿感的差别。

形形色色的情绪教育

由于各种新的课题已经把课程表排得满满的,一些老师认为负担过重,不愿意花额外的时间从头开始准备一门新的课程。因此,情绪教育的新策略不在于开设一门新的课程,而在于把感受和人际关系课程与现有的一些课程结合起来。情绪课程可以与阅读和写作、健康、科学、社会研究以及其他标准课程有机结合起来。在纽黑文的学校,人生技能在某些年级是独立的课程,而在其他年级社会发展课程与阅读或健康课程融为一体。有些课程,比如怎样防止分心、激励自我学习及管理冲动、认真学习等基本的学习技巧,甚至和数学课结合在一起。

有些情绪和社交技能项目根本就不是一门独立的课程,而是把有关内容渗透进校园生活的方方面面。这等于开设了一门无形的情绪和社交竞争力课程,其中的佼佼者是由心理学家埃里克·夏普斯(Eric Schaps)带领的研究团队所设计的儿童发展项目。该项目在加利福尼亚奥克兰发起,目前已推广到全美的很多学校,这些学校大多位于和纽黑文衰落工业区类似的问题社区。[4]

该项目提供整套提前打包好的教学材料,可以融入现有课程。比如,一年级学生在阅读课上学到了"青蛙和蛤蟆是朋友"的故事,故事当中,蛤蟆正在冬眠,但青蛙很想和蛤蟆一起玩,所以青蛙玩了一个把戏让蛤蟆提早醒来。学生根据这个故事在课堂上讨论友谊,以及如果被人戏弄,人们会有什么感受等问题。接下来还讨论了自我意识、了解朋友的需要、被戏弄的感受以及与朋友分享感受等话题。在儿童从小学升入初中后，固定的课程计划会提供越来越复杂的故事，为老师讲解同理心、观点采择和关怀等话题提供切入点。

情绪课程融入现有校园生活的另一种方式是帮助老师重新思考如何教导犯错误的学生。儿童发展项目认为，学生犯错的时候恰好是把他们所缺乏的技能传授给他们的良机，比如教会学生控制冲动、解释自身情绪以及解决冲突，而且诱导比高压的方式更加有效。比如，老师看到三个一年级学生冲进餐厅，抢着排在队伍的第一位，这时老师可以建议学生猜一个数字，获胜者排在第一位。这种引导的即时效果是让学生认识到，他们可以用公平、公正的方式解决这种无关痛痒的争执，而更深层次的经验是争执可以通过协商来解决。从此以后，学生学会了在遇到类似争执的时候用这种方法解决问题（"我第一！"常常是低年级学生的通病，也可能出现在人生的很多时候，形式也许有所不同）。比起老师惯用的命令"停止！"，这种诱导更为积极有效。

情绪时间表

"我的朋友爱丽丝和林恩不跟我玩了。"

西雅图约翰·缪尔小学的一个三年级女生伤心地写道。这位不知名的女生把字条投进班级"信箱"——其实是用厚纸板做成的小盒子。学生被鼓励写下他们的抱怨和问题，投进信箱，整个班级对这些问题进行讨论，并尽量提出解决办法。讨论不会提到当事人是谁，老师认为所有的孩子时不时都会遇到这些问题，他们都需要学习如何解决。学生讨论受到排挤的感受，或者怎么融入集体，与此同时他们还有机会尝试用新方法解决这些难题，这对认为"冲突是解决分歧的唯一途径"的观点是一种矫正。

信箱中出现的任何一种危机或问题都有可能成为课堂讨论的话题，因为话题如果过于刻板，就会与童年期丰富多彩的现实状况不协调。随着儿童的成长，课堂讨论的话题也会相应做出调整。为了收到最佳效果，情绪课程必须与儿童的成长挂钩，在不同的年龄段重复进行，同时还要适应儿童不断变化的理解能力以及实际问题。

第一个问题是应该从什么时候开始着手。有人认为应该在个体出生后的头几年。哈佛大学儿科医师 T. 贝里·布雷泽尔顿认为，根据一些家庭访问项目的经验，如果把家长培训成婴儿和幼儿的情绪导师，家长将会受益匪浅。有充分的证据表明，我们应当像"启智"这类学前项目一样，系统地关注儿童的社交和情绪技能。我们在第十二章谈到，儿童是否做好了学习的准备取决于基本情绪技能的掌握程度。幼儿园是学习基础技能的关键时期，有证据表明启智项目如果运用得当（重要的提醒），将对幼儿的生活产生长期、有益的情绪和社交效果，甚至影响至成年期初期——他们较少吸毒、被捕，婚姻生活更美满、收入更高。[5]

这种干预措施如果与情绪发展的时间表相吻合，可以发挥出最佳效果。[6] 新生儿的哭声表明他们一出生就感受到紧张的情绪。不过新生儿的大脑还没有完全成形，第十五章谈到，只有在个体神经系统完成最后的发育——贯穿整个童年期以及青春期早期的逐步发育过程，儿童的情绪才会完全发育成熟。新生儿的感受系统非常原始，情绪范围无法与5岁儿童相提并论，当然，5岁儿童与感受能力完全成熟的青少年相比又显得不足。成年人很容易陷入误区，期望儿童达到超出他们年龄的成熟程度，实际上每一种情绪的出现时间在儿童成长过程中都已经预先设定好了。比如，4岁的小孩喜欢自吹自擂，常常被父母训斥，但是通常在5岁左右，小孩才会有谦虚的意识，懂得收敛。

情绪成长的时间表与个体的发展相互交织、相互促进，特别是在认知能力与大脑和生物成熟两个方面。我们知道，同理心和自我调节情绪等情绪能力大约从婴儿期开始确立。幼儿园时期"社会情绪"的成熟程度达到顶峰，比如不安全和谦虚、嫉妒和羡慕、骄傲和自信等感受，这些感受全都建立在对自我与他人进行比较的能力之上。5岁的儿童开始进入学校这个更为广阔的社会世界，同时也进入了社会比较的世界。比较心理不光是由于外在环境的转变，还源于认知技能的出现，即在特定方面——比如受欢迎程度、吸引力或滑板天赋等——在自己与他人之间进行比较的能力。到了这种年龄，如果你有一个姐姐是全优生，作为妹妹，通过比较，你会开始觉得自己"很笨"。

卡内基基金会会长及精神病学家大卫·汉堡博士曾经对一些领先的情绪教育项目进行评估，他认为，进入小学以及进入中学的转折时期是儿童调节适应能力的两个关键节点。[7]汉堡表示，从6岁到11岁，"学校非常关键，儿童在学校的经历会对儿童的青春期以及其后的生活产生深刻的影响。儿童自我价值的感觉本质上取决于他们在学校的表现。在学校表现不好的儿童会产生挫败心理,使他们的前途一片黯淡。"汉堡指出,"延迟满足,以恰当的方式承担社会责任,对情绪保持克制,以及保持乐观情绪"——换言之,情绪智力——是儿童从学校获得的所有宝贵财富当中的一种。[8]

青春期是儿童生理、思维能力以及大脑功能发生急剧变化的时期,因此也是学习情绪和社交经验的关键时期。根据汉堡观察,在青春期,"大多数青少年接触性、酒精、毒品、香烟以及其他诱惑的年龄是 10—15 岁"。[9]

升入中学的转折阶段标志着童年期结束,这本身就是一个重大的情绪挑战。抛开其他问题不论,进入新学校之后,几乎所有学生都会出现自信心下降、自我意识膨胀的现象,他们对自身的认识出现了动摇和混乱。其中一个最大的冲击是"社会自尊",即学生结交和维系朋友的自信心。汉堡指出,这个转折点对于青少年建立亲密的人际关系、化解友情危机以及培养自信心,将起到很重要的作用。

汉堡认为,进入中学阶段,即进入青春期之后,以前接受过情绪教育的学生出现了不同的情况,与同龄人相处时出现新的压力,学习要求越来越高,不过他们对吸烟和吸毒的诱惑则没有其他同龄人感受那么强烈。他们已经掌握了情绪能力,至少在短期内可以帮助他们预防即将出现的混乱和压力。

时机就是一切

发展心理学家和其他研究者掌握了情绪成长的规律,他们可以更加具体地指出，在情绪智力发展的每一个阶段，儿童应该学习哪些课程，如果儿童在指定时间内没有掌握正确的竞争力，会对他们造成什么样的持续影响，以及什么样的补救性措施可以弥补这些缺陷。

比如在纽黑文项目中，低年级学生学习了自我意识、人际关系和决策等基础课程。一年级学生围坐在一起，滚动"感受立方"——每一面分别写着"悲伤"或"兴奋"等不同情绪。学生根据抽中的情绪词语，轮流描述他们曾经经历过的此类感受。通过这个练习，学生能够更准确地把感受和语言联系起来，同时听到别人和自己有相同的感受，同理心得到了培养。

到了四五年级，与同龄人的人际关系在学生心目中占据非常重要的地位，他们学到了帮助培养友情的课程：同理心、冲动控制以及愤怒管理。比如特鲁普的五年级学生从面部表情识别情绪的人生技能课程，这对培养同理心非常关键。对于冲动控制，"停车灯"的画报描述得非常清楚，总共分为 6 个步骤。

红灯 1. 停止，保持平静，三思而后行。
黄灯 2. 说出问题和你的感受。
3. 设定一个积极的目标。
4. 想出很多解决办法。
5. 预见后果。
绿灯 6. 继续，尝试最佳方案。

红灯通常在儿童因为别人的轻蔑而即将发火或恼怒，或由于被戏弄而大哭时亮起，儿童可以依照具体的步骤谨慎克制地应对这些沉重的时刻。除了感受管理之外，它还指明了更为有效的行动方式。防止感情用事，三思而后行，可以发展成为处理情绪冲动的习惯性方式，也是处理青春期和以后各种风险的基本策略。

在六年级，儿童开始面临性行为、吸毒或喝酒等行为的诱惑和压力，情绪课程就要与这些问题紧密相关。到了九年级，青少年面对更加复杂混乱的社会现实，就需要强调采取多重角度看问题的能力，包括自己和其他相关人群的角度。纽黑文的一位老师说：“假设一个男孩因为看到女朋友和别的男孩讲话就发疯，我们鼓励他从他们的角度进行思考，而不是贸然进行对抗。”

情绪素养的预防作用

有些最有效的情绪素养项目专门针对特定问题，最显著的是暴力问题。以预防为目的的情绪素养课程发展非常迅速，"化解冲突"项目是其中之一。该项目覆盖了几百家美国学校，课程的关注重点是如何平息校园争端，防止其升级为校园枪击惨剧。

化解冲突项目的创立者、曼哈顿全美化解冲突方法研究中心的负责人琳达·兰提尔瑞（Linda Lantieri）认为，巧妙化解冲突不仅仅是防止争斗这么简单。她指出："该项目显示学生除了顺从或攻击之外，还有很多方法可以解决冲突。我们让学生认识到暴力没有价值，与此同时为他们提供具体的应对技巧以替代暴力。孩子们学会了维护自己的权益，而无须诉诸武力。这些是受用终生的技能，不仅仅对那些容易发生暴力冲突的人有帮助。"[10]

在一个练习中,学生要针对以前遇到的冲突想出一个有效的解决方法,不管作用大小。在另一个练习中,学生设定了一个情景,比如姐姐想做功课,妹妹大声播放饶舌音乐,姐姐对此感到非常厌烦。无可奈何之下,姐姐不顾妹妹的抗议关掉了录音机。学生通过头脑风暴的形式讨论如何解决这个问题,使两姐妹都能满意。

化解冲突项目成功的一个关键是将其从课堂扩展到学校游戏场和自助餐厅,这是学生特别容易产生矛盾的地方。为了达到目标,一些学生从小学高年级开始被训练成调解人。冲突发生时,学生可以向调解人寻求帮助。校园调解人要学会处理争斗、辱骂、威胁、种族事件以及其他潜在的煽动性校园事件。

调解人要学会不偏不倚地陈述主张。他们的策略包括和当事人坐下来,让他们彼此倾听对方的意见,不允许打断或侮辱对方。调解人让双方保持冷静,陈述己方立场,然后让双方解释自己的意见,确保双方互相理解。最后他们努力想出双方都可以接受的解决方案,通常以签署协议的形式解决分歧。

除了调解争执之外,该项目还教会学生从不同的角度看待分歧。安杰尔·佩雷斯在小学时被训练成调解人,他表示这个项目"改变了我的思考方式。我以前会这么想,如果有人故意刁难我,如果有人对我做了不好的事情,唯一的方法就是还击,以牙还牙。自从我参加了这个项目,我学会用更积极的方式来思考问题。如果有人对我做了不好的事情,我不会对他做同样不好的事情——我会努力解决问题"。

他还在当地社区努力推广这种方法。

尽管化解冲突项目的重点是预防暴力，但兰提尔瑞认为项目的使命远不止这些。她认为，防止暴力的技能不能与情绪竞争力的其他方面割裂开来，比如了解自身感受或处理冲动或悲伤情绪，对于预防暴力的作用与管理愤怒一样重要。很多培训项目涉及情绪的基本要素，比如识别并准确描述不同的感受，以及同理心等。对于项目的评估效果，兰提尔瑞指出，除了争斗、谩骂和诽谤的减少，"孩子们之间的关爱"也更多了，她对此非常骄傲。

一群心理学家想方设法帮助存在犯罪和暴力倾向的青少年，也出现了类似的情绪素养大融合的现象。第十五章谈到，我们从有关研究中可以清楚地发现他们大多数人的发展轨迹，从入学之初容易冲动和发怒开始，然后在小学后期受到集体的忽视和排挤，到中学阶段和臭味相投的人混在一起，开始胡作非为。到成年期早期，这些男孩很多留有案底，随时可能出现暴力行为。

制定干预措施，帮助这些男孩远离暴力和犯罪的道路，在此过程中，我们又一次看到了情绪素养项目的作用。[11] 由华盛顿大学卡罗尔·库施（Carol Kusche）以及马克·格林伯格发起的替代思维开发策略（Promoting Alternative Thinking Strategies, PATHS）课程就是其中之一。尽管处于暴力和犯罪边缘的青少年是最需要这些课程的人群，但为了避免大众用有色眼镜看待这个亚群体，这项课程覆盖学校的所有学生。

这些课程对所有儿童都有用。课程包括在学习生涯初期学习控制冲动,如果缺乏这种能力,儿童就难以集中精力学习,导致成绩落后。同时还包括识别自身感受,替代思维开发策略课程对不同的情绪总共安排了 50 节课,向最年幼的儿童传授快乐和愤怒等最基本的情绪,然后再涉及嫉妒、骄傲和内疚等更为复杂的感受。情绪意识课程包括如何监测自身及他人的感受,对于攻击性强的儿童,最重要的是如何识别对方是真的有敌意,还是自己误解了对方。

当然,愤怒管理是最重要的课程之一。关于愤怒(以及其他情绪),儿童学到的基本认识是"感受没有对错之分",但有些行为反应是恰当的,有些是不恰当的。自控的方法与纽黑文项目的"停车灯"练习一样。项目还有专门的单元帮助儿童发展友谊,受排挤儿童为了进行对抗,往往会走上违法犯罪的道路。

反思教育:人性的教学,关怀的社区

越来越多的儿童无法从家庭生活中获得足够的资源,从而在社会站稳脚跟,因此学校成为矫正儿童情绪和社交竞争力缺陷的希望所在。尽管很多社会机构已经或将近崩溃,但学校并不能完全取代所有社会机构。不过,由于几乎每个儿童都会上学(至少开始的时候如此),学校可以教会儿童其他地方所难以提供的人生基本课程。情绪素养对学校提出了更高更多的要求,要求学校弥补不幸家庭的疏漏,教育儿童完成社会化的过程。这项艰巨的任务要求两大改变:一是老师要超越传统的教学使命,二是当地人士要更多地关心学校事务。

是否在名义上开设了情绪素养课程并不重要,重要的是如何将这些课程传授给儿童。也许没有哪一个科目对老师资质的要求如此之高，因为老师如何进行教学本身就起到了示范的作用，也就是情绪竞争力的现实教材。老师对一个学生做出回应，其余二三十个学生都在学习。

不是所有人的气质都适合情绪教学，所以老师必须自发地对课程产生兴趣。首先，老师必须不介意谈论感受，不是所有的老师都对此感到自在或者希望这样做。老师所受到的标准教育很少或没有涉及这种素质。因此，情绪素养项目通常需要对有潜质教授情绪课程的老师进行为期数周的特殊培训。

尽管很多老师在一开始不愿意触及与常规大相径庭的课题，但有证据表明，一旦他们愿意尝试，大多数人会感到满意而不是反感。在纽黑文的学校，老师首先了解到他们要接受情绪素养课程的教学培训，有31%的人表示他们不愿意尝试。但在教了一年情绪课程之后，超过90%的人表示对课程感到满意，并希望在下一年继续教。

扩大学校的使命

除了师资培训之外，情绪素养还使我们对学校本身的使命有了新的认识，学校应当更加明确地承担起社会代理人的角色，确保儿童掌握至关重要的人生课程——这其实是教育传统角色的回归。除了具体的课程之外，我们还需要利用课堂内外的各种机会，帮助儿童把个人的危急时刻转变为学习情绪竞争力的契机。如果学校课程与儿童的家庭生活协调一致，效果会更好。很多情绪素养项目包括特殊的父母培训班，把孩子们学到的东西同时也教给父母，这不仅与课堂内容互为补充，还可以对父母进行指导，帮助他们更有效地处理孩子的情绪生活。

这样儿童在生活的方方面面都获得了一致的情绪竞争力信息。社交竞争力项目的主管蒂姆·施赖弗（Tim Shriver）表示，在纽黑文的学校，"如果孩子们在自助餐厅发生争执，他们会被送到年龄相仿的调解人面前。调解人和他们一起坐下来，运用在课堂上学到的观点采择方法解决冲突。教导员用这种技巧解决发生在游戏场上的冲突。我们对父母进行培训，要求他们在家里用同样的方法对待孩子"。

课堂或游戏场，学校或家里，情绪经验并行不悖、相辅相成，这样能够达到最佳的效果。这就要求我们把学校、家长和社区更加紧密地联系在一起。儿童在情绪素养课程中学到的东西不会被遗留在学校，而是在人生的现实挑战中得到检验、实践以及磨砺。

对情绪素养的关注使学校对自身的角色进行重新定位，这也体现在建立"温暖大家庭"式的校园文化，学生在学校感受到被尊重、被关怀，与同学、老师及学校本身紧密相连。[12]比如像纽黑文这样的地区，破碎家庭的比例很高，有很多项目在当地招募好心人与来自不幸家庭的学生进行接触，在纽黑文的学校，有责任感的成年志愿者充当学生导师，定期陪伴缺少家庭照顾和关爱的学生。

简而言之，最理想的情绪素养项目是尽早开始，按照不同的年龄层次因材施教，贯穿整个学习生涯，同时学校、家庭和社区要一起努力。

尽管情绪素养非常切合现有学校体系的需要，但这些项目对任何课程安排而言都是很大的转变。如果认为在学校推广这些项目不会遇到任何阻力，那真是太幼稚了。很多父母可能会认为情绪的话题过于私密，不适合在学校谈论，这些事情最好留给父母完成（如果父母真的发起这种话题，这个观点多多少少有点说服力，但如果父母无法做到这一点，则没有说服力）。老师也许不愿意把有限的课堂时间用于这些与学业基本毫无关系的话题，一些老师也许会对这些话题感到不自在，难以进行教学，而且所有的老师都必须接受特殊训练才能完成这个任务。一些孩子也会抗拒，尤其是这些课程与他们实际的关注点不一致，或者认为自己的隐私受到侵犯。既要保持高质量，又要确保教育机构不能兜售不当的情绪竞争力项目，重蹈有关毒品或少女早孕等拙劣课程的覆辙，这是一个两难的处境。

既然如此，我们为什么还要做呢？

情绪素养有用吗

这是所有老师的噩梦。有一天，蒂姆·施赖弗打开当地的报纸，看到他以前最喜欢的一个学生拉蒙特在纽黑文街头中了9枪，情况危殆。施赖弗回忆道："拉蒙特是学校的学生领袖，个头很高——189厘米，是一个很受欢迎的橄榄球中后卫，总是笑眯眯的。那时候拉蒙特很喜欢参加我主持的领导力俱乐部，我们用所谓的SOCS模型随意讨论各种问题。"

SOCS模型是情景（Situation）、选择（Option）、后果

（Consequences）、对策（Solution）的缩写，分为三个步骤。首先，描述所处情景，以及你对此的感受；其次，思考解决问题的各种方案及其后果；最后，选择并实施其中一个方案——这其实是停车灯方法的成人版。施赖弗又说，拉蒙特很喜欢头脑风暴，通过发挥想象力寻找潜在有效的方法解决高中生活中的各种困境，比如与女朋友之间的问题，如何避免争斗等。

不过他学到的这些东西在高中毕业之后就失效了。拉蒙特在充满贫穷、毒品和枪支的街头四处游荡，26岁的他躺在医院病床上，身上缠满了绷带。施赖弗匆匆赶到医院，发现拉蒙特几乎已经无法说话了，他的母亲和女朋友围着他。拉蒙特看到他以前的老师，示意他来到床边。施赖弗弯下腰来，听到拉蒙特虚弱的声音："施赖弗，我好了之后，我要用 SOCS 方法。"

拉蒙特在山屋高中就读的时候，那里还没有开设社会发展课程。如果他能够像现在纽黑文公立学校的儿童那样，受益于学校的情绪教育，他的生活会不会完全不同呢？很有可能会这样，但没有人能够百分之百地肯定。

用蒂姆·施赖弗的话来说，"有一样东西是清楚的：在社会环境下解决问题，实验室不应局限于课堂，还应该包括餐厅、街头和家里"。不妨听听纽黑文项目老师的现身说法。有一位老师说起他以前的一个学生，这个学生现在还是单身，而且表示"如果不是在社会发展课上学会保护自己的权益"，她现在肯定会成为未婚妈妈。[13] 还有老师讲到有个学生与妈妈的关系非常糟糕，她们每次谈话到了最后总是在比谁的嗓门更大。在这个女生学会保持冷静、思考先于行动之后,她妈妈告诉老师,她们母女谈话再也不会歇斯底里了。在特鲁普学校,一个六年级学生给社会发展课的老师递了一张纸条,纸条上写着她最好的朋友怀孕了,不知道该怎么办,也不知道该跟谁说,她的好朋友准备自杀——但她知道老师会关心此事。

我在纽黑文的学校旁听七年级的社会发展课,老师问学生:"有谁能告诉我,最近是怎么采取措施妥善处理分歧的?"

一个体形丰满的12岁女生马上举手:"有个女生本来是我的朋友,但有人说她想打我。他们告诉我,放学后她想堵住我。"

但是她没有怒气冲冲地与那个女生发生冲突,而是运用在课堂学到的方法——下结论之前先搞清楚事情的状况:"所以我去找那个女生,问她为什么要说那样的话。她说她从来没有说过这样的话,最后什么事儿都没有发生。"

这个故事听起来无关痛痒。不过要知道,讲这个故事的女生以前曾经因为打架被勒令退学,所以才转到现在这个学校。如果是在过去,她首先会攻击,然后再质问,甚至连问也不问。用积极的方法对待看似敌对的行为,而不是冲动地发生冲突,对她而言是一个真正的胜利。

也许最能说明情绪素养课程效果的是这所学校的校长告诉我的研究数据。他们学校有一条严格规定:学生打架一律停学。但自从该校近年逐步引入情绪素养课程之后,该校停学率逐年下降。该校长说:"去年我们有106个学生被停学,但今年到三月为止,只有26个学生被停学。"

这些是实实在在的成效。除了师生们讲述的动人故事,情绪素养课程对学生的真正效果还需要经验主义的检验。研究数据表明,尽管课程不会在一夜之间改变学生的行为,但随着学生年复一年地接受情绪教育,学校的风气以及学生的情绪竞争力水平都得到了明显的改善。

我们可以选择最客观的评估标准,比较接受情绪课程的学生和没有接受情绪课程的学生,由独立的观察员对他们的行为进行打分;另一个方法是依据客观的测量标准,考察同一批学生在接受情绪课程前后的行为变化,比如校园打架事件或停学率。把这些评估结果综合起来,我们可以发现,情绪课程对儿童情绪和社交竞争力有诸多益处,无论是对儿童在课堂内外的行为表现,还是对他们的学习能力(详见附录6)。

情绪的自我意识

- 识别和描述自身情绪的能力得到提高。
- 能更好地理解感受产生的原因。
- 了解感受和行为的区别。

管理情绪

- 对挫折的承受能力及控制愤怒的能力更强。
- 挖苦、打架及课堂捣乱现象减少。
- 停学和开除现象减少。

- 攻击或自毁行为减少。
- 对自身、学校和家庭的态度更积极。
- 更善于处理压力。
- 孤独感和社交焦虑减少。

有效调节情绪

- 责任感更强。
- 能更好地关注当前任务和集中注意力。
- 更少冲动,更多自制。
- 成就测验分数提高。

同理心:理解情绪

- 更会从他人的角度考虑问题。
- 更有同理心,对他人的感受更敏感。
- 更善于倾听。

处理人际关系

- 分析和理解人际关系的能力增强。
- 更好地解决冲突和协商分歧。
- 更好地解决人际关系的问题。
- 人际沟通更有自信、更有技巧。
- 更受人欢迎和外向,友善,与同龄人打成一片。
- 乐于助人。
- 更加关怀和体贴。
- 更加"亲社会",团结和谐。

- 更善于分享、合作及提供帮助。
- 对他人更加民主。

这份列表中有一个项目需要特别注意：情绪素养项目改善了儿童的学习成绩和学校表现。这不是孤立的发现，而是反复得到相关研究的证实。有很多儿童无法处理不安情绪，无法倾听或集中注意力，无法控制冲动，对工作没有责任感或不在乎学习成绩，一切可以提高这些技能的东西都能对儿童的教育起到作用。因此，情绪素养提高了学校的教学能力。即使是在"回归基本"和预算削减的时代，我们也有理由相信情绪素养项目可以扭转教育衰退的趋势，提高学校完成主要使命的能力，因此非常值得投资。

除了教育方面的优势，情绪课程还可以帮助儿童胜任人生中的各种角色，成为更好的朋友、学生、儿女等，在未来则会成为更好的丈夫和妻子，员工和老板，父母和公民。尽管每个儿童掌握情绪技能的程度不尽相同，但整个社会都会因此而受益。用蒂姆·施赖弗的话来说，"水涨船高，不仅是问题儿童，而是所有儿童都可以分享情绪技能的益处。情绪技能是人生的疫苗"。

性格、道德和民主的艺术

情绪智力所代表的诸多技能可以用一个传统的词语来形容：性格。乔治·华盛顿大学社会理论家阿米泰·埃齐奥尼（Amitai Etzioni）提出，性格是"道德制约所需要的心理肌肉"。[14] 哲学家约翰·杜威

（John Dewey）认为，通过真实事件而不仅仅是抽象课程教导儿童，这样的道德教育最有影响力，这也是情绪素养的模式。[15]

如果说性格发展是民主社会的基础，我们不妨看看情绪智力夯实这一基础的一些途径。性格的根基是自律，亚里士多德以来的哲学家认为，道德生活的基础是自控。性格的一个基础是能够激励和自我指导，无论是做作业、完成工作还是早上起床。我们已经知道，延迟满足、控制和引导冲动的能力是一项基本的情绪技能，我们以前将其称为"意志"。托马斯·李柯纳（Thomas Lickona）在性格教育的论著中提到："我们要进行自控——我们的欲望和我们的激情，这样才能正确地行事。理性控制情绪需要意志。"[16]

抛开以自我为中心，抛开冲动，这对整个社会都有好处：它为同理心、聆听、观点采择开辟了道路。我们知道，同理心引发关怀、利他行为以及同情心。从他人角度考虑问题可以打破偏见和成见，培养对差异的宽容和接受。在越来越多元化的社会，我们更需要这些能力，使人们在相处中相互尊重，为有效的公共话语创造可能性。这些是民主的基本艺术。[17]

埃齐奥尼指出，学校在性格培养方面扮演中心角色，通过自律和同理心教育，使公民意识和道德价值得到真正的实践。[18] 为了实现这个目标，我们不仅要把这些价值教给儿童，还要让儿童在建立关键情绪和社交技能的时候实践这些价值。因此，情绪素养与教育共同对性格、道德发展和公民意识产生影响。

最后的话

在本书即将收尾之际,报纸上有些令人不安的报道映入我的眼帘。有篇报道宣称,枪击已经超过车祸成为美国人的头号死因。第二篇报道说去年谋杀案件增加了3%。[19] 尤其令人不安的是,犯罪学家在这篇报道里预测,我们正处于下个10年"犯罪风暴"即将来临前的宁静。他的理由是14—15岁青少年谋杀案件处于上升势头,这一年龄群体代表了迷你婴儿潮的顶峰。在下一个10年,这个群体达到18—24岁,这一年龄阶段是暴力犯罪的顶峰。先兆已经出现了:第三篇报道说美国司法部的数据显示,1988—1992年4年间,罪名为谋杀、暴力伤害、抢劫以及暴力强奸的青少年犯罪增加了68%,单是暴力伤害案件就增加了80%。[20]

目前这代青少年是可以轻易获得枪支和自动武器的第一代,就像他们的父母是广泛接触到毒品的第一代一样。青少年携带枪支意味着,以往争吵很容易导致拳打脚踢,而现在却会轻易演变为枪击。正如另一位专家指出的那样,这些青少年"不擅长避免争执"。

当然,青少年不擅长避免争执的一个原因是,我们的社会没有教会儿童处理愤怒或积极解决冲突的关键技能,也没有教会他们同理心、冲动控制,以及其他情绪竞争力的基础知识。如果任凭儿童随机获得情绪经验,我们就会白白错失大脑缓慢成熟提供的良机,无法帮助儿童培养健康的情绪经验。

尽管一些教育家对情绪素养抱有很大的兴趣,但有关课程还是很罕见，大多数老师、校长及家长甚至不知道这些课程的存在。最好的情绪教育模式存在于美国少数私立学校和几百所公立学校，基本处在教育的主流之外。当然，没有哪一种项目，包括情绪项目，可以彻底解决所有问题。鉴于我们自己和下一代所面对的危机，以及情绪素养课程的重大价值，我们扪心自问：难道我们不应该把最重要的人生技能传授给每一个儿童——现在不是比以前更迫切吗？

此时不教，更待何时？

附录 1
什么是情绪

关于"情绪"的确切含义,心理学家和哲学家已经辩论了一百多年。根据《牛津英语词典》的解释,"情绪"的字面意思是"心理、感受、激情的激动或骚动,任何激烈或兴奋的精神状态"。我认为,"情绪"意指情感及其独特的思想、心理和生理状态,以及一系列行动的倾向。人类有几百种情绪,此外还有很多混合、变种、突变以及具有细微差异的"近亲"。情绪的微妙之处已经大大超越了人类语言能够形容的范围。

研究人员一直在争论到底哪些情绪属于基本情绪,甚至到底是否存在基本情绪。基本情绪即情感的蓝、红、黄三原色,以此为基础可混合成千变万化的情绪。一些学者提出了基本情绪的几大家族,不过还没有得到所有人的认同。主要的情绪家族及部分家庭成员如下。

- 愤怒：狂怒、暴怒、怨恨、激怒、恼怒、义愤、气愤、刻薄、生气、易怒、敌意等，最极端的表现为病态的仇恨和暴力。
- 悲伤：忧伤、歉疚、沉闷、阴郁、忧愁、自怜、寂寞、沮丧、绝望等，病态表现为严重抑郁。
- 恐惧：焦虑、忧虑、焦躁、担忧、惊恐、疑虑、警惕、疑惧、急躁、畏惧、惊骇、恐怖等，病态表现为恐惧症和恐慌。
- 喜悦：幸福、欢乐、欣慰、满意、极乐、快乐、可笑、自豪、感官愉悦、兴奋、欣喜、享受、满足、欣快、癫狂、狂喜等，极端表现为躁狂症。
- 喜爱：认同、友爱、信任、仁慈、亲和、热切、倾慕、迷恋、圣爱。
- 惊讶：震惊、惊奇、奇妙、惊叹。
- 厌恶：轻蔑、鄙视、蔑视、憎恶、嫌恶、讨厌、反感。
- 羞耻：内疚、尴尬、懊恼、悔恨、羞辱、后悔、屈辱、悔改。

诚然，这份情绪清单不能解决情绪分类的全部问题。比如，嫉妒是一种复杂情绪，由愤怒演变而来，还掺杂了悲伤和恐惧。此外，希望和信仰、勇气和宽恕、信奉和镇静等美好品质，还有怀疑、自满、懒惰、麻木、厌倦等邪恶习性，又应该如何归类呢？目前我们对此还没有明确的答案，关于情绪分类的科学辩论仍在继续。

加利福尼亚大学旧金山分校心理学家保罗·艾克曼的发现在一定

程度上证实了，人类的确存在少数几种核心情绪。艾克曼指出，人类4种基本情绪（恐惧、愤怒、悲伤、喜悦）所对应的特定面部表情，为世界各地不同的文化所公认，包括没有文字、尚未受到电影或电视污染的人群，这说明情绪具有普遍性。艾克曼向世界各地的人群展示面部表情达到技术精确程度的人像，甚至包括新几内亚高地的福瑞人，该部落与世隔绝，仍处于石器时代。他发现所有文化均能识别相同的基本情绪。也许最早意识到面部情绪表情普遍性的是达尔文，他认为情绪普遍性是生物进化的证据，正是进化的力量把表情符号刻入我们的神经中枢系统。

在基本原则上，我遵循艾克曼和其他学者以情绪家族或维度为出发点的研究方法，把主要情绪家族——愤怒、悲伤、恐惧、喜悦、喜爱、羞耻等，作为探究人类情绪生活无穷变幻的切入点。每个情绪家族都有一种核心的基本情绪，以此为中心像涟漪一样向外衍生出无穷的情绪。核心情绪的外围是心情。严格来说，和情绪相比，心情比较无声无息，但持续时间更长（比如我们一般不会整天都怒气冲冲，但很有可能一整天心情不好、暴躁易怒，这种情况下我们很容易突然发火）。心情之外是气质，即令人忧伤、胆怯或欢乐，激发某种特定情绪或心情的预备状态，也可以看成是情绪的倾向。气质之外是彻底的情绪障碍，比如临床性抑郁或持续焦虑，个体一直处于有害的情绪状态而难以自拔。

附录 2
情绪心理的特征

直到最近几年,科学家才提出了情绪心理的科学模式,表明我们的很多行为是由情绪驱动的,我们在某个时刻会非常理性,而在下一刻又会变得很不理智,并且情绪也有其自身的理性和逻辑。现有的两种最好的情绪心理评估方法,分别是由加利福尼亚大学旧金山分校人类互动实验室主任保罗·艾克曼,以及马萨诸塞大学临床心理学家西摩·爱泼斯坦(Seymour Epstein)独立开发的。[1] 尽管艾克曼和爱泼斯坦对不同的科学证据赋予不同的权重,但他们共同提出了情绪的基本特征,把情绪与人类其他精神状态区分开来。[2]

迅猛而草率的反应

情绪心理可以促使人们即时做出行动,无须停下来思考应该做什么,因此情绪心理比理性心理的反应迅速很多。情绪心理的快速排除了精确、缜密的反应——这恰好是理性心理的特征。在进化过程中，快速通常只适用于最基本的决策，比如需要注意什么目标；一旦遇到其他动物，立即引起警觉，在瞬间做出决定——我可以吃它还是它会吃我？如果个体的心理机制暂停时间太长，无法及时得出答案并做出反应，他们就不可能产生很多后代，从而遗传他们反应较慢的基因。

情绪心理所引发的行动有着特别强烈的确定感，这是高效、简化地看待事物的产物，但对理性心理来说，这些事物绝对令人困惑。尘埃落定之后，甚至在反应中途，我们会思考："我这样做是为什么？"这说明理性心理在此刻苏醒，但速度没有情绪心理那么快。

由于情绪的触动与爆发基本上同步进行，因此评估认知的心理机制必须在大脑意义上的瞬间快速运转，即在毫秒之间做出反应。对行动必要性的评估需要自动产生，速度之快根本不会进入意识层面。[3] 情绪反应快速而粗糙，几乎在我们了解事情状况之前就控制了我们。

这种认知模式的快速是以牺牲精确反应为代价的，只依赖于第一印象，对整体或最震撼的方面做出反应。它在一瞬间把事物当成一个整体来接收，来不及深入分析就做出了反应。鲜明的要素决定了整体的印象，它们的作用超过了对细节的认真评估。这种模式最大的好处是情绪心理可以立即理解情绪状况（他对我生气了、她在说谎、他很伤心），产生直觉判断，告诉我们应该警惕谁、信任谁，谁受到困扰等。情绪心理是为我们探测危险的雷达，如果我们（或处于进化过程的祖先）等到理性心理做出判断才去反应，我们不仅可能出错，还可能死亡。情绪心理的弊端是，由于这些印象和直觉判断是在很短时间内做出的，也许会出现错误或误导。

保罗·艾克曼认为，情绪在我们充分意识到之前就控制了我们，情绪心理的快速对情绪的高度适应性至关重要。情绪驱动我们对紧急事件做出反应，无须浪费时间思考是否采取行动或如何回应。艾克曼研究出根据面部表情的微妙变化探测情绪的系统，通过这种系统，他可以探测从脸上快速掠过、时间不足半秒的"微情绪"（microemotion）。艾克曼及其研究伙伴发现，在触发事件发生后的几毫秒之内，情绪就开始通过面部肌肉组织的变化体现出来，而特定情绪带来的典型的生理变化，比如血液分流和心跳加速，同样只需要几毫秒的时间。强烈的情绪，比如对突然出现的威胁的恐惧，尤其会引发迅猛的情绪反应。

艾克曼提出，严格来说，情绪处于完全升温状态的时间很短促，只会持续几秒而不是几分钟、几个小时或几天。他的推理是，如果无视环境出现的变化，一种情绪长时间控制大脑和身体会产生适应不良的后果。如果由单一事件引发的情绪在事件过去之后仍然继续控制我们，而不管我们周围发生的其他事情，那么我们的感受就会误导行为。如果情绪持续较长时间，这意味着触发情绪的因素一直存在，因此持续引发情绪，就像我们丧失了挚爱的人会一直感到哀痛一样。如果感受持续数个小时，通常会表现为心情——沉默的情绪形式。心情确立情感的基调，但它对我们的认知和行为的塑造作用不像情绪完全升温时那么强烈。

情感第一，思想第二

与情绪心理相比，理性心理需要较长的时间进行记录和回应，一种情绪状况中的"第一冲动"源于心灵，而不是大脑。我们还有第二种情绪反应，比快速反应稍慢，在触发感受之前首先在我们的思维中酝酿和孕育。触发情绪的第二条通道更精密，我们通常可以意识到引发情绪的思想。这种情绪反应包含进一步的评估，我们的想法，即认知，在决定唤起什么情绪方面扮演关键角色。一旦我们做出评估——"那个出租车司机在骗我"或"这宝宝真可爱"，恰当的情绪反应就会随之而来。在这种较慢的情绪反应过程中，全面清晰的想法先于感受。更加复杂的情绪，比如尴尬或对即将来临的考试感到焦虑，通常会经由这条较慢的反应通道，需要几秒或几分钟才会表露出来——这些是由想法产生的情绪。

与此相反的是，在第一条较快速的情绪反应通道，感受似乎先于想法，或者与之同步。在原始生存的紧急状况下，快速的情绪反应处于主导地位。快速决策的作用在于，它们驱动我们立即对紧急状态做出反应。我们最强烈的感受是不由自主的反应，我们无法决定什么时候情绪会突然爆发。司汤达曾经写道："爱情就像发烧一样，来去全不由意志控制。"不仅是爱情，压倒我们的愤怒和恐惧同样如此，它们突然降临到我们身上，由不得我们选择。因此艾克曼指出"事实是我们无法选择我们会产生什么样的情绪"，人们可以解释说他们一时情绪失控，为他们的行为开脱。[4]

触发情绪的通道有快有慢，一个通过即时认知，另一个通过反省思考，而且情绪还可以酝酿出来。比如有意操控自己的感受——演员的惯用手段，为了达到效果故意努力回忆悲伤的往事，眼泪自然就流出来了。当然，演员有意识利用情绪的第二通道、用思考激发情感的本领比普通人高超得多。尽管我们无法轻易改变某种想法将触发哪一种特定情绪，但我们通常可以（实际上也是如此）选择想什么。和性幻想激发性感受一样，快乐的记忆可以使我们高兴起来，悲观的想法使我们不停地沉思。

但是，理性心理通常不能决定我们"应该"产生什么样的情绪。相反，我们的情绪常常是作为一种既成事实发生在我们身上。理性心理通常可以控制的是情绪反应的过程。除了极少数的例外，我们无法决定在什么时候发狂、悲伤等。

象征性和孩子气

情绪心理的逻辑是联想性的，情绪的发生需要某种象征现实的因素，或者触发某种与这种现实相同的情绪记忆。这就是暗喻、明喻和图像直接作用于情绪心理的原因，小说、电影、诗词、歌曲、戏剧、歌剧等艺术也是如此。伟大的精神导师，比如佛陀和基督，用情感的语言进行演讲，用比喻、寓言、典故进行教导，触动了广大门徒的心灵。事实上，宗教符号和仪式很少从理性出发，而是用心灵的语言表达出来。

关于心灵的逻辑，即情绪心理的逻辑，弗洛伊德曾经在其"初级过程"概念当中进行精辟的描述。情绪心理的逻辑是宗教和诗歌、精神病人和儿童、梦幻和神话的逻辑（用约瑟夫·坎贝尔的话来说，即"梦想是私人的神话，神话是共同的梦想"）。初级过程是解开类似詹姆斯·乔伊斯的《尤利西斯》这种著作含义的钥匙。在"初级过程"思维中，松散的联系决定叙述的流向，一个物体象征另一个物体，一种感受替换并代表另一种感受，整体浓缩成部分。原因与结果没有时间之分，也没有规则可言。事实上，初级过程没有"不"这回事，一切皆有可能。精神分析方法从某种意义上说属于破解和阐明代替物含义的艺术。

如果情绪心理遵循这种逻辑和规则，用一种因素代表另一种因素，那么就不需要用事物的客观特征对其进行定义，重要的是它们是如何被认知的，事物等同于它们所呈现的外表。某种事物引起我们的回忆，这可能比这个事物本身更加重要。在情绪世界，特征就像一张全息图像，一个单独的部分可以触动整体。正如西摩·爱泼斯坦指出的那样，尽管理性心理在原因和结果之间建立逻辑的联系，但情绪心理是任意的，它把仅仅有着明显相似特质的事物联系起来。[5]

情绪心理的孩子气表现在很多方面，孩子气越严重，情绪就越强烈。其中一种表现是分类思考，所有东西非黑即白，没有灰色的中间地带。一个为自己失言感到羞愧的人会立即产生这样的想法："我总是说错话。"孩子气模式的另一个标志是个人化思考，以个人为中心，带着偏见认知事物，比如司机在发生事故之后会辩解："电线杆突然出现在我面前。"

这种孩子气的模式是自我确认，抑制或忽视可能破坏信念的记忆或事实，而抓住支撑信念的证据。理性心理的信念是暂时的，新的证据可以驳斥某种信念，并用新的信念取而代之——理性心理根据客观证据进行推理。但情绪心理认为信念是绝对真理，因此低估任何反面的证据。这就是我们很难对情绪不安的人讲道理的原因：不管你的论据从逻辑角度看多么合情合理，如果与个人当前的情绪信念不相协调，那么逻辑论据就没有任何分量。情感是自我辩白的，带有完全从自身出发的认知和"证据"。

过去影响现在

如果一个事件的某些特质与充满情绪印记的过往记忆有几分相似之处，作为回应，情绪心理就会触发伴随着记忆事件的感受。情绪心理像过去那样，在当前做出相同的反应。[6] 问题在于，我们可能没有意识到过去的情况现在已经不复存在，尤其是在评估迅速自动产生的时候。一个人在童年遭受毒打，由此他也许学会对怒目而视表现出强烈的恐惧和厌恶，到他成年之后，他仍然会在某种程度上做出类似的反应，尽管别人的怒目而视并不存在童年的那种威胁。

如果感受非常强烈，由感受触发的反应也会非常明显。但如果感受很模糊或微妙，我们也许不会意识到我们做出了情绪反应，尽管这种情绪很微妙地影响了我们当前的行为反应。此时的想法和反应会染上彼时的想法和反应的色彩，尽管此时的反应看起来完全是出于此时的环境。我们的情绪心理会出于自身目的对理性心理加以控制，因此我们会为自身的感受和反应做出解释，即合理化，用当前的状况进行辩解，而没有意识到情绪记忆的影响。因此，我们也许不知道实际上在发生什么事情，尽管我们很确定地认为我们完全了解正在发生的状况。在这种时候，情绪心理"夹带"了理性心理，为己所用。

与特定状态相联系

情绪心理的机制很大程度上是与特定的状态联系在一起的，在特定时刻被特殊的情感支配。我们感到浪漫时的所思所行完全不同于我们在暴怒或沮丧时的行为。在情绪的机制之下，每种感受都有独特的思想、反应，甚至记忆体系。这种特定状态的情绪体系在情绪非常强烈的时刻主导作用最大。

与特定状态相联系的情绪体系活跃的一个标志是选择性记忆。心理对某种情绪状况的部分反应是调整记忆和行动的选项，使最相关的记忆处于最优先的序列，因此更容易按照这种记忆行动。我们还知道，每种主要的情绪都有各自的生物符号特征，也就是说，如果某种情绪处于上升阶段，它会"夹带"身体随之彻底改变，身体受到情绪控制后，自动释放出一系列独特的信号。[7]

附录 3
恐惧的神经回路

杏仁核是恐惧中枢。有位被神经学家称为"S. M."的妇女,患上了罕见的大脑疾病,杏仁核受到破坏(其他大脑组织没有受到影响),病人从此失去了恐惧感。她无法识别他人面部的恐惧表情,自己也做不出恐惧的表情。用治疗她的神经学家的话来说,"如果有人拿枪指着 S. M. 的头部,她智力上知道应该害怕,但她不会像你我那样感到害怕"。

神经科学家精确地绘制了恐惧的神经回路,不过以当前的技术水平还无法彻底探明任何一种情绪完整的神经回路。恐惧是理解情绪神经动力学的适当案例。在进化过程中,恐惧有着特别显著的地位:它对人类生存的关键作用也许超过其他所有情绪。当然在现代社会,不恰当的恐惧是日常生活的祸根,使我们饱受烦躁、苦恼以及其他形形色色忧虑的折磨,如果发展到病态的极端,就是惊恐发作、恐惧症或强迫症。

假设有天晚上你独自在家看书,突然听到隔壁房间传来轰隆声。

你大脑接下来的反应，恰好是观察恐惧神经回路运转、杏仁核发挥警报系统作用的良机。大脑的第一条神经回路首先把声音作为粗糙的物理声波接收进来，然后把声音转化成大脑语言，让你吃了一惊，警惕起来。这条神经回路从耳朵传到脑干，然后再到杏仁核。在那里出现了两条独立的分支：一个是较小束的神经投射，传到杏仁核以及附近的海马体，另一个较大束的通道传到颞叶的听觉皮层，声音在这里进行分类和理解。

海马体是记忆的关键储存场所，它迅速地在你以前听到的其他类似声音和"轰隆声"之间进行比对，识别是否是熟悉的声音——你能一下子识别出这个"轰隆声"吗？与此同时，听觉皮层对声音进行更加精密的分析，试图探寻声音的来源——是猫咪弄出来的？还是百叶窗被风吹动？听觉皮层提出假设——比如，也许是猫咪把桌子上的台灯撞倒在地，还有可能是小偷，然后把信息传到杏仁核和海马体，海马体能够迅速地用相似的记忆与之进行比较。

如果结论是可以消除疑虑（只有在风很大的日子，百叶窗才会砰砰作响），总体的警觉不会升级到更高的水平。但如果你仍然不确定，另一束在杏仁核、海马体以及前额皮层之间进行反射的神经回路会增强你的不确定感，促使你集中注意力，更加迫切地识别声音的来源。如果经过更敏锐的分析仍然不能得到满意的答案，杏仁核就会拉响警报，杏仁核中枢区域激活下丘脑、脑干以及自主神经系统。

作为大脑中枢警报系统，杏仁核超级精密的构造在个体担忧和潜意识焦虑的时候发挥作用。杏仁核内有几束神经元，每束都可以发出独特的神经投射，使感受器分泌出不同的神经递质，这个过程有点像家庭警报公司的操作员随时候命，在家庭安全系统发出警报时，向当地消防队、警察局和邻近地区发出求救信号。

杏仁核的不同部位负责接收不同的信息。杏仁核的外侧核接收来自丘脑以及听觉和视觉皮层的投射信息，气味通过嗅球传送到杏仁核的皮质内侧，味道和内脏的信息则传到杏仁核的中枢区域。这些输入的信号使杏仁核像一个持续保持警惕的哨兵，对每一种感觉体验进行探究。

神经投射从杏仁核传递到大脑的各个主要部位。神经束从杏仁核的中枢和内侧区域传到海马区，海马体分泌出体内紧急反应物质——CRH（促肾上腺皮质激素释放激素），CRH在其他激素的串联作用下驱动身体做出"战斗或逃跑"的反应。杏仁核的基底区向纹状体发出神经束，把大脑的运动系统联结起来。然后，经由附近的中央核，杏仁核通过髓质向自主神经系统发出信号，在心血管系统、肌肉组织以及内脏激活广泛而遥远的回应。

从杏仁核的基底外侧部，警报信息传递到扣带回，以及被称为"中央灰质"的纤维束，即调节大块骨骼肌肉的神经细胞。这种细胞促使小狗咆哮、小猫弓起背部，以震慑入侵领地的外来者。同样的神经回路促使我们人类收紧声带肌肉，发出恐吓的尖叫声。

从杏仁核到脑干的蓝斑还有另一条神经通道，这条神经回路反过来制造去甲肾上腺素，并将其扩散到整个大脑。去甲肾上腺素的作用是提高接受去甲肾上腺素的大脑区域的总体反应性，使感觉神经回路变得更敏感。去甲肾上腺素遍布大脑皮层、脑干以及边缘系统本身，使得大脑处于警惕的状态。此时即使是房屋中常见的吱嘎声也会引起你的恐惧。这些变化大多数没有进入意识层面,因此你根本没有意识到你感到害怕。

不过当你真正开始感到恐惧时,也就是说,本来处于潜意识的焦虑进入了意识层面,杏仁核不间断地发出反应的命令。杏仁核对脑干内的细胞发出信号,要求在脸上流露害怕的表情,使你紧张起来,容易受惊吓,停止肌肉正在进行的其他不相关的运动,加快心跳和提高血压,使呼吸放缓(你也许注意到在感到害怕之初,你突然屏住呼吸,是为了听清楚是什么使你感到害怕)。这些反应只是杏仁核和相连区域在危机时集结大脑,指挥大脑做出的广泛协调的变化的一部分。

与此同时,杏仁核及其相连的海马体一起指挥神经细胞发送关键的神经递质,比如,激发多巴胺的分泌,使你全神贯注于恐惧的来源(比如奇怪的声音),并让你的肌肉做好随时反应的准备。同时,杏仁核向视觉和注意力感觉区域发出信号,确保眼睛搜寻出与当前紧急状况最相关的东西。大脑皮层的记忆系统同步进行调整,随时优先唤起与特定情绪紧急状况最相关的知识和记忆,其他无关的想法必须为其让路。

一旦发出这些信号,你就完全进入恐惧状态。你意识到内脏的收缩,心跳加快,脖子和肩膀周围的肌肉收紧,或者四肢发抖;随后你留神听声音的时候,身体一动不动,你在快速地盘算可能潜伏的危险以及应对方式。这整个过程,从吃惊到不确定,再到担忧和恐惧,是在一秒钟左右的时间内完成的。(想要了解更多信息,请参看 Jerome Kagan, *Calen's Prophecy*. New Yew: Basic Books, 1994。)

附录 4
W.T. 格兰特财团：
预防项目的活跃因素

有效项目的关键因素包括以下方面。

情绪技巧

- 识别和标记感受。
- 表达感受。
- 评估感受的强度。
- 管理感受。
- 延迟满足。
- 控制冲动。
- 减轻压力。
- 了解感受与行为的差异。

认知技巧

• 自我交谈——发起"内在对话",以此处理话题或挑战,或者强化自身行为。

• 解和解读社会信号,比如识别行为的社会影响,从更广泛的团体的角度看待自身。

• 采用解决问题及决策的步骤,比如控制冲动、确立目标、识别替代行动、预期后果。

• 理解他人的角度。

• 理解行为准则(哪些行为可以接受,哪些行为不可以接受)。

• 对待人生的积极态度。

• 自我意识,比如对自身有切合实际的预期。

行为技巧

• 非言语——通过眼神交流、面部表情、声调、姿势等进行沟通。

• 言语——清晰地陈述要求,有效地回应批评,抗拒不良影响,倾听他人,帮助他人,参加有益的同龄人团体。

资料来源:W. T. Grant Consortium on the School-Based Promotion of Social Competence, "Drugand Alcohol Prevention Curricula," in J. David Hawkins et al., *Communities That Care* (San Francisco: Jossey-Bass, 1992).

附录 5
自我科学课程

主要要素

• 自我意识：观察自身并识别自身感受；建立表达感受的词汇体系；了解思想、感受和反应的关系。

• 个人决策：审视自身行为，并了解行为的后果；了解思想或感受是否主导决策；把这些认识运用于性行为和毒品等问题。

• 管理感受：监测"自我交谈"，捕捉自我贬低等负面信息；意识到感受的成因（例如，伤害引发愤怒）；寻找途径应对恐惧、焦虑、愤怒和悲伤。

• 应对压力：学会通过练习、指导性意念、放松技巧减轻压力。

• 同理心：理解他人的感受和担忧，推己及人；欣赏人们感受事物的差异。

• 沟通：有效地谈论感受，善于倾听和提问；把他人的言行与自身的反应或判断区分清楚；传递"我"的信息，而不是一味指责。

• 自我表露：认同开放的价值，建立人际交往中的信任；了解什么时候可以透露私人感受。

• 领悟：识别自身情绪和反应的模式、识别他人相似的模式。

• 自我接受：感到自豪，并以积极的态度对待自身；识别自身的优点和缺点；学会自嘲。

• 个人责任：负责任，识别自身决定和行为的后果，接受自身的感受和心情，遵守承诺（例如学习的承诺）。

• 自信：不卑不亢地表述自身的担忧和感受。

• 群体动力：合作，了解何时及如何发挥领导作用，何时跟随他人。

• 解决冲突：如何与其他孩子、父母及老师进行合理抗争；协商妥协的双赢模式。

资料来源：Karen F. Stone and Harold Q. Dillehunt, *Self Science: The Subject Is Me* (Santa Monica:Goodyear Publishing Co., 1978).

附录 6
社交与情绪学习：效果

儿童发展项目

埃里克·夏普斯，加利福尼亚奥克兰发展研究中心

由独立的校园观察员对北加利福尼亚从幼儿园到六年级学生进行评估，与控制组学校进行比较。

效果
- 更有责任感。
- 更自信。
- 更受欢迎和外向。
- 更善于理解他人。
- 更体贴和关怀。

- 采取更亲社会的策略解决人际问题。
- 更和谐。
- 更"民主"。
- 解决冲突的技巧更强。

资料来源：E. Schaps and V. Battistich, "Promoting Health Development Through School-Based Prevention: New Approaches," *OSAP Prevention Monograph, no. 8: Preventing Adolescent Drug Use: From Theory to Practice*. Eric Gopelrud (ed.), Rockville, MD: Office of Substance Abuse Prevention, U.S. Dept. of Health and Human Services, 1991.

D. Solomon, M. Watson, V. Battistich, E. Schaps, and K. Delucchi, "Creating a Caring Community: Educational Practices That Promote Children's Prosocial Development," in F. K. Oser, A. Dick, and J.-L. Patry, eds., *Effective and Responsible Teaching: The New Synthesis* (San Francisco: Jossey-Bass, 1992).

华盛顿大学"快轨道"项目

马克·格林伯格

由老师对西雅图学校一年级至五年级学生进行评估，分别与普通学生、聋哑学生以及特殊教育学生三组控制组进行相应的比较。

效果
- 社会认知技巧得到改善。
- 情绪、再认识和理解能力得到改善。
- 更有自控力。
- 解决认知任务的计划性更强。
- 行动之前思考更多。
- 解决冲突更有效。
- 课堂气氛更融洽。

有特殊需要的学生课堂行为得到改善
- 对沮丧的容忍度。
- 自信的社交技巧。
- 任务导向。
- 与同龄人相处的技巧。
- 分享。
- 社交能力。
- 自控力。

情绪理解力得到改善
- 认知。
- 标记。
- 自称悲伤和抑郁的情况减少。
- 焦虑和退缩减少。

资料来源：Conduct Problems Research Group, "A Developmental and Clinical Model for the Prevention of Conduct Disorder: The Fast Track Program," *Development and Psychopathology* 4 (1992).

M. T. Greenberg and C. A. Kusche, *Promoting Social and Emotional Development in Deaf Children: The PATHS Project* (Seattle: University of Washington Press, 1993).

M. T. Greenberg, C. A. Kusche, E. T. Cook, and J. P. Quamma, "Promoting Emotional Competence in School-Aged Children: The Effects of the PATHS Curriculum," *Development and Psychopathology* 7 (1995).

西雅图社会发展项目

J. 戴维·霍金斯，华盛顿大学社会发展研究组

运用独立的测试和客观标准对西雅图接受社会发展项目的小学生和初中生进行评估，与没有开展此项目的学校进行比较。

效果

- 与家庭和学校的联系更加紧密。
- 男生更少攻击行为，女生更少自毁行为。
- 后进生停学或被开除现象减少。
- 更少尝试毒品。
- 更少违法行为。
- 标准化成就测试分数更高。

资料来源：E. Schaps and V. Battistich, "Promoting Health Development Through School-Based Prevention: New Approaches," *OSAP Prevention Monograph, no. 8: Preventing Adolescent Drug Use: From Theory to Practice*. Eric Gopelrud (ed.), Rockville, MD: Office of Substance Abuse Prevention, U.S. Dept. of Health and Human Services, 1991.

J. D. Hawkins et al., "The Seattle Social Development Project," in J.McCord and R. Tremblay, eds., *The Prevention of Antisocial Behavior in Children* (New York:Guil-ford, 1992).

J. D. Hawkins, E. Von Cleve, and R. F. Catalano, "Reducing Early Childhood Aggression: Results of a Primary Prevention Program," *Journal of the American Academy of Child and Adolescent Psychiatry* 30, 2(1991), pp. 208-17.

J. A. O'Donnell, J. D. Hawkins, R. F. Catalano, R. D. Abbott, and L. E.Day, "Preventing School Failure, Drug Use, and Delinquency Among Low-Income Children: Effects of a Long-Term Prevention Project in Elementary Schools," *American Journal of Ortho-psychiatry* 65 (1994).

耶鲁－纽黑文社交竞争力提升项目

罗杰·魏斯伯格，芝加哥伊利诺伊大学

根据独立观察员、学生及老师的报告，对纽黑文公立学校五年级至八年级学生进行评估，与控制组进行比较。

效果

- 解决问题的技巧得到改善。
- 与同龄人关系更亲密。
- 更善于控制冲动。
- 行为得到改善。
- 人际交往有效性及受欢迎程度提高。
- 应对技巧加强。
- 处理人际问题的方法更多。
- 更善于处理焦虑情绪。
- 违法行为更少。
- 解决冲突更有技巧性。

资料来源：M. J. Elias and R. P. Weissberg, "School-Based Social Competence Promotion as a Primary Prevention Strategy: A Tale of Two Projects," *Prevention in Human Services* 7, 1 (1990), pp. 177-200.

M. Caplan, R. P. Weissberg, J. S. Grober, P. J. Sivo, K. Grady, and C. Jacoby, "Social Competence Promotion with Inner-City and Suburban Young Adolescents: Effects of Social Adjustment and Alcohol Use," *Journal of Consulting and Clinical Psychology* 60, 1 (1992), pp. 56-63.

化解冲突项目

琳达·兰提尔瑞，纽约市国家化解冲突项目中心（社会责任的教

育者机构）

由老师对纽约市幼儿园至十二年级的学生进行项目开展前后的评估。

效果

- 课堂暴力更少。
- 课堂恶意谩骂更少。
- 关怀的氛围更浓厚。
- 更愿意合作。
- 更有同理心。
- 沟通技巧得到改善。

资料来源：Metis Associates, Inc., *The Resolving Conflict Creatively Program: 1988-1989. Summary of Significant Findings of RCCP New York Site* (New York: Metis Associates, May 1990).

增强社会意识及解决社会问题项目

莫里斯·埃利亚斯，罗格斯大学

通过老师、同龄人以及学校记录对新泽西参与此项目的幼儿园到六年级学生进行评估，与非参与者进行对比。

效果

- 对他人的感受更敏感。
- 更善于理解行为的后果。

- 衡量人际关系以及制订恰当行动计划的能力得到提高。
- 自尊心更强。
- 亲社会行为更多。
- 得到同龄人的求助。
- 更善于处理小学升中学的角色转变。
- 更少反社会、自毁以及社交障碍行为，升入高中也是如此。
- 更善于掌握学习方法。
- 课堂内外的自控力、社会意识及社会决策能力得到提高。

资料来源：M. J. Elias, M. A. Gara, T. R Schuyler, L. R. Branden-Muller, and M. A. Sayette, "The Promotion of Social Competence: Longitudinal Study of a Preventive School-Based Program," *American Journal of Orthopsychiatry* 61 (1991), pp. 409-17.

M. J. Elias and J. Clabby, *Building Social Problem Solving Skills:Guidelines From a School-Based Program* (San Francisco: Jossey-Bass,1992).

致　谢

　　我的妻子塔拉·贝内特·戈尔曼是一位心理治疗师，她是一位很有创造性的研究伙伴，全面参与了本书最初阶段的构思。我们的思考和交流之下涌动着情绪的激流，塔拉对此进行了悉心梳理，为我开启了一个全新的世界。

　　我最早是从艾琳·洛克菲勒·格罗沃尔德那里听到"情绪素养"这个说法的。她是美国健康促进研究所的创办人以及时任所长。在与她聊天时我的研究兴趣被激发起来，并确立了研究框架，最后形成了这本书。

　　费泽尔研究所的支持使我有充裕的时间全面探索"情绪素养"的意义。我要感谢费泽尔研究所所长罗伯·雷曼对我的大力支持，正是他在我探索这一课题的早期，督促我写一本情绪素养方面的书。同时我还要感谢研究所项目负责人戴维·斯莱特的合作。

　　我要深深地感激数以百计的研究者，过去这些年他们一直和我分享研究发现，我在本书中评述和综合了他们的成果。我借用了耶鲁大学的彼得·萨洛维关于"情绪智力"的概念。我还有机会了解到很多教育家和实践家一直从事的初级预防工作，他们是刚刚兴起的情绪素养运动的先驱，我从中受益良多。他们积极提高儿童的社交与情绪技能，努力使学校教育更加人性化，取得了可喜的成效。这些人包括华盛顿大学的马克·格林伯格和戴维·霍金斯、加利福尼亚奥克兰发展研究中心的埃里克·夏普斯和凯瑟琳·李维斯、耶鲁大学儿童研究中心的蒂姆·施赖弗、芝加哥伊利诺伊大学的罗杰·魏斯伯格、罗格斯大学的莫里斯·埃利亚斯、科罗拉多大学波尔得分校"教与学戈达德研究所"的谢利·凯斯勒、加利福尼亚希尔斯伯勒镇努埃瓦小学的舍维·马丁和凯伦·斯通·麦科恩、纽约市国家危机化解中心主任琳达·兰提尔瑞以及西雅图"发展研究项目"的卡罗尔·库舍。

我还要特别感谢对本书部分章节进行审阅和提出意见的专家学者，他们是：哈佛大学教育研究所的霍华德·加德纳、耶鲁大学心理学系的彼得·萨洛维、加利福尼亚大学旧金山分校人际互动实验室主任保罗·艾克曼，加利福尼亚博利纳斯"公共福利"机构负责人迈克尔·勒纳、约翰·D和凯瑟琳·麦克阿瑟基金会健康项目时任负责人丹尼斯·普拉格、科罗拉多大学波尔得分校"共同企业"机构负责人马克·葛容、耶鲁大学医学院儿童研究中心玛丽·施瓦博通博士、斯坦福大学医学院精神病学系戴维·斯皮格尔博士、华盛顿大学"快轨道项目"负责人马克·格林伯格、哈佛商学院的肖沙娜·朱伯夫、纽约大学神经科学中心的约瑟夫·勒杜克斯、威斯康星大学心理生理实验室主任理查德·戴维森、加利福尼亚雷耶斯角"心灵与媒介"机构的保罗·考夫曼，还有杰西卡·布拉克曼、纳奥米·沃尔夫，尤其是费伊·戈尔曼。

我还要感谢下列人士所提供的学术咨询：南加利福尼亚大学希腊籍学者佩奇·杜波依斯、哥伦比亚大学伦理与宗教哲学家马修·卡普斯坦、明德学院约翰·杜威的传记作者史蒂芬·洛克菲勒。乔伊·诺兰收集了与情绪有关的插图，玛格丽特·豪和安妮特·斯佩哈尔斯基准备了本书附录部分的情绪素养课程效果。山姆和苏珊·哈里斯提供了重要的仪器设备。

在《纽约时报》与我共事的各位编辑在过去 10 年里为我整理情绪研究的新发现提供了鼎力支持，这些研究发现最早刊登于《纽约时报》，并且为本书提供了很多参考资料。

矮脚鸡图书公司的责任编辑托尼·伯班克为人热情，业务精湛，他是我信心和思维的源泉。

最后，塔拉给予我的温暖、爱和智慧一直伴随着我完成本书。

国际标准情商测试题——测测你的情商是多少

这是一组欧洲流行的测试题，可口可乐公司、麦当劳公司、诺基亚公司等众多世界500强企业曾以此为员工EQ测试的模板，帮助员工了解自己的EQ状况。共33题，测试时间为25分钟，最高EQ为174分。

第1—9题：请从下面的问题中，选择一个和自己最切合的答案。

1. 我有能力克服各种困难：_____
   A. 是的　　　　　B. 不一定　　　C. 不是的

2. 如果我能到一个新的环境，我要把生活安排得：_____
   A. 和从前相仿　　B. 不一定　　　C. 和从前不一样

3. 一生中，我觉得自己能达到我所预想的目标：_____
   A. 是的　　　　　B. 不一定　　　C. 不是的

4. 不知为什么，有些人总是回避或冷淡我：_____
   A. 不是的　　　　B. 不一定　　　C. 是的

5. 在大街上，我常常避开我不愿打招呼的人：_____
   A. 从未如此　　　B. 偶尔如此　　C. 有时如此

6. 当我集中精力工作时，假如有人在旁边高谈阔论：_____

   A. 我仍能专心工作　　B. 介于A与C之间

   C. 我不能专心且感到愤怒

7. 我不论到什么地方，都能清楚地辨别方向：_____

   A. 是的　　　　　　B. 不一定　　　　　　C. 不是的

8. 我热爱所学的专业和所从事的工作：_____

   A. 是的　　　　　　B. 不一定　　　　　　C. 不是的

9. 气候的变化不会影响我的情绪：_____

   A. 是的　　　　　　B. 介于A与C之间　　　C. 不是的

第10—16题：请如实回答下列问题，将答案填入右边横线处。

10. 我从不因流言蜚语而生气：_____

    A. 是的　　　　　　B. 介于A与C之间　　　C. 不是的

11. 我善于控制自己的面部表情：_____

    A. 是的　　　　　　B. 不太确定　　　　　　C. 不是的

12. 在就寝时，我常常：_____

    A. 极易入睡　　　　B. 介于A与C之间

    C. 不易入睡

13. 有人侵扰我时，我：_____

    A. 不露声色　　　　B. 介于A与C之间

    C. 大声抗议，以泄己愤

14. 在和人争辩或工作出现失误后，我常常感到震颤、精疲力

竭，而不能继续安心工作：_____

    A. 不是的　　　　　B. 介于A与C之间　　C. 是的

15. 我常常被一些无谓的小事困扰：_____

    A. 不是的　　　　　B. 介于A与C之间　　C. 是的

16. 我宁愿住在僻静的郊区，也不愿住在嘈杂的市区：_____

    A. 不是的　　　　　B. 不太确定　　　　C. 是的

第17—25题：在下列问题中，每一题请选择一个和自己最切合的答案。

17. 我被朋友、同事起过绰号挖苦过：_____

    A. 从来没有　　　　B. 偶尔有过　　C. 这是常有的事

18. 有一种食物使我吃后呕吐：_____

    A. 没有　　　　　　B. 记不清　　　　　C. 有

19. 除去看见的世界外，我的心中没有另外的世界：_____

    A. 没有　　　　　　B. 记不清　　　　　C. 有

20. 我会想到若干年后有什么使自己极为不安的事：_____

    A. 从来没有想过　　B. 偶尔想到过　　C. 经常想到

21. 我常常觉得自己的家庭对自己不好，但是我又确切地知道他们的确对我好：_____

    A. 否　　　　　　　B. 说不清楚　　　　C. 是

22. 每天我一回家就立刻把门关上：_____

A. 否　　　　　　B. 不清楚　　　　　　C. 是

23. 我坐在小房间里把门关上，但仍觉得心里不安：_____

A. 否　　　　　　B. 偶尔是　　　　　　C. 是

24. 当一件事需要我做决定时，我常觉得很难：_____

A. 否　　　　　　B. 偶尔是　　　　　　C. 是

25. 我常常用抛硬币、翻纸、抽签之类的游戏来预测吉凶：_____

A. 否　　　　　　B. 偶尔是　　　　　　C. 是

第 26—29 题：下面各题，请按实际情况如实回答，仅需回答"是"或"否"即可，在你选择的答案下打"√"。

26. 为了工作我早出晚归，早晨起床我常常感到疲惫不堪：是 _____ 否 _____

27. 在某种心境下，我会因为困惑陷入空想，将工作搁置下来：是 _____ 否 _____

28. 我的神经脆弱，稍有刺激就会使我战栗：是 _____ 否 _____

29. 睡梦中，我常常被噩梦惊醒：是 _____ 否 _____

第 30—33 题：本组测试共 4 题，每题有 5 种答案，请选择与自己最切合的答案，在你选择的答案下打"√"。答案标准如下：1. 从不；2. 几乎不；3. 一半时间；4. 大多数时间；5. 总是。

30. 工作中，我愿意挑战艰巨的任务。1 2 3 4 5

31. 我常发现别人好的意愿。1 2 3 4 5

32. 我能听取不同的意见，包括对自己的批评。1 2 3 4 5

33. 我时常勉励自己，对未来充满希望。1 2 3 4 5

参考答案及计分评估：计分时请按照计分标准，先算出各部分得分，最后将几部分得分相加，得到的分值即为你的最终得分。

第1—9题，每回答一个A得6分，回答一个B得3分，回答一个C得0分。计 _____ 分。

第10—16题，每回答一个A得5分，回答一个B得2分，回答一个C得0分。计 _____ 分。

第17—25题，每回答一个A得5分，回答一个B得2分，回答一个C得0分。计 _____ 分。

第26—29题，每回答一个"是"得0分，回答一个"否"得5分。计 _____ 分。

第30—33题，从左至右分数分别为1分、2分、3分、4分、5分。计 _____ 分。

总计为 _____ 分。

专家点评：近年来，EQ——情绪智商——逐渐受到了重视，世界500强企业还将EQ测试作为员工招聘、培训、任命的重要参考标准。看看我们身边，有些人绝顶聪明，IQ很高，却一事无成，甚至有人可以说是某一方面的能手，却仍被拒于企业大门之外；相反，许多IQ平庸者，却反而常有令人羡慕的良机、杰出的表现。为什么呢？最大的原因在于 EQ 的不同！一个人若没有情绪智商，不懂得提高情绪自制力、自我驱使力，也没有同情心和热忱的毅力，就可能是个"EQ 低能儿"。通过以上测试，你就能对自己的 EQ 有所了解。但切记这不是一个求职询问表，用不着有意识地尽量展示你的优点和掩饰你的缺点。如果你真心想对自己有一个判断，那你就不应施加任何粉饰。否则，你应重测一次。测试后如果你的得分在 90 分以下，说明你的 EQ 较低，你常常不能控制自己，极易被自己的情绪所影响。很多时候，你容易被激怒、动火、发脾气，这是非常危险的信号——你的事业可能会毁于你的急躁。对于此，最好的解决办法是能够给不好的东西一个好的解释，保持头脑冷静，使自己心情开朗。正如富兰克林所说："任何人生气都是有理由的，但很少有令人信服的理由。"如果你的得分在 90—129 分，说明你的 EQ 一般，对于一件事，你不同时候的表现可能不一，这与你的意识有关，你比前者更具有 EQ 意识，但这种意识不是常常都有，因此需要你多加注意、时时提醒。如果你的得分在 130—149 分，说明你的 EQ 较高，你是一个快乐的人，不易恐惧和担忧，对于工作你热情投入、敢于负责，你为人更是正义正直、同情关怀，这是你的优点，应该努力保持。如果你的 EQ 在 150 分以上，那你就是个 EQ 高手，你的情绪智商不但是你事业的助手，更是你事业有成的一个重要前提条件。

注 释

第一章 情绪的功能

1. Associated Press, September 15, 1993.

2. The timelessness of this theme of selfless love is suggested by how pervasive it is in world myth: The Jataka tales, told throughout much of Asia for millennia, all narrate variations on such parables of self-sacrifice.

3. Altruistic love and human survival: The evolutionary theories that posit the adaptive advantages of altruism are well-summarized in Malcolm Slavin and Daniel Kriegman, *The Adaptive Design of the Human Psyche* (New York: Guilford Press, 1992).

4. Much of this discussion is based on Paul Ekman's key essay, "An Argument for Basic Emotions," *Cognition and Emotion,* 6, 1992, pp. 169-200. This point is from P. N. Johnson-Laird and K. Oatley's essay in the same issue of the journal.

5. The shooting of Matilda Crabtree: *The New York Times,* Nov. 11, 1994. 6.

Only in adults: An observation by Paul Ekman, University of California at San Francisco.

7. Body changes in emotions and their evolutionary reasons: Some of the changes are documented in Robert W. Levenson, Paul Ekman, and Wallace V. Friesen, "Voluntary Facial Action Generates Emotion-Specific Autonomous Nervous System Activity," *Psychophysiology,* 27, 1990. This list is culled from there and other sources. At this point such a list remains speculative to a degree; there is scientific debate over the precise biological signature of each emotion, with some researchers taking the position that there is far more overlap than difference among emotions, or that our present ability to measure the biological correlates of emotion is too immature to distinguish among them reliably. For this debate see: Paul Ekman and Richard Davidson, eds., *Fundamental Questions About Emotions* (New York: Oxford University Press, 1994).

8. As Paul Ekman puts it, "Anger is the most dangerous emotion; some of the main problems destroying society these days involve anger run amok. It's the least adaptive emotion now because it mobilizes us to fight. Our emotions evolved when we didn't have the technology to act so powerfully on them. In prehistoric times, when you had an instantaneous rage and for a second wanted to kill someone, you couldn't do it very easily—but now you can."

9. Erasmus of Rotterdam, *In Praise of Folly,* trans. Eddie Radice (London: Penguin, 1971), p. 87.

10. Such basic responses defined what might pass for the "emotional life"— more aptly, an "instinct life"—of these species. More important in evolutionary terms, these are the decisions crucial to survival; those animals that could do them well, or well enough, survived to pass on their genes. In these early times, mental life was brutish: the senses and a simple repertoire of reactions to the stimuli they

received got a lizard, frog, bird, or fish—and, perhaps, a brontosaurus—through the day. But this runt brain did not yet allow for what we think of as an emotion.

11. The limbic system and emotions: R. Joseph, "The Naked Neuron: Evolution and the Languages of the Brain and Body," New York: Plenum Publishing, 1993; Paul D. MacLean, *The Triune Brain in Evolution* (New York: Plenum, 1990).

12. Rhesus infants and adaptability: "Aspects of emotion conserved across species," Ned Kalin, M.D., Departments of Psychology and Psychiatry, University of Wisconsin, prepared for the MacArthur Affective Neuroscience Meeting, Nov., 1992.

第二章 情绪失控

1. The case of the man with no feelings was described by R. Joseph, op. cit. p. 83. On the other hand, there may be some vestiges of feeling in people who lack an amygdala (see Paul Ekman and Richard Davidson, eds., *Questions About Emotion*. New York: Oxford University Press, 1994). The different findings may hinge on exactly which parts of the amygdala and related circuits were missing; the last word on the detailed neurology of emotion is far from in.

2. Like many neuroscientists, LeDoux works at several levels, studying, for instance, how specific lesions in a rat's brain change its behavior; painstakingly tracing the path of single neurons; setting up elaborate experiments to condition fear in rats whose brains have been surgically altered. His findings, and others reviewed here, are at the frontier of exploration in neuroscience, and so remain somewhat speculative—particularly the implications that seem to flow from the raw data to an understanding of our emotional life. But LeDoux's work is supported by a growing body of converging evidence from a variety of

neuroscientists who are steadily laying bare the neural underpinnings of emotions. See, for example, Joseph LeDoux, "Sensory Systems and Emotion," *Integrative Psychiatry,* 4, 1986; Joseph LeDoux, "Emotion and the Limbic System Concept," *Concepts in Neuroscience,* 2,1992.

3. The idea of the limbic system as the brain's emotional center was introduced by neurologist Paul MacLean more than forty years ago. In recent years discoveries like LeDoux's have refined the limbic system concept, showing that some of its central structures like the hippocampus are less directly involved in emotions, while circuits linking other parts of the brain—particularly the prefrontal lobes—to the amygdala are more central. Beyond that, there is a growing recognition that each emotion may call on distinct brain areas. The most current thinking is that there is not a neatly defined single "emotional brain," but rather several systems of circuits that disperse the regulation of a given emotion to farflung, but coordinated, parts of the brain. Neuroscientists speculate that when the full brain mapping of the emotions is accomplished, each major emotion will have its own topography, a distinct map of neuronal pathways determining its unique qualities, though many or most of these circuits are likely to be interlinked at key junctures in the limbic system, like the amygdala, and prefrontal cortex. See Joseph LeDoux, "Emotional Memory Systems in the Brain," *Behavioral and Brain Research,* 58,1993.

4. Brain circuitry of different levels of fear: This analysis is based on the excellent synthesis in Jerome Kagan, *Galen's Prophecy* (New York: Basic Books, 1994).

5. I wrote about Joseph LeDoux's research in *The New York Times* on August 15,1989. The discussion in this chapter is based on interviews with him, and several of his articles, including Joseph LeDoux, "Emotional Memory Systems

in the Brain," *Behavioural Brain Research,* 58,1993; Joseph LeDoux, "Emotion, Memory and the Brain," *Scientific American,* June, 1994; Joseph LeDoux, "Emotion and the Limbic System Concept," *Concepts in Neuroscience,* 2, 1992.

6. Unconscious preferences: William Raft Kunst-Wilson and R. B. Zajonc, "Affective Discrimination of Stimuli That Cannot Be Recognized," *Science* (Feb. 1, 1980).

7. Unconscious opinion: John A. Bargh, "First Second: The Preconscious in Social Interactions," presented at the meeting of the American Psychological Society, Washington, DC (June 1994).

8. Emotional memory: Larry Cahill et al., "Beta-adrenergic activation and memory for emotional events," *Nature* (Oct. 20, 1994).

9. Psychoanalytic theory and brain maturation: the most detailed discussion of the early years and the emotional consequences of brain development is Allan Schore, *Affect Regulation and the Origin of Self* (Hillsdale, NJ: Lawrence Erlbaum Associates, 1994).

10. Dangerous, even if you don't know what it is: LeDoux, quoted in "How Scary Things Get That Way," *Science* (Nov. 6, 1992), p. 887.

11. Much of this speculation about the fine-tuning of emotional response by the neocortex comes from Ned Kalin, op. cit.

12. A closer look at the neuroanatomy shows how the prefrontal lobes act as emotional managers. Much evidence points to part of the prefrontal cortex as a site where most or all cortical circuits involved in an emotional reaction come together. In humans, the strongest connections between neocortex and amygdala run to the left prefrontal lobe and the temporal lobe below and to the side of the frontal lobe (the temporal lobe is critical in identifying what an object is). Both these connections are made in a single projection, suggesting a rapid and powerful

pathway, a virtual neural highway. The single-neuron projection between the amygdala and prefrontal cortex runs to an area called the *orbitofrontal cortex*. This is the area that seems most critical for assessing emotional responses as we are in the midst of them and making mid-course corrections.

The orbitofrontal cortex both receives signals from the amygdala and has its own intricate, extensive web of projections throughout the limbic brain. Through this web it plays a role in regulating emotional responses—including inhibiting signals from the limbic brain as they reach other areas of the cortex, thus toning down the neural urgency of those signals. The orbitofrontal cortex's connections to the limbic brain are so extensive that some neuroanatomists have called it a kind of "limbic cortex"—the thinking part of the emotional brain. See Ned Kalin, Departments of Psychology and Psychiatry, University of Wisconsin, "Aspects of Emotion Conserved Across Species," an unpublished manuscript prepared for the MacArthur Affective Neuroscience Meeting, November, 1992; and Allan Schore, *Affect Regulation and the Origin of Self* (Hillsdale, NJ: Lawrence Erlbaum Associates, 1994).

There is not only a structural bridge between amygdala and prefrontal cortex, but, as always, a biochemical one: both the ventromedial section of the prefrontal cortex and the amygdala are especially high in concentrations of chemical receptors for the neurotransmitter serotonin. This brain chemical seems, among other things, to prime cooperation: monkeys with extremely high density of receptors for serotonin in the prefrontal-amygdala circuit are "socially well-tuned," while those with low concentrations are hostile and antagonistic. See Antonio Damosio, *Descartes' Error* (New York: Grosset/Putnam, 1994).

13. Animal studies show that when areas of the prefrontal lobes are lesioned, so that they no longer modulate emotional signals from the limbic area, the animals

become erratic, impulsively and unpredictably exploding in rage or cringing in fear. A. R. Luria, the brilliant Russian neuropsychologist, proposed as long ago as the 1930s that the prefrontal cortex was key for selfcontrol and constraining emotional outbursts; patients who had damage to this area, he noted, were impulsive and prone to flareups of fear and anger. And a study of two dozen men and women who had been convicted of impulsive, heat-of-passion murders found, using PET scans for brain imaging, that they had a much lower than usual level of activity in these same sections of the prefrontal cortex.

14. Some of the main work on lesioned lobes in rats was done by Victor Dermenberg, a psychologist at the University of Connecticut.

15. Left hemisphere lesions and joviality: G. Gianotti, "Emotional behavior and hemispheric side of lesion," *Cortex*, 8,1972.

16. The case of the happier stroke patient was reported by Mary K. Morris, of the Department of Neurology at the University of Florida, at the International Neuro-physiological Society Meeting, February 13-16,1991, in San Antonio.

17. Prefrontal cortex and working memory: Lynn D. Selemon et al., "Prefrontal Cortex," *American Journal of Psychiatry,* 152,1995.

18. Faulty frontal lobes: Philip Harden and Robert Pihl, "Cognitive Function, Cardiovascular Reactivity, and Behavior in Boys at High Risk for Alcoholism," *Journal of Abnormal Psychology,* 104,1995.

19. Prefrontal cortex: Antonio Damasio, *Descartes' Error: Emotion, Reason and the Human Brain* (New York: Grosset/Putnam, 1994).

第三章　愚蠢的聪明人

1. Jason H.'s story was reported in "Warning by a Valedictorian Who Faced

Prison," in *The New York Times* (June 23,1992).

2. One observer notes: Howard Gardner, "Cracking Open the IQ Box," *The American Prospect*, Winter 1995.

3. Richard Herrnstein and Charles Murray, *The Bell Curve: Intelligence and Class Structure in American Life* (New York: Free Press, 1994), p. 66.

4. George Vaillant, *Adaptation to Life* (Boston: Little, Brown, 1977). The average SAT score of the Harvard group was 584, on a scale where 800 is tops. Dr. Vaillant, now at Harvard University Medical School, told me about the relatively poor predictive value of test scores for life success in this group of advantaged men.

5. J. K. Felsman and G. E. Vaillant, "Resilient Children as Adults: A 40-Year Study," in E. J. Anderson and B. J. Cohler, eds., *The Invulnerable Child* (New York: Guilford Press, 1987).

6. Karen Arnold, who did the study of valedictorians with Terry Denny at the University of Illinois, was quoted in *The Chicago Tribune* (May 29,1992).

7. Project Spectrum: Principal colleagues of Gardner in developing Project Spectrum were Mara Krechevsky and David Feldman.

8. I interviewed Howard Gardner about his theory of multiple intelligences in "Rethinking the Value of Intelligence Tests," in *The New York Times Education Supplement* (Nov. 3,1986) and several times since.

9. The comparison of IQ tests and Spectrum abilities is reported in a chapter, coauthored with Mara Krechevsky, in Howard Gardner, *Multiple Intelligences: The Theory in Practice* (New York: Basic Books, 1993).

10. The nutshell summary is from Howard Gardner, *Multiple Intelligences*, p. 9.

11. Howard Gardner and Thomas Hatch, "Multiple Intelligences Go to School," *Educational Researcher IS*, 8 (1989).

12. The model of emotional intelligence was first proposed in Peter Salovey and John D. Mayer, "Emotional Intelligence," *Imagination, Cognition, and Personality* 9 (1990), pp. 185-211.

13. Practical intelligence and people skills: Robert J. Sternberg, *Beyond I.Q.* (New York: Cambridge University Press, 1985).

14. The basic definition of "emotional intelligence" is in Salovey and Mayer, "Emotional Intelligence," p. 189.

15. IQ vs. emotional intelligence: Jack Block, University of California at Berkeley, unpublished manuscript, February, 1995. Block uses the concept "ego resilience" rather than emotional intelligence, but notes that its main components include emotional self-regulation, an adaptive impulse control, a sense of self-efficacy, and social intelligence. Since these are main elements of emotional intelligence, ego resilience can be seen as a surrogate measure for emotional intelligence, much like SAT scores are for IQ. Block analyzed data from a longitudinal study of about a hundred men and women in their teen years and early twenties, and used statistical methods to assess the personality and behavioral correlates of high IQ independent of emotional intelligence, and emotional intelligence apart from IQ. There is, he finds, a modest correlation between IQ and ego resilience, but the two are independent constructs.

第四章 认识自己

1. My usage of *self-awareness* refers to a self-reflexive, introspective attention to one's own experience, sometimes called *mindfulness*.

2. See also: Jon Kabat-Zinn, *Wherever You Go, There You Are* (New York: Hyperion, 1994).

3. The observing ego: An insightful comparison of the psychoanalyst's attentional stance and selfawareness appears in Mark Epstein's *Thoughts Without a Thinker* (New York: Basic Books, 1995). Epstein notes that if this ability is cultivated deeply, it can drop the self-consciousness of the observer and become a "more flexible and braver 'developed ego,' capable of embracing all of life."

4. William Styron, *Darkness Visible: A Memoir of Madness* (New York: Random House, 1990), p. 64.

5. John D. Mayer and Alexander Stevens, "An Emerging Understanding of the Reflective (Meta) Experience of Mood," unpublished manuscript (1993).

6. Mayer and Stevens, "An Emerging Understanding." Some of the terms for these emotional selfawareness styles are my own adaptations of their categories.

7. The intensity of emotions: Much of this work was done by or with Randy Larsen, a former graduate student of Diener's now at the University of Michigan.

8. Gary, the emotionally bland surgeon, is described in Hillel I. Swiller, "Alexithymia: Treatment Utilizing Combined Individual and Group Psychotherapy," *International Journal for Group Psychotherapy* 38, 1 (1988), pp. 47-61.

9. *Emotional illiterate* was the term used by M. B. Freedman and B. S. Sweet, "Some Specific Features of Group Psychotherapy," *International Journal for Group Psychotherapy* 4 (1954), pp. 335-68.

10. The clinical features of alexithymia are described in Graeme J. Taylor, "Alexithymia: History of the Concept," paper presented at the annual meeting of the American Psychiatric Association in Washington, DC (May 1986).

11. The description of alexithymia is from Peter Sifneos, "Affect, Emotional Conflict, and Deficit: An Overview," *Psychotherapy-and-Psychosomatics* 56 (1991), pp. 116-22.

12. The woman who did not know why she was crying is reported in H. Warnes, "Alexithymia, Clinical and Therapeutic Aspects," *Psychotherapy-and-Psychosomatics* 46 (1986), pp. 96-104.

13. Role of emotions in reasoning: Damasio, *Descartes' Error.*

14. Unconscious fear: The snake studies are described in Kagan, *Galen's Prophecy.*

第五章 激情的奴隶

1. For details on the ratio of positive to negative feelings and well-being, see Ed Diener and Randy J. Larsen, "The Experience of Emotional Well-Being," in Michael Lewis and Jeannette Haviland, eds., *Handbook of Emotions* (New York: Guilford Press, 1993).

2. I interviewed Diane Tice about her research on how well people shake off bad moods in December 1992. She published her findings on anger in a chapter she wrote with her husband, Roy Baumeister, in Daniel Wegner and James Pennebaker, eds., *Handbook of Mental Control v.* 5 (Englewood Cliffs, NJ: Prentice-Hall, 1993).

3. Bill collectors: also described in Arlie Hochschild, *The Managed Heart* (New York: Free Press, 1980).

4. The case against anger, and for self-control, is based largely on Diane Tice and Roy F. Baumeister, "Controlling Anger: Self-Induced Emotion Change," in Wegner and Pennebaker, *Handbook of Mental Control.* But see also Carol Tavris, *Anger: The Misunderstood Emotion* (New York: Touchstone, 1989).

5. The research on rage is described in Dolf Zillmann, "Mental Control of Angry Aggression," in Wegner and Pennebaker, *Handbook of Mental Control.*

6. The soothing walk: quoted in Tavris, *Anger: The Misunderstood Emotion*, p. 135.

7. Redford Williams's strategies for controlling hostility are detailed in Redford Williams and Virginia Williams, *Anger Kills* (New York: Times Books, 1993).

8. Venting anger does not dispel it: see, for example, S. K. Mallick and B. R. McCandless, "A Study of Catharsis Aggression," *Journal of Personality and Social Psychology* 4 (1966). For a summary of this research, see Tavris, *Anger: The Misunderstood Emotion*.

9. When lashing out in anger is effective: Tavris, *Anger: The Misunderstood Emotion*.

10. The work of worrying: Lizabeth Roemer and Thomas Borkovec, "Worry: Unwanted Cognitive Activity That Controls Unwanted Somatic Experience," in Wegner and Pennebaker, *Handbook of Mental Control*.

11. Fear of germs: David Riggs and Edna Foa, "Obsessive-Compulsive Disorder," in David Barlow, ed., *Clinical Handbook of Psychological Disorders* (New York: Guilford Press, 1993).

12. The worried patient was quoted in Roemer and Borkovec, "Worry," p. 221.

13. Therapies for anxiety disorder: see, for example, David H. Barlow, ed., *Clinical Handbook of Psychological Disorders* (New York: Guilford Press, 1993).

14. Styron's depression: William Styron, *Darkness Visible: A Memoir of Madness* (New York: Random House, 1990).

15. The worries of the depressed are reported in Susan Nolen-Hoeksma, "Sex Differences in Control of Depression," in Wegner and Pennebaker, *Handbook of Mental Control*, p. 307.

16. Therapy for depression: K. S. Dobson, "A Meta-analysis of the Efficacy of Cognitive Therapy for Depression," *Journal of Consulting and Clinical Psychology* 57 (1989).

17. The study of depressed people's thought patterns is reported in Richard Wenzlaff, "The Mental Control of Depression," in Wegner and Pennebaker, *Handbook of Mental Control*.

18. Shelley Taylor et al., "Maintaining Positive Illusions in the Face of Negative Information," *Journal of Clinical and Social Psychology* 8 (1989).

19. The repressing college student is from Daniel A. Weinberger, "The Construct Validity of the Repressive Coping Style," in J. L. Singer, ed., *Repression and Dissociation* (Chicago: University of Chicago Press, 1990). Weinberger, who developed the concept of repressors in early studies with Gary F. Schwartz and Richard Davidson, has become the leading researcher on the topic.

第六章 主导性向

1. The terror of the exam: Daniel Goleman, *Vital Lies, Simple Truths: The Psychology of Self- Deception* (New York: Simon and Schuster, 1985).

2. Working memory: Alan Baddeley, *Working Memory (Oxford:* Clarendon Press, 1986).

3. Prefrontal cortex and working memory: Patricia Goldman-Rakic, "Cellular and Circuit Basis of Working Memory in Prefrontal Cortex of Nonhuman Primates," *Progress in Brain Research,* 85, 1990; Daniel Weinberger, "A Connectionist Approach to the Prefrontal Cortex," *Journal of Neuropsychiatry* 5 (1993).

4. Motivation and elite performance: Anders Ericsson, "Expert Performance: Its Structure and Acquisition," *American Psychologist* (Aug. 1994).

5. Asian IQ advantage: Herrnstein and Murray, *The Bell Curve.*

6. IQ and occupation of Asian-Americans: James Flynn, *Asian-American*

Achievement Beyond IQ (New Jersey: Lawrence Erlbaum, 1991).

7. The study of delay of gratification in four-year-olds was reported in Yuichi Shoda, Walter Mischel, and Philip K. Peake, "Predicting Adolescent Cognitive and Self-regulatory Competencies From Preschool Delay of Gratification," *Developmental Psychology,* 26, 6 (1990), pp. 978-86.

8. SAT scores of impulsive and self-controlled children: The analysis of SAT data was done by Phil Peake, a psychologist at Smith College.

9. IQ vs. delay as predictors of SAT scores: personal communication from Phil Peake, psychologist at Smith College, who analyzed the SAT data in Walter Mischel's study of delay of gratification.

10. Impulsivity and delinquency: See the discussion in: Jack Block, "On the Relation Between IQ, Impulsivity, and Delinquency," *Journal of Abnormal Psychology* 104 (1995).

11. The worried mother: Timothy A. Brown et al., "Generalized Anxiety Disorder," in David H. Barlow, ed., *Clinical Handbook of Psychological Disorders* (New York: Guilford Press, 1993).

12. Air traffic controllers and anxiety: W. E. Collins et al., "Relationships of Anxiety Scores to Academy and Field Training Performance of Air Traffic Control Specialists," *FAA Office of Aviation Medicine Reports* (May 1989).

13. Anxiety and academic performance: Bettina Seipp, "Anxiety and Academic Performance: A Meta-analysis," *Anxiety Research* 4, 1 (1991).

14. Worriers: Richard Metzger et al., "Worry Changes Decision-making: The Effects of Negative Thoughts on Cognitive Processing," *Journal of Clinical Psychology* (Jan. 1990).

15. Ralph Haber and Richard Alpert, "Test Anxiety," *Journal of Abnormal and Social Psychology* 13 (1958).

16. Anxious students: Theodore Chapin, "The Relationship of Trait Anxiety and Academic Performance to Achievement Anxiety," *Journal of College Student Development* (May 1989).

17. Negative thoughts and test scores: John Hunsley, "Internal Dialogue During Academic Examinations," *Cognitive Therapy and Research* (Dec. 1987).

18. The internists given a gift of candy: Alice Isen et al., "The Influence of Positive Affect on Clinical Problem Solving," *Medical Decision Making* (July-Sept. 1991).

19. Hope and a bad grade: C. R. Snyder et al., "The Will and the Ways: Development and Validation of an Individual-Differences Measure *of Hope,"* *Journal of Personality and Social Psychology* 60, 4 (1991), p. 579.

20. I interviewed C. R. Snyder in *The New York Times* (Dec. 24, 1991).

21. Optimistic swimmers: Martin Seligman, *Learned Optimism* (New York: Knopf, 1991).

22. A realistic vs. naive optimism: see, for example, Carol Whalen et al., "Optimism in Children's Judgments of Health and Environmental Risks," *Health Psychology* 13 (1994).

23. I interviewed Martin Seligman about optimism in *The New York Times* (Feb. 3,1987).

24. I interviewed Albert Bandura about self-efficacy in *The New York Times(Mzy* 8,1988).

25. Mihaly Csikszentmihalyi, "Play and Intrinsic Rewards," *Journal of Humanistic Psychology* 15, 3 (1975).

26. Mihaly Csikszentmihalyi, *Flow: The Psychology of Optimal Experience,* 1st ed. (New York: Harper and Row, 1990).

27. "Like a waterfall": *Newsweek* (Feb. 28, 1994).

28. I interviewed Dr. Csikszentmihalyi in *The New York Times* (Mar. 4, 1986).

29. The brain in flow: Jean Hamilton et al., "Intrinsic Enjoyment and Boredom Coping Scales: Validation With Personality, Evoked Potential and Attention Measures," *Personality and Individual Differences* 5, 2 (1984).

30. Cortical activation and fatigue: Ernest Hartmann, *The Functions of Sleep* (New Haven: Yale University Press, 1973).

31. I interviewed Dr. Csikszentmihalyi in *The New York Times (MM.* 22, 1992).

32. The study of flow and math students: Jeanne Nakamura, "Optimal Experience and the Uses of Talent," in Mihaly Csikszentmihalyi and Isabella Csikszentmihalyi, *Optimal Experience: Psychological Studies of Flow in Consciousness* (Cambridge: Cambridge University Press, 1988).

第七章 同理心的根源

1. Self-awareness and empathy: see, for example, John Mayer and Melissa Kirkpatrick, "Hot Information-Processing Becomes More Accurate With Open Emotional Experience," University of New Hampshire, unpublished manuscript (Oct. 1994); Randy Larsen et al., "Cognitive Operations Associated With Individual Differences in Affect Intensity," *Journal of Personality and Social Psychology* 53 (1987).

2. Robert Rosenthal et al., "The PONS Test: Measuring Sensitivity to Nonverbal Cues," in P. McReynolds, ed., *Advances in Psychological Assessment* (San Francisco: Jossey-Bass, 1977).

3. Stephen Nowicki and Marshall Duke, "A Measure of Nonverbal Social Processing Ability in Children Between the Ages of 6 and 10," paper presented at the American Psychological Society meeting (1989).

4. The mothers who acted as researchers were trained by Marian Radke-Yarrow and Carolyn Zahn-Waxler at the Laboratory of Developmental Psychology, National Institute of Mental Health.

5. I wrote about empathy, its developmental roots, and its neurology in *The New York Times* (Mar. 28, 1989).

6. Instilling empathy in children: Marian Radke-Yarrow and Carolyn Zahn-Waxler, "Roots, Motives and Patterns in Children's Prosocial Behavior," in Ervin Staub et al., eds., *Development and Maintenance of Prosocial Behavior* (New York: Plenum, 1984).

7. Daniel Stern, *The Interpersonal World of the Infant* (New York: Basic Books, 1987), p. 30.

8. Stern, op. cit.

9. The depressed infants are described in Jeffrey Pickens and Tiffany Field, "Facial Expressivity in Infants of Depressed Mothers," *Developmental Psychology* 29, 6 (1993).

10. The study of violent rapists' childhoods was done by Robert Prentky, a psychologist in Philadelphia.

11. Empathy in borderline patients: "Giftedness and Psychological Abuse in Borderline Personality Disorder: Their Relevance to Genesis and Treatment," *Journal of Personality Disorders* 6 (1992).

12. Leslie Brothers, "A Biological Perspective on Empathy," *American Journal of Psychiatry* 146, 1 (1989).

13. Brothers, "A Biological Perspective," p. 16.

14. Physiology of empathy: Robert Levenson and Anna Ruef, "Empathy: A Physiological Substrate," *Journal of Personality and Social Psychology* 63, 2 (1992).

15. Martin L. Hoffman, "Empathy, Social Cognition, and Moral Action," in W. Kurtines and J. Gerwitz, eds., *Moral Behavior and Development: Advances in Theory, Research, and Applications* (New York: John Wiley and Sons, 1984).

16. Studies of the link between empathy and ethics are in Hoffman, "Empathy, Social Cognition, and Moral Action."

17. I wrote about the emotional cycle that culminates in sex crimes in *The New York Times* (Apr. 14, 1992). The source is William Pithers, a psychologist with the Vermont Department of Corrections.

18. The nature of psychopathy is described in more detail in an article I wrote in *The New York Times* on July 7,1987. Much of what I write here comes from the work of Robert Hare, a psychologist at the University of British Columbia, an expert on psychopaths.

19. Leon Bing, *Do or Die* (New York: HarperCollins, 1991).

20. Wife batterers: Neil S. Jacobson et al., "Affect, Verbal Content, and Psychophysiology in the Arguments of Couples With a Violent Husband," *Journal of Clinical and Consulting Psychology* (July 1994).

21. Psychopaths have no fear—the effect is seen as criminal psychopaths are about to receive a shock: One of the more recent replications of the effect is Christopher Patrick et al., "Emotion in the Criminal Psychopath: Fear Image Processing," *Journal of Abnormal Psychology* 103 (1994).

第八章 社交艺术

1. The exchange between Jay and Len was reported by Judy Dunn and Jane Brown in "Relationships, Talk About Feelings, and the Development of Affect Regulation in Early Childhood," Judy Garber and Kenneth A. Dodge, eds., *The*

Development of Emotion Regulation and Dysregulation (Cambridge: Cambridge University Press, 1991). The dramatic flourishes are my own.

2. The display rules are in Paul Ekman and Wallace Friesen, *Unmasking the Face* (Englewood Cliffs, NJ: Prentice Hall, 1975).

3. Monks in the heat of battle: the story is told by David Busch in "Culture Cul-de-Sac," *Arizona State University Research* (Spring/Summer 1994).

4. The study of mood transfer was reported by Ellen Sullins in the April 1991 issue of the *Personality and Social Psychology Bulletin.*

5. The studies of mood transmission and synchrony are by Frank Bernieri, a psychologist at Oregon State University; I wrote about his work in *The New York Times*. Much of his research is reported in Bernieri and Robert Rosenthal, "Interpersonal Coordination, Behavior Matching, and Interpersonal Synchrony," in Robert Feldman and Bernard Rime, eds., *Fundamentals of Nonverbal Behavior* (Cambridge: Cambridge University Press, 1991).

6. The entrainment theory is proposed by Bernieri and Rosenthal, *Fundamentals of Nonverbal Behavior.*

7. Thomas Hatch, "Social Intelligence in Young Children," paper delivered at the annual meeting of the American Psychological Association (1990).

8. Social chameleons: Mark Snyder, "Impression Management: The Self in Social Interaction," in L. S. Wrightsman and K. Deaux, *Social Psychology in the '80s* (Monterey, CA: Brooks/Cole, 1981).

9. E. Lakin Phillips, *The Social Skills Basis of Psychopathology* (New York: Grune and Stratton, 1978), p. 140.

10. Nonverbal learning disorders: Stephen Nowicki and Marshall Duke, *Helping the Child Who Doesn't Fit In* (Atlanta: Peachtree Publishers, 1992). See also Byron Rourke, *Nonverbal Learning Disabilities* (New York: Guilford Press,

1989).

11. Nowicki and Duke, *Helping the Child Who Doesn't Fit In.*

12. This vignette, and the review of research on entering a group, is from Martha Putallaz and Aviva Wasserman, "Children's Entry Behavior," in Steven Asher and John Coie, eds., *Peer Rejection in Childhood* (New York: Cambridge University Press, 1990).

13. Putallaz and Wasserman, "Children's Entry Behavior."

14. Hatch, "Social Intelligence in Young Children."

15. Terry Dobson's tale of the Japanese drunk and the old man is used by permission of Dobson's estate. It is also retold by Ram Dass and Paul Gorman, *How Can I Help?* (New York: Alfred A. Knopf, 1985), pp. 167-71.

第九章 亲密敌人

1. There are many ways to calculate the divorce rate, and the statistical means used will determine the outcome. Some methods show the divorce rate peaking at around 50 percent and then dipping a bit. When divorces are calculated by the total number in a given year, the rate appears to have peaked in the 1980s. But the statistics I cite here calculate not the number of divorces that occur in a given year, but rather the odds that a couple marrying in a given year will eventually have their marriage end in divorce. That statistic shows a climbing rate of divorce over the last century. For more detail: John Gottman, *What Predicts Divorce: The Relationship Between Marital Processes and Marital Outcomes* (Hillsdale, NJ: Lawrence Erlbaum Associates, Inc., 1993).

2. The separate worlds of boys and girls: Eleanor Maccoby and C. N. Jacklin, "Gender Segregation in Childhood," in H. Reese, ed., *Advances in Child*

Development and Behavior (New York: Academic Press, 1987).

3. Same-sex playmates: John Gottman, "Same and Cross Sex Friendship in Young Children," in J. Gottman and J. Parker, eds., *Conversation of Friends* (New York: Cambridge University Press, 1986).

4. This and the following summary of sex differences in socialization of emotions are based on the excellent review in Leslie R. Brody and Judith A. Hall, "Gender and Emotion," in Michael Lewis and Jeannette Haviland, eds., *Handbook of Emotions* (New York: Guilford Press, 1993).

5. Brody and Hall, "Gender and Emotion," p. 456.

6. Girls and the arts of aggression: Robert B. Cairns and Beverley D. Cairns, *Lifelines and Risks* (New York: Cambridge University Press, 1994).

7. Brody and Hall, "Gender and Emotion," p. 454.

8. The findings about gender differences in emotion are reviewed in Brody and Hall, "Gender and Emotion."

9. The importance of good communication for women was reported in Mark H. Davis and H. Alan Oathout, "Maintenance of Satisfaction in Romantic Relationships: Empathy and Relational Competence," *Journal of Personality and Social Psychology* 53, 2 (1987), pp. 397-410.

10. The study of husbands' and wives' complaints: Robert J. Sternberg, "Triangulating Love," in Robert Sternberg and Michael Barnes, eds., *The Psychology of Love* (New Haven: Yale University Press, 1988).

11. Reading sad faces: The research is by Dr. Ruben C. Gur at the University of Pennsylvania School of Medicine.

12. The exchange between Fred and Ingrid is from Gottman, *What Predicts Divorce,* p. 84.

13. The marital research by John Gottman and colleagues at the University

of Washington is described in more detail in two books: John Gottman, *Why Marriages Succeed or Fail* (New York: Simon and Schuster, 1994), and *What Predicts Divorce.*

14. Stonewalling: Gottman, *What Predicts Divorce.*

15. Poisonous thoughts: Aaron Beck, *Love Is Never Enough* (New York: Harper and Row, 1988), pp. 145-46.

16. Thoughts in troubled marriages: Gottman, *What Predicts Divorce.*

17. The distorted thinking of violent husbands is described in Amy Holtzworth-Munroe and Glenn Hutchinson, "Attributing Negative Intent to Wife Behavior: The Attributions of Maritally Violent Versus Nonviolent Men," *Journal of Abnormal Psychology* 102, 2 (1993), pp. 206-11. The suspiciousness of sexually aggressive men: Neil Malamuth and Lisa Brown, "Sexually Aggressive Men's Perceptions of Women's Communications," *Journal of Personality and Social Psychology* 67 (1994).

18. Battering husbands: There are three kinds of husbands who become violent: those who rarely do, those who do so impulsively when they get angered, and those who do so in a cool, calculated manner. Therapy seems helpful only with the first two kinds. See Neil Jacobson et al., *Clinical Handbook of Marital Therapy* (New York: Guilford Press, 1994).

19. Flooding: Gottman, *What Predicts Divorce.*

20. Husbands dislike squabbles: Robert Levenson et al., "The Influence of Age and Gender on Affect, Physiology, and Their Interrelations: A Study of Long-term Marriages," *Journal of Personality and Social Psychology* 67 (1994).

21. Flooding in husbands: Gottman, *What Predicts Divorce.*

22. Men stonewall, women criticize: Gottman, *What Predicts Divorce.*

23. "Wife Charged with Shooting Husband Over Football on TV," *The New*

York Times (Nov. 3, 1993).

24. Productive marital fights: Gottman, *What Predicts Divorce.*

25. Lack of repair abilities in couples: Gottman, *What Predicts Divorce.*

26. The four steps that lead to "goodfights" are from Gottman, *Why Marriages Succeed or Fail.*

27. Monitoring pulse rate: Gottman, Ibid.

28. Catching automatic thoughts: Beck, *Love Is Never Enough.*

29. Mirroring: Harville Hendrix, *Getting the Love You Want* (New York: Henry Holt, 1988).

第十章 用心管理

1. The crash of the intimidating pilot: Carl Lavin, "When Moods Affect Safety: Communications in a Cockpit Mean a Lot a Few Miles Up," *The New York Times* (June 26, 1994).

2. The survey of 250 executives: Michael Maccoby, "The Corporate Climber Has to Find His Heart," *Fortune* (Dec. 1976).

3. Zuboff: in conversation, June 1994. For the impact of information technologies, see her book *In the Age of the Smart Machine* (New York: Basic Books, 1991).

4. The story of the sarcastic vice president was told to me by Hendrie Weisinger, a psychologist at the UCLA Graduate School of Business. His book is *The Critical Edge: How to Criticize Up and Down the Organization and Make It Pay Off* (Boston: Little, Brown, 1989).

5. The survey of times managers blew up was done by Robert Baron, a psychologist at Rensselaer Polytechnic Institute, whom I interviewed for *The New*

York Times (Sept. 11, 1990).

6. Criticism as a cause of conflict: Robert Baron, "Countering the Effects of Destructive Criticism: The Relative Efficacy of Four Interventions," *Journal of Applied Psychology* 75, 3 (1990).

7. Specific and vague criticism: Harry Levinson, "Feedback to Subordinates" *Addendum to the Levinson Letter,* Levinson Institute, Waltham, MA (1992).

8. Changing face of workforce: A survey of 645 national companies by Towers Perrin management consultants in Manhattan, reported in *The New York Times* (Aug. 26, 1990).

9. The roots of hatred: Vamik Volkan, *The Need to Have Enemies and Allies* (Northvale, NJ: Jason Aronson, 1988).

10. Thomas Pettigrew: I interviewed Pettigrew in *The New York Times* (May 12, 1987).

11. Stereotypes and subtle bias: Samuel Gaertner and John Davidio, *Prejudice, Discrimination, and Racism* (New York: Academic Press, 1987).

12. Subtle bias: Gaertner and Davidio, *Prejudice, Discrimination, and Racism.*

13. Relman: quoted in Howard Kohn, "Service With a Sneer," *The New York Times Sunday Magazine* (Now. 11, 1994).

14. IBM: "Responding to a Diverse Work Force," *The New York Times* (Aug. 26, 1990).

15. Power of speaking out: Fletcher Blanchard, "Reducing the Expression of Racial Prejudice," *Psychological Science* (vol. 2,1991).

16. Stereotypes break down: Gaertner and Davidio, *Prejudice, Discrimination, and Racism.*

17. Teams: Peter Drucker, "The Age of Social Transformation," *The Atlantic Monthly* (Nov. 1994).

18. The concept of group intelligence is set forth in Wendy Williams and Robert Sternberg, "Group Intelligence: Why Some Groups Are Better Than Others," *Intelligence* (1988).

19. The study of the stars at Bell Labs was reported in Robert Kelley and Janet Caplan, "How Bell Labs Creates Star Performers," *Harvard Business Review* (July-Aug. 1993).

20. The usefulness of informal networks is noted by David Krackhardt and Jeffrey R. Hanson, "Informal Networks: The Company Behind the Chart," *Harvard Business Review* (July-Aug. 1993), p. 104.

第十一章 心与药

1. Immune system as the body's brain: Francisco Varela at the Third Mind and Life meeting, Dharamsala, India (Dec. 1990).

2. Chemical messengers between brain and immune system: see Robert Ader et al., *Psychoneuroimmunology,* 2nd edition (San Diego: Academic Press, 1990).

3. Contact between nerves and immune cells: David Felten et al., "Noradrenergic Sympathetic Innervation of Lymphoid Tissue," *Journal of Immunology* 135 (1985).

4. Hormones and immune function: B. S. Rabin et al., "Bidirectional Interaction Between the Central Nervous System and the Immune System," *Critical Reviews in Immunology* 9 (4), (1989), pp. 279-312.

5. Connections between brain and immune system: see, for example, Steven B. Maier et al., "Psychoneuroimmunology," *American Psychologist* (Dec. 1994).

6. Toxic emotions: Howard Friedman and S. Boothby-Kewley, "The Disease-Prone Personality: A Meta-Analytic View," *American Psychologist* 42 (1987). This broad analysis of studies used "meta-analysis," in which results from many

smaller studies can be combined statistically into one immense study. This allows effects that might not show up in any given study to be detected more easily because of the much larger total number of people being studied.

7. Skeptics argue that the emotional picture linked to higher rates of disease is the profile of the quintessential neurotic—an anxious, depressed, and angry emotional wreck—and that the higher rates of disease they report are due not so much to a medical fact as to a propensity to whine and complain about health problems, exaggerating their seriousness. But Friedman and others argue that the weight of evidence for the emotion-disease link is borne by research in which it is physicians' evaluations of observable signs of illness and medical tests, not patients' complaints, that determine the level of sickness—a more objective basis. Of course, there is the possibility that increased distress is the result of a medical condition, as well as precipitating it; for that reason the most convincing data come from prospective studies in which emotional states are evaluated prior to the onset of disease.

8. Gail Ironson et al., "Effects of Anger on Left Ventricular Ejection Fraction in Coronary Artery Disease," *The American Journal of Cardiology 10* (1992). Pumping efficiency, sometimes referred to as the "ejection fraction," quantifies the heart's ability to pump blood out of the left ventricle into the arteries; it measures the percentage of blood pumped out of the ventricles with each beat of the heart. In heart disease the drop in pumping efficiency means a weakening of the heart muscle.

9. Of the dozen or so studies of hostility and death from heart disease, some have failed to find a link. But that failure may be due to differences in method, such as using a poor measure of hostility, and to the relative subdety of the effect. For instance, the greatest number of deaths from the hostility effect seem to occur

in midlife. If a study fails to track down the causes of death for people during this period, it misses the effect.

10. Hostility and heart disease: Redford Williams, *The Trusting Heart* (New York: Times Books/Random House, 1989).

11. Peter Kaufman: I interviewed Dr. Kaufman in *The New York Times* (Sept. 1, 1992).

12. Stanford study of anger and second heart attacks: Carl Thoreson, presented at the International Congress of Behavioral Medicine, Uppsala, Sweden (July 1990).

13. Lynda H. Powell, Emotional Arousal as a Predictor of Long-Term Mortality and Morbidity in Post M.I. Men," *Circulation,* vol. 82, no. 4, Supplement III, Oct. 1990.

14. Murray A. Mittleman, "Triggering of Myocardial Infarction Onset by Episodes of Anger," *Circulation,* vol. 89, no. 2 (1994).

15. Suppressing anger raises blood pressure: Robert Levenson, "Can We Control Our Emotions, and How Does Such Control Change an Emotional Episode?" in Richard Davidson and Paul Ekman, eds., *Fundamental Questions About Emotions* (New York: Oxford University Press, 1995).

16. The angry personal style: I wrote about Redford Williams's research on anger and the heart in *The New York Times Good Health Magazine (Kpx.* 16, 1989).

17. A 44 percent reduction in second heart attacks: Thoreson, op. cit.

18. Dr. Williams's program for anger control: Williams, *The Trusting Heart.*

19. The worried woman: Timothy Brown et al., "Generalized Anxiety Disorder," in David H. Barlow, ed., *Clinical Handbook of Psychological Disorders* (New York: Guilford Press, 1993).

20. Stress and metastasis: Bruce McEwen and Eliot Stellar, "Stress and the Individual: Mechanisms Leading to Disease," *Archives of Internal Medicine* 153 (Sept. 27,1993). The study they are describing is M. Robertson and J. Ritz, "Biology and Clinical Relevance of Human Natural Killer Cells," *Blood* 76 (1990).

21. There may be multiple reasons why people under stress are more vulnerable to sickness, apart from biological pathways. One might be that the ways people try to soothe their anxiety—for example, smoking, drinking, or bingeing on fatty foods—are in themselves unhealthy. Still another is that constant worry and anxiety can make people lose sleep or forget to comply with medical regimens—such as taking medications—and so prolong illnesses they already have. Most likely, all of these work in tandem to link stress and disease.

22. Stress weakens the immune system: For instance, in the study of medical students facing exam stress, the students had not only a lowered immune control of the herpes virus, but also a decline in the ability of their white blood cells to kill infected cells, as well as an increase in levels of a chemical associated with suppression of immune abilities in lymphocytes, the white blood cells central to the immune response. See Ronald Glaser and Janice Kiecolt-Glaser, "Stress-Associated Depression in Cellular Immunity," *Brain, Behavior, and Immunity* 1 (1987). But in most such studies showing a weakening of immune defenses with stress, it has not been clear that these levels were low enough to lead to medical risk.

23. Stress and colds: Sheldon Cohen et al, "Psychological Stress and Susceptibility to the Common Cold," *New England Journal of Medicine* 325 (1991).

24. Daily upsets and infection: Arthur Stone et al., "Secretory IgA as a Measure of Immunocompetence," *Journal of Human Stress* 13 (1987). In another study,

246 husbands, wives, and children kept daily logs of stresses in their family's life over the course of the flu season. Those who had the most family crises also had the highest rate of flu, as measured both by days with fever and flu antibody levels. See R. D. Clover et al., "Family Functioning and Stress as Predictors of Influenza B Infection," *Journal of Family Practice* 28 (May 1989).

25. Herpes virus flare-up and stress: a series of studies by Ronald Glaser and Janice Kiecolt-Glaser —e.g., "Psychological Influences on Immunity," *American Psychologist A3* (1988). The relationship between stress and herpes activity is so strong that it has been demonstrated in a study of only ten patients, using the actual breaking-out of herpes sores as a measure; the more anxiety, hassles, and stress reported by the patients, the more likely they were to have herpes outbreaks in the following weeks; placid periods in their lives led to dormancy of the herpes. See H. E. Schmidt et al., "Stress as a Precipitating Factor in Subjects With Recurrent Herpes Labialis,"*Journal " of Family Practice,* 20 (1985).

26. Anxiety in women and heart disease: Carl Thoreson, presented at the International Congress of Behavioral Medicine, Uppsala, Sweden (July 1990). Anxiety may also play a role in making some men more vulnerable to heart disease. In a study at the University of Alabama medical school, 1,123 men and women between the ages of forty-five and seventy-seven were assessed on their emotional profiles. Those men most prone to anxiety and worry in middle age were far more likely than others to have hypertension when tracked down twenty years later. See Abraham Markowitz et al., *Journal of the American Medical Association* (Nov. 14, 1993).

27. Stress and colorectal cancer: Joseph C. Courtney et al., "Stressful Life Events and the Risk of Colorectal Cancer," *Epidemiology* (Sept. 1993), 4(5).

28. Relaxation to counter stress-based symptoms: See, for example, Daniel

Goleman and Joel Gurin, *Mind Body Medicine* (New York: Consumer Reports Books/St. Martin's Press, 1993).

29. Depression and disease: see, e.g., Seymour Reichlin, "Neuroendocrine-Immune Interactions," *New England Journal of Medicine* (Oct. 21, 1993).

30. Bone marrow transplant: cited in James Strain, "Cost Offset From a Psychiatric Consultation-Liaison Intervention With Elderly Hip Fracture Patients," *American Journal of Psychiatry* 148 (1991).

31. Howard Burton et al., "The Relationship of Depression to Survival in Chronic Renal Failure," *Psychosomatic Medicine* (March 1986).

32. Hopelessness and death from heart disease: Robert Anda et al., "Depressed Affect, Hopelessness, and the Risk of Ischemic Heart Disease in a Cohort of U.S. Adults," *Epidemiology* (July 1993).

33. Depression and heart attack: Nancy Frasure-Smith et al., "Depression Following Myocardial Infarction," *Journal of the American Medical Association* (Oct. 20, 1993).

34. Depression in multiple illness: Dr. Michael von Korff, the University of Washington psychiatrist who did the study, pointed out to me that with such patients, who face tremendous challenges just in living from day to day, "If you treat a patient's depression, you see improvements over and above any changes in their medical condition. If you're depressed, your symptoms seem worse to you. Having a chronic physical disease is a major adaptive challenge. If you're depressed, you're less able to learn to take care of your illness. Even with physical impairment, if you're motivated and have energy and feelings of self-worth—all of which are at risk in depression—then people can adapt remarkably even to severe impairments."

35. Optimism and bypass surgery: Chris Peterson et al., *Learned Helplessness:*

A Theory for the Age of Personal Control (New York: Oxford University Press, 1993).

36. Spinal injury and hope: Timothy Elliott et al., "Negotiating Reality After Physical Loss: Hope, Depression, and Disability," *Journal of Personality and Social Psychology* 61, 4 (1991).

37. Medical risk of social isolation: James House et al., "Social Relationships and Health," *ScienceQuly* 29,1988). But also see a mixed finding: Carol Smith et al., "Meta-Analysis of the Associations Between Social Support and Health Outcomes," *Journal of Behavioral Medicine* (1994).

38. Isolation and mortality risk: Other studies suggest a biological mechanism at work. These findings, cited in House, "Social Relationships and Health," have found that the simple presence of another person can reduce anxiety and lessen physiological distress in people in intensivecare units. The comforting effect of another person's presence has been found to lower not just heart rate and blood pressure, but also the secretion of fatty acids that can block arteries. One theory put forward to explain the healing effects of social contact suggests a brain mechanism at work. This theory points to animal data showing a calming effect on the posterior hypothalamic zone, an area of the limbic system with rich connections to the amygdala. The comforting presence of another person, this view holds, inhibits limbic activity, lowering the rate of secretion of acetylcholine, cortisol, and catecholamines, all neurochemicals that trigger more rapid breathing, a quickened heartbeat, and other physiological signs of stress.

39. Strain, "Cost Offset."

40. Heart attack survival and emotional support: Lisa Berkman et al., "Emotional Support and Survival After Myocardial Infarction, A Prospective Population Based Study of the Elderly," *Annals of Internal Medicine* (Dec. 15, 1992).

41. The Swedish study: Annika Rosengren et al., "Stressful Life Events, Social Support, and Mortality in Men Born in 1933," *British Medical Journal* (Oct. 19, 1993).

42. Marital arguments and immune system: Janice Kiecolt-Glaser et al., "Marital Quality, Marital Disruption, and Immune Function," *Psychosomatic Medicine* 49 (1987).

43. I interviewed John Cacioppo for *The New York Times* (Dec. 15, 1992).

44. Talking about troubling thoughts: James Pennebaker, "Putting Stress Into Words: Health, Linguistic and Therapeutic Implications," paper presented at the American Psychological Association meeting, Washington, DC (1992).

45. Psychotherapy and medical improvements: Lester Luborsky et al., "Is Psychotherapy Good for Your Health?" paper presented at the American Psychological Association meeting, Washington, DC (1993).

46. Cancer support groups: David Spiegel et al., "Effect of Psychosocial Treatment on Survival of Patients with Metastatic Breast Cancer," *Lancet No.* 8668, ii (1989).

47. Patients' questions: The finding was cited by Dr. Steven Cohen-Cole, a psychiatrist at Emory University, when I interviewed him in *The New York Times* (Nov. 13, 1991).

48. Full information: For example, the Planetree program at Pacific Presbyterian Hospital in San Francisco will do searches of medical and lay research on any medical topic for anyone who requests it.

49. Making patients effective: One program has been developed by Dr. Mack Lipkin, Jr., at New York University Medical School.

50. Emotional preparation for surgery: I wrote about this in *The New York Times* (Dec. 10, 1987).

51. Family care in the hospital: Again, Planetree is a model, as are the Ronald McDonald houses that allow parents to stay next door to hospitals where their children are patients.

52. Mindfulness and medicine: See Jon Kabat-Zinn, *Full Catastrophe Living* (New York: Delacorte, 1991).

53. Program for reversing heart disease: See Dean Ornish, *Dr. Dean Ornish's Program for Reversing Heart Disease* (New York: Ballantine, 1991).

54. Relationship-centered medicine: *Health Professions Education and Relationship-Centered Care.* Report of the Pew-Fetzer Task Force on Advancing Psychosocial Health Education, Pew Health Professions Commission and Fetzer Institute at The Center of Health Professions, University of California at San Francisco, San Francisco (Aug. 1994).

55. Left the hospital early: Strain, "Cost Offset."

56. Unethical not to treat depression in heart disease patients: Redford Williams and Margaret Chesney, "Psychosocial Factors and Prognosis in Established Coronary Heart Disease," *Journal of the American Medical Association* (Oct. 20,1993).

57. An open letter to a surgeon: A. Stanley Kramer, "A Prescription for Healing," *Newsweek* (June 7,1993).

第十二章　家庭熔炉

1. Leslie and the video game: Beverly Wilson and John Gottman, "Marital Conflict and Parenting: The Role of Negativity in Families," in M. H. Bornstein, ed., *Handbook of Parenting,* vol. 4 (Hillsdale, NJ: Lawrence Erlbaum, 1994).

2. The research on emotions in the family was an extension of John Gottman's

marital studies reviewed in Chapter 9. See Carole Hooven, Lynn Katz, and John Gottman, "The Family as a Meta-emotion Culture," *Cognition and Emotion* (Spring 1994).

3. The benefits for children of having emotionally adept parents: Hooven, Katz, and Gottman, "The Family as a Meta-emotion Culture."

4. Optimistic infants: T. Berry Brazelton, in the preface to *Heart Start: The Emotional Foundations of School Readiness* (Arlington, VA: National Center for Clinical Infant Programs, 1992).

5. Emotional predictors of school success: *Heart Start*.

6. Elements of school readiness: *Heart Start*, p. 7.

7. Infants and mothers: *Heart Start*, p. 9.

8. Damage from neglect: M. Erickson et al., "The Relationship Between Quality of Attachment and Behavior Problems in Preschool in a High-Risk Sample," in I. Betherton and E. Waters, eds., *Monographs of the Society of Research in Child Development* 50, series no. 209.

9. Lasting lessons of first four years: *Heart Start*, p. 13.

10. The follow-up of aggressive children: L. R. Huesman, Leonard Eron, and Patty Warnicke-Yarmel, "Intellectual Function and Aggression," *The Journal of Personality and Social Psychology* (Jan. 1987). Similar findings were reported by Alexander Thomas and Stella Chess, in the September 1988 issue of *Child Development,* in their study of seventy-five children who were assessed at regular intervals since 1956, when they were between seven and twelve years old. Alexander Thomas et al., "Longitudinal Study of Negative Emotional States and Adjustments From Early Childhood Through Adolescence," *Child Development* 59 (1988). A decade later the children who parents and teachers had said were the most aggressive in grade school were having the most emotional turmoil in

late adolescence. These were children (about twice as many boys as girls) who not only continually picked fights, but who also were belittling or openly hostile toward other children, and even toward their families and teachers. Their hostility was unchanged over the years; as adolescents they were having trouble getting along with classmates and with their families, and were in trouble at school. And, when contacted as adults, their difficulties ranged from tangles with the law to anxiety problems and depression.

11. Lack of empathy in abused children: The day-care observations and findings are reported in Mary Main and Carol George, "Responses of Abused and Disadvantaged Toddlers to Distress in Agemates: A Study in the Day-Care Setting," *Developmental Psychology* 21, 3 (1985). The findings have been repeated with preschoolers as well: Bonnie Klimes-Dougan and Janet Kistner, "Physically Abused Preschoolers' Responses to Peers' Distress," *Developmental Psychology* 26 (1990).

12. Difficulties of abused children: Robert Emery, "Family Violence," *American Psychologist* (Feb. 1989).

13. Abuse over generations: Whether abused children grow up to be abusing parents is a point of scientific debate. See, for example, Cathy Spatz Widom, "Child Abuse, Neglect and Adult Behavior," *American Journal of Orthopsychiatry* (July 1989).

第十三章　精神创伤和情绪再学习

1. I wrote about the lasting trauma of the killings at Cleveland Elementary School in *The New York Times* "Education Life" section (Jan. 7, 1990).

2. The examples of PTSD in crime victims were offered by Dr. Shelly

Niederbach, a psychologist at the Victims' Counseling Service, Brooklyn.

3. The Vietnam memory is from M. Davis, "Analysis of Aversive Memories Using the Fear-Potentiated Startle Paradigm," in N. Butters and L. R Squire, eds., *The Neuro-psychology of Memory* (New York: Guilford Press, 1992).

4. LeDoux makes the scientific case for these memories being especially enduring in "Indelibility of Subcortical Emotional Memories," *Journal of Cognitive Neuroscience* (1989), vol. 1, 238-43.

5. I interviewed Dr. Charney in *The New York Times* (June 12, 1990).

6. The experiments with paired laboratory animals were described to me by Dr. John Krystal, and have been repeated at several scientific laboratories. The major studies were done by Dr. Jay Weiss at Duke University.

7. The best account of the brain changes underlying PTSD, and the role of the amygdala in them, is in Dennis Charney et al., "Psychobiologic Mechanisms of Posttraumatic Stress Disorder," *Archives of General Psychiatry* 50 (April 1993), 294-305.

8. Some of the evidence for trauma-induced changes in this brain network comes from experiments in which Vietnam vets with PTSD were injected with yohimbine, a drug used on the tips of arrows by South American Indians to render their prey helpless. In tiny doses yohimbine blocks the action of a specific receptor (the point on a neuron that receives a neurotransmitter) that ordinarily acts as a brake on the catecholamines. Yohimbine takes the brakes off, keeping these receptors from sensing the secretion of catecholamines; the result is increasing catecholamine levels. With the neural brakes on anxiety disarmed by the drug injections, the yohimbine triggered panic in 9 of 15 PTSD patients, and lifelike flashbacks in 6. One vet had a hallucination of a helicopter being shot down in a trail of smoke and a bright flash; another saw the explosion by a

land mine of a Jeep with his buddies in it—the same scene that had haunted his nightmares and appeared as flashbacks for more than 20 years. The yohimbine study was conducted by Dr. John Krystal, director of the Laboratory of Clinical Psychopharmacology at the National Center for PTSD at the West Haven, Conn., VA Hospital.

9. Fewer alpha-2 receptors in men with PTSD: see Charney, "Psychobiologic Mechanisms."

10. The brain, trying to lower the rate of CRF secretion, compensates by decreasing the number of receptors that release it. One telltale sign that this is what happens in people with PTSD comes from a study in which eight patients being treated for the problem were injected with CRF. Ordinarily, an injection of CRF triggers a flood of ACTH, the hormone that streams through the body to trigger catecholamines. But in the PTSD patients, unlike a comparison group of people without PTSD, there was no discernible change in levels of ACTH—a sign that their brains had cut back on CRF receptors because they already were overloaded with the stress hormone. The research was described to me by Charles Nemeroff, a Duke University psychiatrist.

11. I interviewed Dr. Nemeroff in *The New York Times* (June 12, 1990).

12. Something similar seems to occur in PTSD: For instance, in one experiment Vietnam vets with a PTSD diagnosis were shown a specially edited 15-minute film of graphic combat scenes from the movie *Platoon*. In one group, the vets were injected with naloxone, a substance that blocks endorphins; after watching the movie, these vets showed no change in their sensitivity to pain. But in the group without the endorphin blocker, the men's pain sensitivity decreased 30 percent, indicating an increase in endorphin secretion. The same scene had no such effect on veterans who did not have PTSD, suggesting that in the PTSD

victims the nerve pathways that regulate endorphins were overly sensitive or hyperactive—an effect that became apparent only when they were reexposed to something reminiscent of the original trauma. In this sequence the amygdala first evaluates the emotional importance of what we see. The study was done by Dr. Roger Pitman, a Harvard psychiatrist. As with other symptoms of PTSD, this brain change is not only learned under duress, but can be triggered once again if there is something reminiscent of the original terrible event. For example, Pitman found that when laboratory rats were shocked in a cage, they developed the same endorphin-based analgesia found in the Vietnam vets shown *Platoon.* Weeks later, when the rats were put into the cages where they had been shocked—but without any current being turned on—they once again became insensitive to pain, as they originally had been when shocked. See Roger Pitman, "Naloxone-Reversible Analgesic Response to Combat-Related Stimuli in Posttraumatic Stress Disorder," *Archives of General Medicine* (June 1990). See also Hillel Glover, "Emotional Numbing: A Possible Endorphin- Mediated Phenomenon Associated with Post-Traumatic Stress Disorders and Other Allied Psychopathologic States," *Journal of Traumatic Stress* 5, 4 (1992).

13. The brain evidence reviewed in this section is based on Dennis Charney's excellent article, "Psychobiologic Mechanisms."

14. Charney, "Psychobiologic Mechanisms," 300.

15. Role of prefrontal cortex in unlearning fear: In Richard Davidson's study, volunteers had their sweat response measured (a barometer of anxiety) while they heard a tone. followed by a loud, obnoxious noise. The loud noise triggered a rise in sweat. After a time, the tone alone was enough to trigger the same rise, showing that the volunteers had learned an aversion to the tone. As they continued to hear the tone without the obnoxious noise, the learned aversion faded away—

the tone sounded without any increase in sweat. The more active the volunteers' left prefrontal cortex, the more quickly they lost the learned fear. In another experiment showing the prefrontal lobes' role in getting over a fear, lab rats—as is so often the case in these studies—learned to fear a tone paired with an electric shock. The rats then had what amounts to a lobotomy, a surgical lesion in their brain that cut off the prefrontal lobes from the amygdala. For the next several days the rats heard the tone without getting an electric shock. Slowly, over a period of days, rats who have once learned to fear a tone will gradually lose their fear. But for the rats with the disconnected prefrontal lobes, it took nearly twice as long to unlearn the fear—suggesting a crucial role for the prefrontal lobes in managing fear and, more generally, in mastering emotional lessons. This experiment was done by Maria Morgan, a graduate student of Joseph LeDoux's at the Center for Neural Science, New York University.

16. Recovery from PTSD: I was told about this study by Rachel Yehuda, a neurochemist and director of the Traumatic Stress Studies Program at the Mt. Sinai School of Medicine in Manhattan. I reported on the results in *The New York Times* (Oct. 6,1992).

17. Childhood trauma: Lenore Terr, *Too Scared to Cry* (New York: HarperCollins, 1990).

18. Pathway to recovery from trauma: Judith Lewis Herman, *Trauma and Recovery* (New York: Basic Books, 1992).

19. "Dosing" of trauma: Mardi Horowitz, *Stress Response Syndromes* (Northvale, NJ: Jason Aronson, 1986).

20. Another level at which relearning goes on, at least for adults, is philosophical. The eternal question of the victim—"Why me?"—needs to be addressed. Being the victim of trauma shatters a person's faith that the world is a

place that can be trusted, and that what happens to us in life is just—that is, that we can have control over our destiny by living a righteous life. The answers to the victim's conundrum, of course, need not be philosophical or religious; the task is to rebuild a system of belief or faith that allows living once again as though the world and the people in it can be trusted.

21. That the original fear persists, even if subdued, has been shown in studies where lab rats were conditioned to fear a sound, such as a bell, when it was paired with an electric shock. Afterward, when they heard the bell they reacted with fear, even though no shock accompanied it. Gradually, over the course of a year (a very long time for a rat—about a third of its life), the rats lost their fearfulness of the bell. But the fear was restored in full force when the sound of the bell was once again paired with a shock. The fear came back in a single instant—but took months and months to subside. The parallel in humans, of course, is when a traumatic fear from long ago, dormant for years, floods back in full force with some reminder of the original trauma.

22. Luborsky's therapy research is detailed in Lester Luborsky and Paul Crits-Christoph, *Understanding Transference: The CCRT Method* (New York: Basic Books, 1990).

第十四章 性格非命运

1. See, for example, Jerome Kagan et al., "Initial Reactions to Unfamiliarity," *Current Directions in Psychological Science* (Dec. 1992). The fullest description of the biology of temperament is in Kagan, *Galen's Prophecy*.

2. Tom and Ralph, archetypically timid and bold types, are described in Kagan, *Galen's Prophecy,* pp. 155-57.

3. Lifelong problems of the shy child: Iris Bell, "Increased Prevalence of Stress-related Symptoms in Middle-aged Women Who Report Childhood Shyness," *Annals of Behavior Medicine* 16 (1994).

4. The heightened heart rate: Iris R. Bell et al., "Failure of Heart Rate Habituation During Cognitive and Olfactory Laboratory Stressors in Young Adults With Childhood Shyness," *Annals of Behavior Medicine* 16 (1994).

5. Panic in teenagers: Chris Hayward et al., "Pubertal Stage and Panic Attack History in Sixth-and Seventh-grade Girls," *American Journal of Psychiatry* vol. 149(9) (Sept. 1992), pp. 1239-43; Jerold Rosenbaum et al., "Behavioral Inhibition in Childhood: A Risk Factor for Anxiety Disorders," *Harvard Review of Psychiatry* (May 1993).

6. The research on personality and hemispheric differences was done by Dr. Richard Davidson at the University of Wisconsin, and by Dr. Andrew Tomarken, a psychologist at Vanderbilt University: see Andrew Tomarken and Richard Davidson, "Frontal Brain Activation in Repressors and Nonrepressors," *Journal of Abnormal Psychology* 103 (1994).

7. The observations of how mothers can help timid infants become bolder were done with Doreen Arcus. Details are in Kagan, *Galen's Prophecy*.

8. Kagan, *Galen's Prophecy*, pp. 194-95.

9. Growing less shy: Jens Asendorpf, "The Malleability of Behavioral Inhibition: A Study of Individual Developmental Functions," *Developmental Psychology* 30, 6 (1994).

10. Hubel and Wiesel: David H. Hubel, Thorsten Wiesel, and S. Levay, "Plasticity of Ocular Columns in Monkey Striate Cortex," *Philosophical Transactions of the Royal Society of London* 278 (1977).

11. Experience and the rat's brain: The work of Marian Diamond and others

is described in Richard Thompson, *The Brain* (San Francisco: W. H. Freeman, 1985).

12. Brain changes in treating obsessive-compulsive disorder: L. R. Baxter et al., "Caudate Glucose Metabolism Rate Changes With Both Drug and Behavior Therapy for Obsessive-Compulsive Disorder," *Archives of General Psychiatry* 49 (1992).

13. Increased activity in prefrontal lobes: L. R. Baxter et al., "Local Cerebral Glucose Metabolic Rates in Obsessive-Compulsive Disorder," *Archives of General Psychiatry AA* (1987).

14. Prefrontal lobes maturity: Bryan Kolb, "Brain Development, Plasticity, and Behavior," *American Psychologist AA* (1989).

15. Childhood experience and prefrontal pruning: Richard Davidson, "Asymmetric Brain Function, Affective Style and Psychopathology: The Role of Early Experience and Plasticity," *Development and Psychopathology* vol. 6 (1994), pp. 741-58.

16. Biological attunement and brain growth: Schore, *Affect Regulation.*

17. M. E. Phelps et al, "PET: A Biochemical Image of the Brain at Work," in N. A. Lassen et al., *Brain Work and Mental Activity: Quantitative Studies with Radioactive Tracers* (Copenhagen: Munksgaard, 1991).

第十五章 情绪盲的代价

1. Emotional literacy: I wrote about such courses in *The New York Times* (March 3,1992).

2. The statistics on teen crime rates are from the Uniform Crime Reports, *Crime in the U.S., 1991,* published by the Department of Justice.

3. Violent crimes in teenagers: In 1990 the juvenile arrest rate for violent crimes climbed to 430 per 100,000, a 27 percent jump over the 1980 rate. Teen arrest rates for forcible rape rose from 10.9 per 100,000 in 1965 to 21.9 per 100,000 in 1990. Teen murder rates more than quadrupled from 1965 to 1990, from 2.8 per 100,000 to 12.1; by 1990 three of four teenage murders were with guns, a 79 percent increase over the decade. Aggravated assault by teenagers jumped by 64 percent from 1980 to 1990. See, e.g., Ruby Takanashi, "The Opportunities of Adolescence," *American Psychologist* (Feb. 1993).

4. In 1950 the suicide rate for those 15 to 24 was 4.5 per 100,000. By 1989 it was three times higher, 13.3. Suicide rates for children 10 to 14 almost tripled between 1968 and 1985. Figures on suicide, homicide victims, and pregnancies are from *Health, 1991,* U.S. Department of Health and Human Services, and Children's Safety Network, *A Data Book of Child and Adolescent Injury* (Washington, DC: National Center for Education in Maternal and Child Health, 1991).

5. Over the three decades since 1960, rates of gonorrhea jumped to a level four times higher among children 10 to 14, and three times higher among those 15 to 19. By 1990, 20 percent of AIDS patients were in their twenties, many having become infected during their teen years. Pressure to have sex early is getting stronger. A survey in the 1990s found that more than a third of younger women say that pressure from peers made them decide to have sex the first time; a generation earlier just 13 percent of women said so. See Ruby Takanashi, "The Opportunities of Adolescence," and Children's Safety Network, *A Data Book of Child and Adolescent Injury.*

6. Heroin and cocaine use for whites rose from 18 per 100,000 in 1970 to a rate of 68 in 1990—about three times higher. But over the same two decades among

blacks, the rise was from a 1970 rate of 53 per 100,000 to a staggering 766 in 1990—close to *13 times* the rate 20 years before. Drug use rates are from *Crime in the U.S., 1991,* U.S. Department of Justice.

7. As many as one in five children have psychological difficulties that impair their lives in some way, according to surveys done in the United States, New Zealand, Canada, and Puerto Rico. Anxiety is the most common problem in children under 11, afflicting 10 percent with phobias severe enough to interfere with normal life, another 5 percent with generalized anxiety and constant worry, and another 4 percent with intense anxiety about being separated from their parents. Binge drinking climbs during the teenage years among boys to a rate of about 20 percent by age 20. I reported much of this data on emotional disorders in children in *The New York Times* (Jan. 10, 1989).

8. The national study of children's emotional problems, and comparison with other countries: Thomas Achenbach and Catherine Howell, "Are America's Children's Problems Getting Worse? A 13-Year Comparison, *"Journal of the American Academy of Child and Adolescent Psychiatry* (Nov. 1989).

9. The comparison across nations was by Urie Bronfenbrenner, in Michael Lamb and Kathleen Sternberg, *Child Care in Context: Cross-Cultural Perspectives* (Englewood, NJ: Lawrence Erlbaum, 1992).

10. Urie Bronfenbrenner was speaking at a symposium at Cornell University (Sept. 24, 1993).

11. Longitudinal studies of aggressive and delinquent children: see, for example, Alexander Thomas et al., "Longitudinal Study of Negative Emotional States and Adjustments from Early Childhood Through Adolescence," *Child Development,* vol. 59 (Sept. 1988).

12. The bully experiment: John Lochman, "Social-Cognitive Processes of

Severely Violent, Moderately Aggressive, and Nonaggressive Boys," *Journal of Clinical and Consulting Psychology,* 199, 4.

13. The aggressive boys research: Kenneth A. Dodge, "Emotion and Social Information Processing," in J. Garber and K. Dodge, *The Development of Emotion Regulation and Dysregulation* (New York: Cambridge University Press, 1991).

14. Dislike for bullies within hours: J. D. Coie and J. B. Kupersmidt, "A Behavioral Analysis of Emerging Social Status in Boys' Groups," *Child Development* 54 (1983).

15. Up to half of unruly children: See, for example, Dan Offord et al., "Outcome, Prognosis, and Risk in a Longitudinal Follow-up Study," *Journal of the American Academy of Child and Adolescent Psychiatry* 31 0992).

16. Aggressive children and crime: Richard Tremblay et al., "Predicting Early Onset of Male Antisocial Behavior from Preschool Behavior," *Archives of General Psychiatry* (Sept. 1994).

17. What happens in a child's family before the child reaches school is, of course, crucial in creating a predisposition to aggression. One study, for example, showed that children whose mothers rejected them at age 1, and whose birth was more complicated, were four times as likely as others to commit a violent crime by age 18. Adriane Raines et al., "Birth Complications Combined with Early Maternal Rejection at Age One Predispose to Violent Crime at Age 18 Years," *Archives of General Psychiatry* (Dec. 1994).

18. While low verbal IQ has appeared to predict delinquency (one study found an eight-point difference in these scores between delinquents and nondelinquents), there is evidence that impulsivity is more directly and powerfully at cause for both the low IQ scores and delinquency. As for the low scores, impulsive children don't pay attention well enough to learn the language and reasoning skills on

which verbal IQ scores are based, and so impulsivity lowers those scores. In the Pittsburgh Youth Study, a well-designed longitudinal project where both IQ and impulsivity were assessed in ten-to twelve-year-olds, impulsivity was almost three times more powerful than verbal IQ in predicting delinquency. See the discussion in: Jack Block, "On the Relation Between IQ, Impulsivity, and Delinquency," *Journal of Abnormal Psychology* 104 (1995).

19. "Bad" girls and pregnancy: Marion Underwood and Melinda Albert, "Fourth-Grade Peer Status as a Predictor of Adolescent Pregnancy," paper presented at the meeting of the Society for Research on Child Development, Kansas City, Missouri (Apr. 1989).

20. The trajectory to delinquency: Gerald R. Patterson, "Orderly Change in a Stable World: The Antisocial Trait as Chimera, *"Journal of Clinical and Consulting Psychology* 62 (1993).

21. Mind-set of aggression: Ronald Slaby and Nancy Guerra, "Cognitive Mediators of Aggression in Adolescent Offenders," *Developmental Psychology* 24 (1988).

22. The case of Dana: from Laura Mufson et al., *Interpersonal Psychotherapy for Depressed Adolescents* (New York: Guilford Press, 1993).

23. Rising rates of depression worldwide: Cross-National Collaborative Group, "The Changing Rate of Major Depression: Cross-National Comparisons," *Journal of the American Medical Association* (Dec. 2, 1992).

24. Ten times greater chance of depression: Peter Lewinsohn et al., "Age-Cohort Changes in the Lifetime Occurrence of Depression and Other Mental Disorders," *Journal of Abnormal Psychology* 102 0993).

25. Epidemiology of depression: Patricia Cohen et al., New York Psychiatric Institute, 1988; Peter Lewinsohn et al., "Adolescent Psychopathology: I.

Prevalence and Incidence of Depression in High School Students, *"Journal of Abnormal Psychology* 102 0993). See also Mufson et al., *Interpersonal Psychotherapy*. For a review of lower estimates: E. Costello, "Developments in Child Psychiatric Epidemiology," *Journal of the Academy of Child and Adolescent Psychiatry* 28 (1989).

26. Patterns of depression in youth: Maria Kovacs and Leo Bastiaens, "The Psychotherapeutic Management of Major Depressive and Dysthymic Disorders in Childhood and Adolescence: Issues and Prospects," in I. M. Goodyer, ed., *Mood Disorders in Childhood and Adolescence* (New York: Cambridge University Press, 1994).

27. Depression in children: Kovacs, op. cit.

28. I interviewed Maria Kovacs in *The New York Times* (Jan. 11, 1994).

29. Social and emotional lag in depressed children: Maria Kovacs and David Goldston, "Cognitive and Social Development of Depressed Children and Adolescents," *Journal of the American Academy of Child and Adolescent Psychiatry* (May 1991).

30. Helplessness and depression: John Weiss et al., "Control-related Beliefs and Self-reported Depressive Symptoms in Late Childhood," *Journal of Abnormal Psychology* 102 (1993).

31. Pessimism and depression in children: Judy Garber, Vanderbilt University. See, e.g., Ruth Hilsman and Judy Garber, "A Test of the Cognitive Diathesis Model of Depression in Children: Academic Stressors, Attributional Style, Perceived Competence and Control," *Journal of Personality and Social Psychology* 67 (1994); Judith Garber, "Cognitions, Depressive Symptoms, and Development in Adolescents," *Journal of Abnormal Psychology* 102 (1993).

32. Garber, "Cognitions."

33. Garber, "Cognitions."

34. Susan Nolen-Hoeksema et al., "Predictors and Consequences of Childhood Depressive Symptoms: A Five-Year Longitudinal Study," *Journal of Abnormal Psychology* 101 (1992).

35. Depression rate halved: Gregory Clarke, University of Oregon Health Sciences Center, "Prevention of Depression in At-Risk High School Adolescents," paper delivered at the American Academy of Child and Adolescent Psychiatry (Oct. 1993).

36. Garber, "Cognitions."

37. Hilda Bruch, "Hunger and Instinct," *Journal of Nervous and Mental Disease* 149 (1969). Her seminal book, *The Golden Cage: The Enigma of Anorexia Nervosa* (Cambridge, MA: Harvard University Press) was not published until 1978.

38. The study of eating disorders: Gloria R. Leon et al., "Personality and Behavioral Vulnerabilities Associated with Risk Status for Eating Disorders in Adolescent Girls," *Journal of Abnormal Psychology* 102 (1993).

39. The six-year-old who felt fat was a patient of Dr. William Feldman, a pediatrician at the University of Ottawa.

40. Noted by Sifneos, "Affect, Emotional Conflict, and Deficit."

41. The vignette of Ben's rebuff is from Steven Asher and Sonda Gabriel, "The Social World of Peer-Rejected Children," paper presented at the annual meeting of the American Educational Research Association, San Francisco (Mar. 1989).

42. The dropout rate among socially rejected children: Asher and Gabriel, "The Social World of Peer-Rejected Children."

43. The findings on the poor emotional competence of unpopular children are from Kenneth Dodge and Esther Feldman, "Social Cognition and Sociometric

Status," in Steven Asher and John Coie, eds., *Peer Rejection in Childhood (New York-*. Cambridge University Press, 1990).

44. Emory Cowen et al., "Longterm Follow-up of Early Detected Vulnerable Children," *Journal of Clinical and Consulting Psychology* 41 (1973).

45. Best friends and the rejected: Jeffrey Parker and Steven Asher, "Friendship Adjustment, Group Acceptance and Social Dissatisfaction in Childhood," paper presented at the annual meeting of the American Educational Research Association, Boston (1990).

46. The coaching for socially rejected children: Steven Asher and Gladys Williams, "Helping Children Without Friends in Home and School Contexts," in *Children's Social Development: Information for Parents and Teachers* (Urbana and Champaign: University of Illinois Press, 1987).

47. Similar results: Stephen Nowicki, "A Remediation Procedure for Nonverbal Processing Deficits," unpublished manuscript, Duke University (1989).

48. Two fifths are heavy drinkers: a survey at the University of Massachusetts by Project Pulse, reported in *The Daily Hampshire Gazette* (Nov. 13, 1993).

49. Binge drinking: Figures are from Harvey Wechsler, director of College Alcohol Studies at the Harvard School of Public Health (Aug. 1994).

50. More women drink to get drunk, and risk of rape: report by the Columbia University Center on Addiction and Substance Abuse (May 1993).

51. Leading cause of death: Alan Marlatt, report at the annual meeting of the American Psychological Association (Aug. 1994).

52. Data on alcoholism and cocaine addiction are from Meyer Glantz, acting chief of the Etiology Research Section of the National Institute for Drug and Alcohol Abuse.

53. Distress and abuse: Jeanne Tschann, "Initiation of Substance Abuse in Early

Adolescence," *Health Psychology A* (1994).

54. I interviewed Ralph Tarter in *The New York Times* (Apr. 26, 1990).

55. Tension levels in sons of alcoholics: Howard Moss et al., "Plasma GABA-like Activity in Response to Ethanol Challenge in Men at High Risk for Alcoholism" *Biological Psychiatry* 27(6) (Mar. 1990).

56. Frontal lobe deficit in sons of alcoholics: Philip Harden and Robert Pihl, "Cognitive Function, Cardiovascular Reactivity, and Behavior in Boys at High Risk for Alcoholism," *Journal of Abnormal Psychology* 104 (1995).

57. Kathleen Merikangas et al., "Familial Transmission of Depression and Alcoholism," *Archives of General Psychiatry (Kpt.* 1985).

58. The restless and impulsive alcoholic: Moss et al.

59. Cocaine and depression: Edward Khantzian, "Psychiatric and Psychodynamic Factors in Cocaine Addiction," in Arnold Washton and Mark Gold, eds., *Cocaine: A Clinician's Handbook* (New York: Guilford Press, 1987).

60. Heroin addiction and anger: Edward Khantzian, Harvard Medical School, in conversation, based on over 200 patients he has treated who were addicted to heroin.

61. No more wars: The phrase was suggested to me by Tim Shriver of the Collaborative for the Advancement of Social and Emotional Learning at the Yale Child Studies Center.

62. Emotional impact of poverty: "Economic Deprivation and Early Childhood Development" and "Poverty Experiences of Young Children and the Quality of Their Home Environments." Greg Duncan and Patricia Garrett each described their research findings in separate articles in *Child Development (Kpv.* 1994).

63. Traits of resilient children: Norman Garmezy, *The Invulnerable Child* (New York: Guilford Press, 1987). I wrote about children who thrive despite hardship in

The New York Times (Oct. 13, 1987).

64. Prevalence of mental disorders: Ronald C. Kessler et al., "Lifetime and 12-month Prevalence of DSM-III-R Psychiatric Disorders in the U.S.," *Archives of General Psychiatry* (Jan. 1994).

65. The figure for boys and girls reporting sexual abuse in the United States are from Malcolm Brown of the Violence and Traumatic Stress Branch of the National Institute of Mental Health; the number of substantiated cases is from the National Committee for the Prevention of Child Abuse and Neglect. A national survey of children found the rates to be 32 percent for girls and 0.6 percent for boys in a given year: David Finkelhor and Jennifer Dziuba-Leatherman, "Children as Victims of Violence: A National Survey," *Pediatrics* (Oct. 1984).

66. The national survey of children about sexual abuse prevention programs was done by David Finkelhor, a sociologist at the University of New Hampshire.

67. The figures on how many victims child molesters have are from an interview with Malcolm Gordon, a psychologist at the Violence and Traumatic Stress Branch of the National Institute of Mental Health.

68. W. T. Grant Consortium on the School-Based Promotion of Social Competence, "Drug and Alcohol Prevention Curricula," in J. David Hawkins et al., *Communities That Care* (San Francisco: Jossey-Bass, 1992).

69. W. T. Grant Consortium, "Drug and Alcohol Prevention Curricula," p. 136.

第十六章 情绪教育

1. I interviewed Karen Stone McCown in *The New York Times* (Nov. 7, 1993).

2. Karen F. Stone and Harold Q. Dillehunt, *Self Science: The Subject Is Me* (Santa Monica: Goodyear Publishing Co., 1978).

3. Committee for Children, "Guide to Feelings," *Second Step* 4-5(1992), p. 84.

4. The Child Development Project: See, e.g., Daniel Solomon et al., "Enhancing Children's Prosocial Behavior in the Classroom," *American Educational Research Journal* (Winter 1988).

5. Benefits from Head Start: Report by High/Scope Educational Research Foundation, Ypsilanti, Michigan (Apr. 1993).

6. The emotional timetable: Carolyn Saarni, "Emotional Competence: How Emotions and Relationships Become Integrated," in R. A. Thompson, ed., *Socioemotional Development/Nebraska Symposium on Motivation* 36 (1990).

7. The transition to grade school and middle school: David Hamburg, *Today's Children: Creating a Future for a Generation in Crisis* (New York: Times Books, 1992).

8. Hamburg, *Today's Children,* pp. 171-72.

9. Hamburg, *Today's Children,* p. 182.

10. I interviewed Linda Lantieri in *The New York Times* (Mar. 3, 1992).

11. Emotional-literacy programs as primary prevention: Hawkins et al., *Communities That Care.*

12. Schools as caring communities: Hawkins et al., *Communities That Care.*

13. The story of the girl who was not pregnant: Roger P. Weisberg et al., "Promoting Positive Social Development and Health Practice in Young Urban Adolescents," in M. J. Elias, ed., *Social Decision-making in the Middle School* (Gaithersburg, MD: Aspen Publishers, 1992).

14. Character-building and moral conduct: Amitai Etzioni, *The Spirit of Community* (New York: Crown, 1993).

15. Moral lessons: Steven C. Rockefeller, *John Dewey. Religious Faith and Democratic Humanism* (New York: Columbia University Press, 1991).

16. Doing right by others: Thomas Lickona, *Educating for Character* (New York: Bantam, 1991).

17. The arts of democracy: Francis Moore Lappe and Paul Martin DuBois, *The Quickening of America* (San Francisco: Jossey-Bass, 1994).

18. Cultivating character: Amitai Etzioni et al., *Character Building for a Democratic, Civil Society* (Washington, DC: The Communitarian Network, 1994).

19. Three percent rise in murder rates: "Murders Across Nation Rise by 3 Percent, but Overall Violent Crime Is Down," *The New York Times* (May 2, 1994).

20. Jump in juvenile crime: "Serious Crimes by Juveniles Soar," Associated Press (July 25, 1994). Appendix B. Hallmarks of the Emotional Mind

附录 2 情绪心理的特征

1. I have written about Seymour Epstein's model of the "experiential unconscious" on several occasions in *The New York Times,* and much of this summary of it is based on conversations with him, letters to me, his article, "Integration of the Cognitive and Psychodynamic Unconscious" *(American Psychologist AA* (1994), and his book with Archie Brodsky, *You're Smarter Than You Think* (New York: Simon & Schuster, 1993). While his model of the experiential mind informs my own about the "emotional mind," I have made my own interpretation.

2. Paul Ekman, "An Argument for the Basic Emotions," *Cognition and Emotion,* 6,1992, p. 175. The list of traits that distinguish emotions is a bit longer, but these are the traits that will concern us here.

3. Ekman, op cit., p. 187.

4. Ekman, op cit., p. 189.

5. Epstein, 1993, p. 55.

6. J. Toobey and L. Cosmides, "The Past Explains the Present: Emotional Adaptations and the Structure of Ancestral Environments," *Ethology and Sociobiology,* 11, pp. 418-19.

7. While it may seem self-evident that each emotion has its own biological pattern, it has not been so for those studying the psychophysiology of emotion. A highly technical debate continues over whether emotional arousal is basically the same for all emotions, or whether unique patterns can be teased out. Without going into the details of the debate, I have presented the case for those who hold to unique biological profiles for each major emotion.

《情商》

套装·全6册

全新升级版

EMOTI♥NAL
INTELLIGENCE

千万级畅销书，"情商之父"**丹尼尔·戈尔曼**巅峰巨献！

情商：
为什么情商比智商更重要

Emotional Intelligence:
Why It Can Matter More Than IQ

[美] 丹尼尔·戈尔曼 著

ISBN：978-7-5086-8376-8

定 价：69.00 元

ISBN 978-7-5086-8376-8

全球销量超过 10 000 000 册的《情商》作者
"情商之父"丹尼尔·戈尔曼成名巨作

情商 2：
影响你一生的社交商

Social Intelligence:
The New Science of Human Relationships

[美] 丹尼尔·戈尔曼 著

ISBN：978-7-5086-8377-5

定 价：75.00 元

ISBN 978-7-5086-8377-5

社交商是一种基本生存能力，决定你的心智表现，
决定你一生的走向与成就

情商3：
影响你一生的工作情商
Working With Emotional Intelligence

［美］丹尼尔·戈尔曼 著

ISBN：978-7-5086-8379-9
定 价：69.00 元

> 职场成功的秘诀不仅仅是知识和技能，更重要的是你的工作情商

情商4：
决定你人生高度的领导情商
Primal Leadership:
Learning to Lead with Emotional Intelligence

［美］丹尼尔·戈尔曼 著

ISBN：978-7-5086-8382-9
定 价：59.00 元

> 打造高活力工作团队，深刻影响你的职业生涯，决定你的人生高度

情商 5：
影响人类未来的生态商

Ecological Intelligence:
How Knowing the Hidden Impacts of What We Buy
Can Change Everything

［美］丹尼尔·戈尔曼 著

ISBN：978-7-5086-8378-2

定 价：59.00 元

ISBN 978-7-5086-8378-2

智商关乎一个人，情商关乎一群人，生态商关乎全人类
《时代周刊》评为"正在改变世界的十大观念"之一

情商（实践版）：
新发现——从"情商更重要"到
如何提高情商

The Brain and Emotional Intelligence:
New Insights

［美］丹尼尔·戈尔曼 著

ISBN：978-7-5086-8380-5

定 价：49.00 元

ISBN 978-7-5086-8380-5

全球销量超过 10 000 000 册的《情商》作者
"情商之父"丹尼尔·戈尔曼最新研究成果